U0223523

矿区国土空间生态修复与功能提升

张世文　袁　亮等　著

科学出版社

北京

内 容 简 介

本书在全面总结国土空间生态修复内涵与理论支撑的基础上，重点以高潜水位煤矿区国土空间生态修复为分析对象，提出矿区国土空间生态修复研究方法，查清矿区国土空间生态系统病症、病因和病理，摸清矿区国土空间生态修复阻力，开展精准生态修复分区，提出矿区国土空间生态修复及功能提升关键技术。

本书可供国土空间生态修复、矿山土地复垦与生态修复相关领域的管理人员、科研院所研究员及高等院校师生参考。

图书在版编目(CIP)数据

矿区国土空间生态修复与功能提升 / 张世文等著. —北京：科学出版社，2023.4

ISBN 978-7-03-073723-6

Ⅰ. ①矿⋯ Ⅱ. ①张⋯ Ⅲ. ①矿区–国土资源–生态恢复–研究–中国 Ⅳ. ①X322.2

中国版本图书馆 CIP 数据核字(2022)第 206147 号

责任编辑：刘翠娜 李亚佩 / 责任校对：王萌萌
责任印制：师艳茹 / 封面设计：蓝正设计

科 学 出 版 社 出版
北京东黄城根北街 16 号
邮政编码：100717
http://www.sciencep.com

北京九天鸿程印刷有限责任公司 印刷
科学出版社发行 各地新华书店经销
*
2023 年 4 月第 一 版 开本：787×1092 1/16
2023 年 4 月第一次印刷 印张：16
字数：360 000

定价：238.00 元
(如有印装质量问题，我社负责调换)

本书研究和撰写人员

主　编　张世文　袁　亮

副主编　董祥林　崔红标　易齐涛

编　者　（按姓氏笔画排序）

马　军　王　瑞　王秋雅　孔晨晨

朱曾红　刘　俊　安士凯　芮婷婷

李恩伟　李唯佳　宋孝心　张世文

张海燕　陈　林　陈方可　陈永春

陈孝杨　周思雨　胡睿鑫　俞　静

晋　康　夏沙沙　徐云飞　黄元仿

董祥林　程　琦　蔡慧珍　魏祥平

前　言

　　国土空间生态修复是维护国家与区域生态安全、强化农田生态功能、提升城市生态品质的重要举措，是提升生态系统质量和稳定性、增强生态系统固碳能力、助力国土空间格局优化、提供优良生态产品的重要途径，是生态文明建设、人与自然和谐共生的重要支撑。2019 年遥感监测查明，全国采矿损毁土地 361.05 万 hm^2，约占全国陆地面积的 0.38%，有限的矿区界线，无限的影响范围，矿业活动对国土空间生态的影响巨大。矿区国土空间是一个特殊的国土空间，长期的高强度矿业生产建设活动、不合理利用和自然灾害等多源致损因子"遇见"生态脆弱区、矿粮复合等本底自然社会综合属性导致其病症、病因和病理具有"重、急、杂"等特征。如何兼顾全局，精准把脉，重点发力地科学修复，对于优化国土空间格局、稳定生态系统健康和提升生态功能至关重要。

　　本书在总结国土空间生态修复内涵、研究方法的基础上，重点以高潜水位煤矿区国土空间生态修复为分析对象，查清矿区国土空间生态系统病症、病因和病理，提出井工煤矿矿区土地功能再造再提升技术。全书共 6 章，第 1 章为国土空间生态修复内涵和理论，详细介绍了国土空间生态修复的内涵与基础理论以及国内外关于国土空间生态修复的研究进展；第 2 章为国土空间生态修复研究方法，明确服务于国土空间修复的数据类型以及多源数据获取、模拟及评价方法，并结合典型案例，系统介绍了多源数据相结合的国土空间生态修复数据快速获取方法应用；第 3 章为矿区水土空间格局分析，基于遥感解译的土地利用分析和不同情景模拟，预测并分析了矿区水土空间格局演变特征；第 4 章为矿区国土空间生态修复阻力识别与安全格局构建，阐述了矿区生态修复阻力诊断识别、生态网络构建及生态安全分区；第 5 章为矿区国土空间生态伤损与修复成效分析，通过对采矿伤损区以及不同模式的修复区监测评估，明确修复前后的土壤理化以及生物学性质等变化；第 6 章为井工煤矿矿区土地功能再造再提升技术，从预防、再造和再提升三个角度，提出覆岩离层注浆、井下充填、挖深垫浅、测土配方施肥、优化水肥管理等复垦耕地功能再造再提升技术。

　　本书是集体智慧的结晶，项目研究与书稿撰写过程中得到了安徽省自然资源厅、安徽理工大学、淮北矿业(集团)有限责任公司、平安煤炭开采工程技术研究院有限责任公司等单位领导和专家的大力支持与协助，得到了淮北矿业集团科技研发项目"淮北矿区采煤沉陷区生态修复布局与关键技术研发"(2020-113)、安徽省自然资源科技项目"基于闭合互馈机制的安徽省矿业废弃土地复垦与生态修复成效监测评价及再提升研究"(2020-K-8)、平安煤炭开采工程技术研究院有限责任公司委托项目"淮南关闭矿井地质生态环境评价及综合治理技术研究"、高校学科(专业)拔尖人才学术资助项目

(gxbjZD2020064)以及安徽省高潜水位矿区水土资源综合利用与生态保护工程实验室的资助,在此一并表示感谢!

　　由于作者水平有限,书中难免有疏漏之处,敬请读者批评指正!

作　者

2022 年 10 月

目　　录

第1章　国土空间生态修复内涵和理论

1.1　国土空间生态修复内涵辨析

1.1.1　国土空间

科学界定"国土空间生态修复"概念的前提和基础是对"国土空间"的正确理解。"国土空间"可理解为国家主权与主权权利管辖下的地域空间。"国土空间"不仅具有政治含义，还包含"国土要素"和"空间尺度"两大特性。"国土要素"是指在人类活动影响下的土地要素(具有地上、地表、地下垂直空间结构特征的自然地理要素综合体)和海洋要素，抑或是指各类森林、湿地、荒漠、草原、农田等陆地生态系统类型以及海洋生态系统类型；而"空间尺度"则强调国土要素的空间边界及其空间关系特征，空间边界可以参照不同的生态学组织水平(群落、生态系统、景观、区域等)来界定，空间关系则是指不同空间边界所体现出的特定地理空间范围内相应的空间结构与空间格局(群落组成、生态系统结构、景观格局、区域空间协同等)特征。因此，国土空间应是一个具有明确边界、复杂的地理空间，其不仅强调各类国土要素聚集或分布于具有不同空间尺度性的综合地理单元之上的基本特征，还注重各类国土要素在空间中的物质交换和能量流通，并在特定的空间尺度范围内体现出不同的空间异质性及其特定功能。矿区国土空间是一个特殊的国土空间，长期的高强度矿业生产建设活动、不合理利用和自然灾害等多源致损因子"遇见"生态脆弱区、矿粮复合等本底自然社会综合属性导致其病症、病因和病理具有"重、急、杂"等特征。矿区国土空间是山水林田湖草沙矿的统一体。

(1)国土空间是复杂的人地耦合系统，具有构成要素多元性、时空尺度嵌套性等特征。需用山水林田湖草沙矿是一个生命共同体的思维，进行国土空间的综合开发利用与系统修复保护，提出基于自然的治理方案。

(2)国土空间是"流"所构建的网络空间，是不同利益主体组成的关系空间和为精细化治理服务的可计算领域。通过"流空间"进行国土空间的整合，推动区域之间资源和要素的共享，实现协同发展；需要重视人地关系和人际关系的重构，协调多元主体的利益诉求，实现和谐发展；还需要完善国土空间开发管控的技术手段，平衡国土空间规划中的灵活性与统一性矛盾。

(3)国土空间是国土空间规划和空间治理的对象，是具体的海洋空间、乡村空间、文化空间等，具有载体属性、资产属性、权利属性等，需在规划与治理中彰显其经济价值、社会价值和生态价值，满足高质量发展和高品质生活对国土空间的多样化需求。

1.1.2　生态修复

当前,国内外学者尚未对"生态修复"内涵形成统一界定,国际上通常称为"Ecological

Restoration"，国内学者一般称为"生态恢复"或"生态修复"，除此之外还有"生态重建""生态恢复重建"等。"生态修复"是针对受到干扰或损害的生态系统，遵循生态学原理和规律，主要依靠生态系统的自组织、自调节能力以及进行适当的人为引导，以遏止生态系统的进一步退化(图1.1)。狭义上，生态恢复强调的是恢复过程中充分发挥生态系统的自组织和自调节能力，即依靠生态系统自身的"能动性"促使已受损生态系统恢复为未受损时的状态；生态修复则强调将人的主动治理行为与自然的能动性相结合起来，以使生态系统修复到有利于人类可持续利用的方向；生态重建则指的是针对受损极为严重的生态系统，以人工干预为主导重建替代原有生态平衡的新的生态系统，如常见的矿山地貌重塑、土壤重构以及植被重建等土地复垦工程。

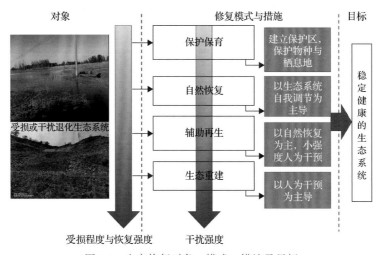

图 1.1　生态修复对象、模式、措施及目标

无论生态恢复、生态修复抑或生态重建，其最终目的都是使退化或受损的生态系统回归到一种稳定、健康、可持续的发展状态。因此，从广义上界定"生态修复"，包括生态恢复、修复和重建三重含义。总之，生态修复是指以受到人类活动或外部干扰负面影响的生态系统为对象，旨在"使生态系统回归其正常发展与演化轨迹"，并同时以提升生态系统稳定性和可持续性为目标的有益活动的总称。此外，生态系统的发展通常表现出一种动态的平衡状态，修复的是一条被中断的生态轨迹，通过减少人类活动的影响，使整个生态系统恢复到更为"自然或原始状态"。

1.1.3　国土空间生态修复

国土空间生态修复是以受损生态系统为对象，为实现空间格局优化、生态系统稳定健康和生态功能提升的目标，按照山水林田湖草沙矿是一个生命共同体的原理，对长期受到高强度开发建设、不合理利用和自然灾害等影响造成生态系统严重受损退化、生态功能失调和生态产品供给能力下降的区域，采取工程和非工程等综合措施，对国土空间生态系统进行生态恢复、生态整治、生态重建、生态康复的过程和有意识的活动。它是在查明国土空间生态系统病症、病因和病理的基础上，进行物种修复、结构修复和功能修复。矿区是矿业活动扰动明显的特殊国土空间，叠加人为强烈影响，矿区国土空间生态修复的实现路径如图1.2所示。

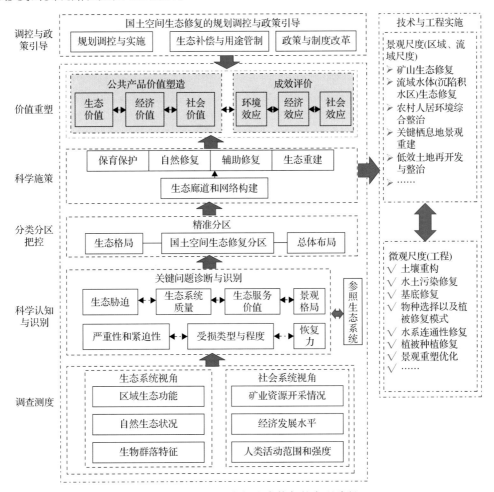

图1.2 矿区国土空间生态修复的实现路径

1.1.4 若干概念的辨析

1. 国土空间生态恢复

国土空间生态恢复的对象是结构和功能未受到明显干扰与损害但处于不稳定或不安全状态的生态系统。恢复过程强调人类活动的积极引导作用，而不是仅利用各类人工生态工程的干预手段，生态工程的目标往往较为明确，且通过具体的工程手段能较快地扭转生态系统中存在的问题，虽然其短期结果是可预期的，但经过受损和工程修复的二次人工干扰后生态系统的长期发展状况却难以预测，尤其是各种生态工程的后期维护问题，还需大量的资金和人员投入。自然生态系统长期的演化和发展是一种动态平衡状态，尽可能减少人为干扰，以保持其原本的发展与演化轨迹。因此，国土空间生态恢复的核心是保护优先，自然恢复为主，通过构建生态空间相关保护政策、制度框架等方式引导人们减轻对不稳定或不安全的生态空间的负面干扰，增加人与生态环境的有益互动，并辅以必要的工程恢复措施，以在物种组成和群落结构方面重建原有的生物完整性，从而实现对区域生态平衡的维持。

2. 国土空间生态整治

国土空间生态整治的对象是处于轻度退化状态的生态系统。国土空间生态整治将整治范围从类似土地整治项目的小尺度扩展至中、宏观尺度层面，其整治对象亦从具体的面向耕地、村庄、林地、水体等整治要素转向对整个国土空间格局和生态功能的调整和优化，国土资源要素及各类生态系统为国土空间生态整治的重要载体。长期以来，中国开展的相关生态修复活动或多或少都与国土综合整治活动交叉重叠，随着当前中国国土综合整治越来越强调生态型整治，国土空间生态修复战略的提出为促进国土综合整治的转型升级提供了良好的契机。国土空间生态整治强调以"山水田林湖草"生命共同体系统构建为主导方向，注重景观与生态规划，通过土地利用空间配置方式上的调整优化区域内生态空间安全格局。当然，仅仅依靠构建合理的生态空间格局，片面地追求轻度受损生态系统的"自然恢复"，可能并不能真正解决生态修复问题，国土空间生态整治同样离不开相关的生态设计、具体的生态工程等技术手段，并加以长期的维护和管控，不断提升生态系统的稳定性，为人类的生产生活环境提供持续的生态系统服务。

3. 国土空间生态重建

国土空间生态重建的对象是在强烈的人类活动或自然干扰下已经受到严重损害的生态系统，针对该类型国土空间的生态修复则需对生态系统进行直接且主动的人为干预及积极的生态建设，诸如严重污染的河流水域、矿山废弃地、大型基建区等原有生态系统结构和生态功能已严重退化或损坏的地区。国土空间生态重建需要根据原有生态系统的自然和社会经济条件进行合理的国土空间生态规划，在中宏观尺度上通过大型景观生态工程建设进行国土生态空间格局与功能的重构，并结合微观尺度上的景观生态设计以及其他各类工艺措施，具体任务涉及国土空间生态重建的分类分级与分区、生态空间安全格局识别与预测、生态重建区划、生态重建时序等不同层次的内容，其重点是要明确国土生态空间结构和布局、正确处理好各种生态关系，最终目的是重塑区域生态系统的整体稳定性，实现格局—过程—功能的有效匹配和发挥，重建人与自然和谐共生的生态系统(图 1.3)。

1.2 国土空间生态修复基础理论

1.2.1 生态服务价值理论

矿产和土地是人类生存和发展的重要自然资源，矿区作为一类特殊的小尺度典型区域，其土地利用变化和生态问题非常值得关注。生态服务功能是在生态系统与生态过程中形成的维持人类生存的自然环境条件及其效用，生态服务价值评估现已成为环境经济

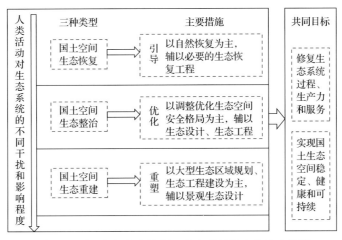

图 1.3 国土空间生态恢复、生态整治及生态重建辨析

学和生态经济学的研究重点之一, 并有助于人类福利和经济可持续发展相关研究的深化。矿区是人类活动影响和干扰比较剧烈的区域, 采矿活动对生态服务功能有显著影响。生态服务价值理论充分考虑人工整治受损土地而改变的环境经济价值, 更加突出矿区生态系统与自然形成的生态系统的区别, 矿区生态修复服务功能分类可包括使用价值和非使用价值两大部分。使用价值又分为直接使用价值和间接使用价值: 直接使用价值由农副产品、水产产品、生物资源等实物价值和直接服务价值构成; 间接使用价值主要包括调节大气、涵养水分、净化水质等生态服务功能价值, 虽然目前未被直接利用, 但能够改善环境, 拉动社会经济产业如旅游业。非使用价值包括遗产价值、存在价值和社会价值, 其中存在价值属于纯自然概念的价值, 源于环境的某些特征永续存在。

1.2.2 系统工程理论

根据系统工程理论, 任何系统都具有以下几个重要特征: 系统性, 强调整体效应大于各孤立部分之和, 整体、系统地分析问题才能更为全面; 关联性, 系统内部各要素之间、要素与外部环境之间, 彼此相互联系、相互作用; 可控性, 外部环境与系统内部的能量、物质、信息交换人为可控, 并体现出系统的反馈功能和可调节特征。人类赖以生存的"山水林田湖草"生命共同体是由具有高度开放性的各类自然生态系统间能量流动、物质循环和信息传递构成的有机整体, 针对复合生态系统的管理, 若仅对某一特定类型生态系统进行管控, 或仅对全域系统各组成部分进行单独治理, 都将难以实现全局的既定预期, 甚至可能适得其反。与过去相对单一的生态修复工程相比, 国土空间生态修复是一个庞大的系统工程, 其对未来生态系统和社会经济系统的结构和组成将带来复杂的、难以预测的影响, 任何一个简单或极端的生态修复行为均可能存在潜在的生态安全风险, 生态系统的恢复也并非各类技术手段或工程措施的简单累加, 还需受到人类社会、经济、自然环境的多重影响和参与。因此, 国土空间生态修复需要系统整合不同学科理论与方法, 综合交叉地理学、生态学、环境科学、资源科学、土壤学、水文学、保护生物学等自然科学以及相关的人文社会科学知识, 通过对区域范围内生态要素的系统"优化"与全面"调理",从而提升整体生态系统服务及可持续性。

1.2.3 景观生态学理论

景观生态学作为强调空间格局与生态学过程相互作用关系的一门学科,其等级理论、尺度效应、生态系统稳定性原理以及有关格局—过程—服务理论均可为国土空间生态修复提供重要的理论支撑。等级理论强调不同的生态学组织层次(如物种、种群、群落、生态系统、景观、区域等)分别具有不同的生态学结构和功能特征;尺度效应则强调生态平衡在一定程度上是自然界表现出的某种与尺度(包括空间和时间尺度)相关的协调性,不同水平上的生态学问题与不同的空间范围及时间动态密切相关;而生态系统稳定性原理则强调生态系统具有的结构与功能之间长期演替和发展的动态平衡特征;格局—过程—服务理论则强调生态系统空间格局与生态系统内物质、能量、信息的流动和迁移过程的相互作用关系,将直接影响生态系统服务功能的发挥与人类福祉的裨益。国土空间是一个包含所有自然资源的内在有机整体,同时又是不同等级、具有不同尺度特征生态系统的载体,离不开生态系统格局—过程—服务的相互影响、相互作用。国土空间生态修复的首要目标是将具有一定景观生态关联的受损生态系统在人为干预下实现系统的自我演替与更新。因此,国土空间生态修复需要统筹考虑恢复生态系统等级结构问题、时空尺度问题以及格局与过程关系问题,国土空间生态修复可以根据不同的生态系统、景观、区域、国家等级水平考虑在不同的空间尺度(分别对应于村落、市县、省级、全国等)层次上进行,重点在实践中通过优化调控格局(空间结构)—过程(生态功能)—服务(人类惠益)关系,构建国土空间生态安全格局,提高生态系统稳定性,提升生态系统服务功能(图 1.4)。

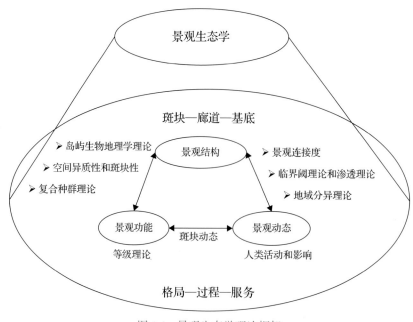

图 1.4　景观生态学理论框架

1.2.4　恢复生态学理论

恢复生态学是研究生态系统退化的原因、生态系统退化后的恢复与重建的技术与方法，以及生态学过程和机理的学科。生态恢复的目标和要求可以分为恢复、修复和重建三个不同的层次。

恢复生态学的应用特征体现为该理论的社会实践性。经济的高速发展、人类对自然资源的过度开发利用强烈地破坏着生态系统的平衡，大面积的生态系统退化成为社会发展面临的严峻问题，恢复生态学理论正是以这些现实存在的退化生态系统为研究对象，以解决生态环境问题为主要目的。矿区生态系统的恢复治理中，生态环境的恢复和重建具有举足轻重的地位，对矿区退化生态系统如何进行综合整治、改善并防止土壤退化、恢复和重建退化资源、保证资源的可持续利用，是提高矿区生产力、改善矿区生态环境、矿区资源可持续利用、经济持续发展的关键举措。采煤塌陷地的生态系统在人的资源开采活动下遭到严重破坏，严重影响整个区域内生态环境的正常发展，必须要对其进行生态恢复与景观重建。采煤塌陷地、废弃矸石、粉煤灰堆积会导致矿区生态环境恶化、动植物减少、耕地绝产、生产力下降等，这些区域的生态系统已经严重恶化，生态恢复势在必行。

1.2.5　土壤重构理论

土壤重构即重构土壤，是以工矿区破坏土地的土壤恢复或重建为目的，采取适当的采矿和重构技术工艺，应用工程措施及物理、化学、生物、生态措施，重新构造一个适宜的土壤剖面与土壤肥力条件以及稳定的地貌景观，在较短的时间内恢复和提高重构土壤的生产力，并改善重构土壤的环境质量。土壤重构所用的物料既包括土壤和土壤母质，也包括各类岩石、矸石、粉煤灰、矿渣、低品位矿石等矿山废弃物，或者是其中两项或多项的混合物。所以在某些情况下，复垦初期的"土壤"并不是严格意义上的土壤，真正具有较高生产力的土壤，是在人工措施定向培肥条件下，重构物料与区域气候、生物、地形和时间等成土因素相互作用，经过风化、淋溶、淀积、分解、合成、迁移、富集等基本成土过程而逐渐形成的。

土壤重构的实质是人为构造和培育土壤，其理论基础主要来源于土壤学科。在矿区土壤重构过程中，人为因素是一个独特的而最具影响力的成土因素，它对重构土壤的形成产生广泛而深刻的影响，可使土壤肥力特性短时间内即产生巨大的变化，减轻或消除土壤污染，改善土壤的环境质量。另外，人为因素能够解决土壤长期发育、演变及耕作过程中产生的某些土壤发育障碍问题，使土壤的肥力迅速提高。但是，自然成土因素对重构土壤的发育产生长期、持久、稳定的影响，并最终决定重构土壤的发育方向。因此，土壤重构必须全面考虑到自然成土因素对重构土壤的潜在影响，采用合理有效的重构方法与措施，最大限度地提高土壤重构的效果，并降低土壤重构的成本和重构土壤的维护费用。土壤重构的目的是重构并快速培肥土壤，消除污染，改善土壤环境质量，恢复和提高重构土壤的生产力，恢复土壤生态系统。对主要以土壤为重构材料的，恢复重构土壤的生产力是主要方面；对主要以矿区废弃物为重构材料的，应该在恢复重构土壤生产力的同时采取相应的污染处理与防治措施，减轻或消除土壤污染以及其对作物的影响。土壤重构不是一次性的行为而是一个长期的过程。它开始于矿产资源的开采规划设计和土壤/介质剖面层次的重建，终止于重构土壤生产力的恢复与提高、土壤环境质量的改善乃至区域生态的恢复，贯穿于矿山开发及整个土壤重构过程的始终。

1.3 国土空间生态修复研究进展

1.3.1 国外研究进展

1. 国家、机构合作图谱分析

合作网络图谱能够快速简洁地表明某研究领域的国家、机构和学者等之间的社会关系，通过对图谱的解读分析，不仅可以快速发现具有关注价值的机构或学者，同时也可以为评价其学术影响力和价值提供参考依据。

在 Web of Science 核心合集数据库的基础上，国土空间生态修复的研究国家中形成了以美国和中国为主要的聚类群，具有很高的中介中心性。根据国家合作特征图谱(图 1.5)，在国土空间生态修复研究领域，共有 36 个国家存在不同程度、不同方式的合作。图中圆形节点表示不同的国家，圆形节点的大小与该国家发表的论文数量成正比，紫色外圈代表中介中心性，其厚度与合作研究活跃程度成正比。圆形节点间的连线反映了二者共现或共被引关系；颜色对应首次共现或共被引年份，粗细反映关系强弱。

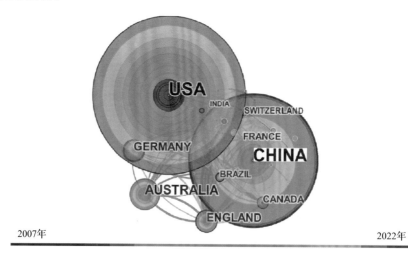

图 1.5 国家合作特征图谱

USA 为美国；INDIA 为印度；SWITZERLAND 为瑞士；FRANCE 为法国；GERMANY 为德国；CHINA 为中国；BRAZIL 为巴西；AUSTRALIA 为澳大利亚；CANADA 为加拿大；ENGLAND 为英格兰

利用 CiteSpace 软件同样可以绘出国土空间生态修复研究机构的合作特征图谱，并统计出各机构发文频次(数量)和中介中心性。

发文贡献率用发文频次来表示。根据表1.1，发文贡献率最高的国家是美国，其次是中国、澳大利亚和德国等；表1.2显示，中国科学院中介中心性最高，其首次发文时间在中国范围内是最早的；其次是亚利桑那州立大学，美国农业部林务局信息中心位列第三。发文贡献率最高的机构是中国科学院，其次是中国科学院大学、美国地质调查局、美国农业部林务局信息中心和北京师范大学等。中介中心性代表了国家或机构的研究在该领域的重要程度，中介中心性越高，说明这个国家或机构的研究越重要。从中介中心性角度来看，排在前面的国家依次是德国(0.23)、中国(0.22)、美国(0.18)、英国(0.15)和加拿大(0.13)；排在前面的研究机构依次是中国科学院(0.67)、亚利桑那州立大学(0.29)和美国农业部林务局信息中心(0.26)。

表 1.1 2007～2022 年国家合作特征及频次统计

国家	频次	中介中心性	首发年份
美国	194	0.18	2007
中国	159	0.22	2010
澳大利亚	44	0.02	2009
德国	28	0.23	2011
英国	28	0.15	2015
加拿大	16	0.13	2007
法国	13	0.08	2015
巴西	12	0.11	2016
西班牙	10	0.02	2015
瑞士	9	0.06	2018

表 1.2 2007～2022 年机构合作特征及频次统计

机构	频次	中介中心性	首发年份
中国科学院	66	0.67	2012
中国科学院大学	23	0.01	2017
美国地质调查局	16	0.14	2008
美国农业部林务局信息中心	15	0.26	2008
北京师范大学	8	0.06	2017
亚利桑那州立大学	7	0.29	2011
华东师范大学	7	0.03	2019
北京林业大学	7	0.03	2019
亚利桑那大学	6	0.15	2009
上海市城市化生态过程与生态恢复重点实验室	5	0.06	2020

2. 学科分布特征分析

利用 CiteSpace 软件进行文献的研究领域共现分析,可以得到被引用次数最多的相关学科类别,通过对不同时间段的学科被引突现进行分析,可以更好地了解和把握该领域的研究背景和现状,从而为科学地分析预测其研究热点和发展动态提供指导。

图 1.6 表明,国土空间生态修复在不同年份均有新的领域出现。在 2007~2022 年共出现57 个新型研究领域。"环境科学与生态学(ENVIRONMENTAL SCIENCES & ECOLOGY)""环境科学引文索引扩展(ENVIRONMENTAL SCIENCES SCIENCE CITATION INDEX EXPANDED)(SCI-EXPANDED)""社会科学引文索引(SOCIAL SCIENCE CITATION INDEX)(SSCI)""生态学(ECOLOGY)""环境科学(ENVIRONMENTAL SCIENCES)""生物多样性与保护(BIODIVERSITY & CONSERVATION)""生态科学引文索引扩展(ECOLOGY SCIENCE CITATION INDEX EXPANDED)(SCI-EXPANDED)""地质学(GEOLOGY)"代表 2007~2022 年研究较多的领域(图 1.7),反映了国土空间生态修复的多学科化,涉及学科的范围广泛,将生态学、环境科学、地质学、林业等学科进行扩展研究是近年来国际上国土空间生态修复的研究现状。

3. 关键词共现图谱分析

关键词是对一篇文章研究主题和核心内容的高度浓缩与提炼,其与正文的关联性在某种程度上可以揭示学科研究领域中的内在联系,借助某一领域关键词之间的共现关系和链接强度,可以识别该研究领域当前所关注的核心热点与前沿动态。在 CiteSpace 软件网络类型(Node Types)中选择关键词(Keyword)选项,筛选合适的阈值,对关键词共现关系进行可视化分析,从而得到国土空间生态修复研究文献的高频关键词分布情况(表 1.3)。在 CiteSpace 分析数据的基础上,利用 VOSviewer 软件对文献进行关键词共现密度图的绘制,从而可以清晰地看出国土空间生态修复领域的知识结构和研究热点(图 1.8)。

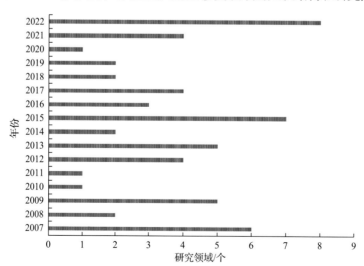

图 1.6　2007~2022 年国土空间生态修复研究领域变化图

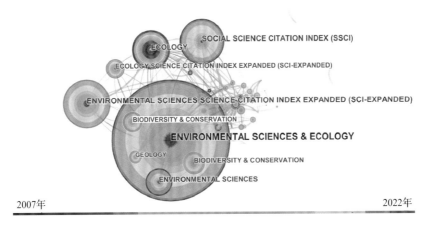

图 1.7 国土空间生态修复研究相关学科领域特征图谱

SOCIAL SCIENCE CITATION INDEX（SSCI）为社会科学引文索引；ECOLOGY 为生态学；ECOLOGY SCIENCE CITATION INDEX EXPANDED（SCI-EXPANDED）为生态科学引文索引扩展；ENVIRONMENTAL SCIENCES SCIENCE CITATION INDEX EXPANDED（SCI-EXPANDED）为环境科学引文索引扩展；BIODIVERSITY & CONSERVATION 为生物多样性与保护；ENVIRONMENTAL SCIENCES & ECOLOGY 为环境科学与生态学；GEOLOGY 为地质学；ENVIRONMENTAL SCIENCES 为环境科学

表 1.3 2007～2022 年国土空间生态修复研究文献的高频关键词列表（国外）

关键词	频次	中介中心性	突现值	关键词	频次	中介中心性	突现值
恢复（restoration）	109	0.15	3.18	动力学（dynamics）	36	0.05	3.25
土地利用（land-use）	83	0.1	—	模式（pattern）	35	0.04	—
气候变化（climate change）	66	0.07	—	景观（landscape）	27	0.05	3.08
生物多样性（biodiversity）	63	0.08	—	城市化（urbanization）	22	0.02	—
生态系统服务（ecosystem service）	60	0.01	—	模型（model）	21	0.06	—
管理（management）	55	0.06	4	森林（forest）	20	0.03	—
保护（conservation）	53	0.03	—	生态系统（ecosystem）	19	0.08	3.12
生态修复（ecological restoration）	52	0.05	—	中国（china）	18	0.06	—
植被（vegetation）	46	0.05	—	土地（land）	17	0.02	—
冲击（impact）	41	0.06	4.16	社区（community）	17	0.08	3.25

从图 1.8 可以看出，2007～2022 年国土空间生态修复的研究热点集中在恢复（restoration）、土地利用（land-use）、气候变化（climate change）、生物多样性（biodiversity）、生态系统服务（ecosystem service）、管理（management）、保护（conservation）、生态修复（ecological restoration）、植被（vegetation）和冲击（impact）。

关键词共现密度图定性地展现了国土空间生态修复研究的热点，但不能体现出其具体的变化强度及突现出新涌现的研究方向，而关键词突现值则可以定量地表示出不

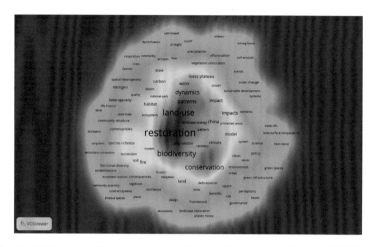

图 1.8 2007～2022 年国土空间生态修复研究文献的关键词共现密度图(国外)

同研究热点的热度及突现大小(表 1.3)。2007～2022 年，恢复(restoration)、土地利用
(land-use)、气候变化(climate change)、生物多样性(biodiversity)等被引频次相对较高。
2007～2022 年国外国土空间生态修复研究文献关键词被引突现，可以反映国土空间生态
修复研究文献中的关键词兴起时间及结束时间，近年来，一些新涌现的关键词有景观
(landscape)、生态系统(ecosystem)、规模化(scale)和科学(science)等(图 1.9)。

关键词	强度	开始年份	结束年份	2007~2022年
景观(landscape)	3.289	2008	2013	
土壤(soil)	4.2334	2008	2012	
恢复(restoration)	6.4215	2008	2014	
规模化(scale)	2.9618	2009	2015	
管理(management)	5.3982	2009	2014	
科学(science)	2.8697	2013	2015	
土地利用(land-use)	4.654	2014	2015	
生态系统(ecosystem)	4.0227	2015	2018	
荒漠化(desertification)	3.8738	2020	2022	

图 1.9 2007～2022 年国土空间生态修复研究文献关键词被引突现(国外)

1.3.2 国内研究进展

从图 1.10 可以看出，2007～2022 年，国土空间生态修复的研究热点集中在生态修
复、国土空间、国土空间规划、山水林田湖草、生态文明建设、用途管制及生态安全
格局等方面。

关键词共现密度图定性地展现了国土空间生态修复研究的热点，但不能体现出其具
体的变化强度以及突现出新涌现的研究方向，而关键词突现值则可以定量地表示不同研

究热点的热度以及突现大小(表 1.4)。2007~2022 年，生态修复、国土空间、山水林田湖草、用途管制、全民所有等突现值较高。

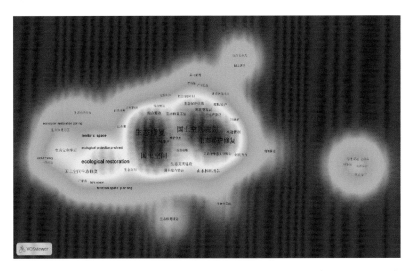

图 1.10　2007~2022 年国土空间生态修复研究文献的关键词共现密度图(国内)

表 1.4　2007~2022 年国土空间生态修复研究文献的高频关键词列表(国内)

关键词	频次	中介中心性	突现值	关键词	频次	中介中心性	突现值
生态修复	227	—	15.72	综合整治	15	0.01	—
国土空间	166	0.06	11.48	生态修复工程	15	0.09	—
国土空间规划	151	0.23	—	国土综合整治	14	0.06	—
生态保护修复	120	0.28	—	全民所有	14	0.07	3.98
国土空间生态修复	36	—	—	永久基本农田	14	0.12	—
山水林田湖草	32	0.18	7.29	高质量发展	13	0.15	—
生态文明建设	23	0.04	—	生态保护红线	13	0.1	—
用途管制	23	0.08	5.53	土地综合整治	11	0.05	—
生态安全格局	20	—	—	微信公众号	11	0.03	—
耕地保护	15	0.19	—	乡村振兴	10	0.03	—

2007~2022 年国内国土空间生态修复研究文献关键词被引突现，可以反映国土空间生态修复研究文献中的关键词兴起时间及结束时间，在近些年来，突现前十名的关键词，如图 1.11 所示；其中国土空间与生态修复在 2007 年开始兴起，分别在 2017 年、2016 年结束；用途管制与全民所有在 2017 年代替国土空间与生态修复成为当时研究热点，在 2018 年同时结束；山水林田湖草 2018 年开始兴起，2019 年代替年用途管制与全民所有成为当时研究热点，持续 2 年结束。

关键词	年份	强度	开始	结束	2007~2022年
国土空间	2007	11.4821	2007	2017	
生态修复	2007	15.7174	2007	2016	
用途管制	2007	5.5325	2017	2018	
全民所有	2007	3.9763	2017	2018	
山水林田湖草	2007	7.2947	2018	2019	

图 1.11　2007~2022 年国土空间生态修复研究文献关键词被引突现(国内)

第2章 国土空间生态修复研究方法

2.1 多源数据获取方法

2.1.1 多源遥感数据及其高精度建模反演

1. 卫星遥感

在遥感数据采集过程中，由于受传感器本身、遥感成像机理以及各种外部因素的综合限制和影响，机载传感器很难精确地获取到复杂多变的地表信息，导致遥感影像中不可避免地存在误差和变形。这些误差和变形使得遥感数据的质量下降不少，从而降低了影像应用的精度。因此，在实际的信息提取和影像应用之前，需要对原始遥感数据进行适当地处理，这种处理被称为影像的预处理。

影像的预处理又称为影像纠正和重建，是遥感应用的第一步，也是十分重要的一步。它主要包括几何校正、影像融合、影像镶嵌、影像裁剪和大气校正等。其中，几何校正和大气校正是影像预处理的核心，其主要是通过对影像获取过程中产生的畸变、错位、噪声和模糊等纠正，恢复成一个尽可能在几何上和辐射上都接近准确的影像。

1) 几何校正

遥感影像采集过程中，受各环境因素的综合影响，原始影像上地物的空间位置、外形、方位、尺寸等特征往往与其对应的地表实际地物的特征不一致，这种差异便是几何畸变，也称为几何变形。原始影像的几何畸变给多源遥感数据的融合、不同时相遥感数据的对比分析、遥感数据与地图数据的叠置分析等造成了困难，因此在实际应用中需要对原始图像进行几何校正处理。原始遥感影像普遍存在一定程度的几何变形，通常将影像几何变形分为两大类：系统性几何变形与非系统性几何变形。系统性几何变形主要是由传感器自身所导致的，有一定的变化规律，并且可以预测此类几何变形，一般可以利用模拟遥感平台和传感器自带的变换模型或校正文件来进行校正；非系统性几何变形是没有规律可循的，主要由于飞行平台不稳定，传感器在影像采集过程中不稳定，也可能是地形的突变、空气折射的变化、光照强弱的变化以及地球曲率的变化等引起畸变。消除这些非系统性几何变形是我们通常所说的几何校正。

几何校正是指通过几何校正函数关系和地面控制点来纠正或消除非系统性几何变形产生的误差，同时赋予影像新的坐标系统，产生符合某种地图投影的新影像。由于在校正过程中会为遥感影像定义新的坐标系统，所以此过程也是一种地理编码过程。遥感影像的几何校正包括两个层次：第一层次的校正为几何粗校正，第二层次的校正为几何精校正。几何粗校正是针对传感器自身而进行的校正，它是根据传感器自带的各个校正文件和地面实测的各个参数对采集的遥感影像进行几何校正，这个校正过程消除了传感器内部畸变带来的失真，然而处理后的影像仍然有很大的残差，对后期遥感影像分析有很大的影响。因此，经过几何粗校正后，针对不同的应用目的或不同的投影及比例尺，用户仍需要对几何粗校正后的遥感影像做进一步的几何校正，即几何精校正，又称此过程为几何配准。它是指利用地面控制点对各种因素引起的遥感影像几何畸变进行校正。从数学角度来讲，其原理是通过几组地面控制点建立原始的畸变影像与实际空间的坐标转换关系，利用这种对应关系消除几何畸变，从而实现几何精校正。几何精校正忽略了遥感成像的空间几何过程，并且认为遥感影像的总体几何畸变是挤压、扭曲、缩放、偏移及其他变形综合作用的结果。

常见的几何校正方法有以下几类。

(1)自带校正文件进行几何校正。主要针对传感器各个通道、传感器姿态、光照强弱及数据存储格式转换等，通常用机载传感器自带校正文件进行几何校正，校正精度主要受文件中的各个校正参数的影响。

(2)结合基准影像进行校正。这是最常用的方法，它是把一幅几何精度高、符合实际要求的影像作为基准影像，与待校正影像做分析对比，选取两幅影像上相同地物进行配准，使待校正影像中的地物与基准影像对应的地物空间位置一致。

(3)地面控制点校正。通过几组地面控制点实现遥感影像几何平面化，削弱或抵消各个因素对遥感影像成像过程的影响，使得影像能真实反映实际情况。

2)大气校正

由于太阳辐射通过大气层被地表植被吸收和反射，在此过程中不仅有大气层的影响，包括对太阳辐射的反射、散射、吸收和折射等；而且有邻近地物、地形等对研究对象的影响。各种影响因素综合作用，使得机载传感器获取到的地表研究对象的总辐射能量并不是地表研究对象真实反射的能量，其中忽略了由大气吸收，尤其是散射作用造成的辐射量误差。因此需要大气校正去消除这些由大气和光照等因素带来的影响，从而得到基于无人机多光谱数据的天然草地生物量估算方法研究地物真实的反射能量。当前，遥感影像的大气校正方法有许多，按照校正后结果的不同，可以将大气校正方法分为以下两种。

(1)绝对大气校正方法：是将遥感影像的灰度值转变为地表反射率、地表辐射率和地表温度等的方法。基于辐射传输模型的 MORTRAN 模型、ATCOR 模型、LOWTRAN 模型和 6S 模型等，以及基于简化辐射传输模型的黑暗像元法、基于统计学模型的反射率反演都是常见的绝对大气校正方法。

(2)相对大气校正方法：该方法不考虑地表地物的实际反射率，校正后得到的影像上相同的灰度值代表相同的地表地物反射率。常用的相对大气校正方法有直方图匹配法和基于统计的不变目标法。

3)影像镶嵌

影像镶嵌又称影像拼接，是指单幅遥感影像所覆盖的范围未能包含全部研究区时，需要将两幅或多幅影像拼接起来，构成一幅或一系列覆盖全区的较大影像的过程。首先遥感影像在拼接之前需要对获取的原始影像进行筛选，剔除质量较差，或畸变较大，或没有达到重叠度的影像，以及上升和下降时的遥感影像(影响影像拼接精度)。然后对原始影像进行图像预处理，包括利用多光谱相机自带校正文件进行通道校正、格式转换、影像平滑处理和影像增强处理，最终得到平滑无缝的目标影像。若要实现遥感数字影像高质量"无缝"镶嵌，还应注意以下三个方面的问题。

(1)要从待拼接的多幅影像中选择一幅作为参照，用于镶嵌过程中对比度匹配以及镶嵌后输出影像的地理投影、存储类型和像元大小的基准。

(2)要保证相邻影像间有足够的重叠区，而且在拼接过程中各个影像之间要有足够的拼接精度，必要时可以利用控制点对影像进行配准。

(3)由于受成像时间、传感器性能、太阳光强及大气状态的变化等多方面因素的综合影响，相邻影像的对比度及亮度会有所差异，因而有必要对全幅或重叠覆盖区进行相应的影像处理，使镶嵌后的输出影像的亮度和对比度均衡化。直方图匹配和彩色亮度匹配是最常见的影像匹配手段。

从数学角度来讲，直方图匹配就是建立一个函数关系，通过函数关系转换一幅影像的直方图，使得和另一幅影像的直方图形状相似。而彩色亮度匹配就是两幅待匹配的影像经过 RGB 彩色空间和 IHS 空间相互变换，调整待校正影像的光强，使得两幅影像的光强相一致。影像匹配过程中或配准以后，影像重叠区域的亮度跟周围其他区域可能会有差异，需要使用一定的手段来均衡化。

2. 无人机遥感

1)飞行参数设置

无人机起飞自动航拍前，需根据研究目的及研究对象特征对无人机的飞行高度、飞行速度、飞行轨迹、连续拍摄时间间隔、影像航向重叠度及旁向重叠度等参数进行设定。

无人机飞行高度直接决定了影像的空间分辨率，即高度越高分辨率越低。如研究对象针对田间各作物植株的表型研究，飞行高度一般控制在 50m 以下;若侧重较大范围的作物光谱、热红外辐射等信息的提取，飞行高度一般在 100~200m。飞行速度是影响无人机遥感影像质量的重要原因，速度过快易造成地物影像模糊。

影像的航向重叠度和旁向重叠度大小会影响影像拼接质量，即重叠度越高拼接效果越好。但高重叠度会造成影像数据量大、拼接费时等问题。高重叠度同时也会造成航拍时间的增加，因此在电池飞行时间有限而航拍区域面积较大的情况下，有时需要适当降低重叠度使拼接影像能够涵盖整个研究区域。另外，重叠度大小的设定与传感器的焦距及视场角有关。拍摄时间间隔 ΔT(如 1s、1.5s、2s 等)也会影响影像获取的数量，ΔT 越短，航拍区域内获取的影像越密集，影像拼接效果越好，但数据内存也就越多以及拼接时间越长。

2)影像处理

a. 影像拼接和预处理

为了不破坏实验区原有的光谱特征，对实验区进行无人机拍摄完成后再对实验区进行实地采样。此次影像拼接利用 Pix 4D 公司开发的 PIX4Dmapper 软件进行影像的拼接。

拼接过程主要包括：对拍摄的所有照片进行挑选，选择有效的拍摄照片；将挑选后的照片导入 PIX4Dmapper 软件中，进行初始化处理、点云处理；导入无人机起飞前拍摄的白板照片，并在白板上画出校正的区域进行影像的白板校正；最后输出高清正射多光谱影像。

由于无人机在飞行过程中会受到风速、风向等因素的影响造成航迹偏移，以及自身所带的全球定位系统(global positioning system，GPS)精度较低，使得最后的成图会有一定的几何畸变以及地理坐标偏移问题，因此需要在拼接过程中引入像控点进行几何校正。结合 ArcMap 10.6 软件，以无人机高清数码正射影像为参考影像，分别在 5 个单波段影像上均匀选取 30 个参考点进行几何校正，几何校正误差在 0.5 个像元之内(魏鹏飞等，2019)。

将无人机传感器几何校正后影像中的数字特征值(digital number，DN)转换成绝对辐射亮度(反射率)，也就是建立 DN 与实际探测物体辐射亮度之间的定量关系。无人机飞行过程中需要用分析光谱装置(analytical spectral devices，ASD)对地面光谱测定的白色参考板进行光谱定标。通过多光谱影像中的白色参考板统计各个波段白板的平均 DN，将多光谱原始影像中各个波段的 DN 通过式(2.1)转换为地物反射率：

$$R_{目标} = \frac{DN_{目标}}{DN_{标准白板}} \times R_{标准白板} \qquad (2.1)$$

式中，$R_{目标}$为目标地物的反射率；$DN_{目标}$为目标地物的 DN 均值；$DN_{标准白板}$为标准白板的 DN 均值；$R_{标准白板}$为标准白板的反射率。实验时使用的是 1m×1m 的标准白色参考板。无人机多光谱影像中的辐射定标需要单独获取每个波段白板的 DN 均值，分别对影像中的各个波段进行辐射定标，最后对辐射定标后的单波段影像信息进行波段合成，合成含有各个波段信息的单幅多光谱影像。

b. 提取光谱反射率

将预处理后的无人机多光谱影像及采样点的 GPS 点位信息导入 ENVI 5.3 软件中。以地面实测取样点为中心，在图像上裁剪出 200 像素×200 像素的光谱影像，将感兴趣区域(region of interest，ROI)内的样本平均反射光谱作为该取样点的光谱反射率，获得不同波段的光谱反射率数据(田军仓等，2020)。

3. 高光谱遥感

1)高光谱数据测定

土壤光谱数据可以利用美国 ASD 公司生产的 FieldSpec 4 型光谱仪测定(图 2.1)，其波长范围为 350~2500nm。光谱仪在不同波段有着不同的采样间隔和分辨率，其中在 350~1000nm 内采样间隔为 1.4nm，分辨率为 3nm；1000~2500nm 内采样间隔为 2nm，分辨率为 10nm。

高光谱数据测定流程，首先将仪器开机预热半小时，以便仪器能够充分发挥其最大性能；其次调整灯泡和探头的摆放位置，本次实验光源选择 50W 的卤素灯泡，将其安置在距离土壤样本 50cm、照射方位角 70°处，光纤探头将其垂直安置在土壤样本正上方10cm 处(Yu et al.，2015)；接下来处理土壤样本的装盘工作，将土壤样本置于直径 10cm、高 2cm 的培养皿中(为避免放置培养皿的桌面会造成反射，故在培养皿下方垫一层黑色绒布)，并将表面刮平；最后进行仪器调整，按照暗电流采集、仪器优化、白板校正顺序对仪器进行校正(陈元鹏等，2019)，目的是提高仪器的优化性能和保证光谱测量的准确性，此外在测量过程中每间隔 10 个样本进行一次白板校正。此次光谱数据收集利用 RS3 软件操作，数据后处理利用 ViewSpecPro 软件进行，每个样本测量 10 次，取其平均值作为最终的样本光谱(图 2.2)。

图 2.1　FieldSpec 4 型光谱仪

图 2.2　高光谱数据测定流程图

2)高光谱数据数学处理

a. 平滑处理

光谱测量中容易受到诸多因素的影响，我们将其统称为噪声(方勇华等，2006)。降噪方式又可分为降低信号中随机干扰和低通平滑滤波两类，对于随机干扰可通过改善仪器硬件，或者取多次观测均值降低随机干扰方差，而低通平滑滤波则是采用不同的平滑算法，常见的有移动平均平滑法、高斯滤波平滑法、S-G 卷积平滑法等。

(1)移动平均平滑法原理为首先选择一个固定的宽带平滑窗口 $2w+1$，其中每个窗口内的波长点数目均为奇数，对窗口内的中间波长 k 和前后相差 w 处波长的测量值取平均值 $\bar{x}_k$ 用以代替波长 k 处的测量值，并自左向右移动 k，直至完成所有窗口的计算，计算公式如式(2.2)所示(王学顺，2010)：

$$x_{k,\text{smooth}} = \bar{x}_k = \frac{1}{2w+1}\sum_{i=-w}^{+w} x_{k+i}h_i \qquad (2.2)$$

式中，$x_{k,\text{smooth}}$ 为在 k 个波长时的滤波结果；w 为滑动窗口半径(以奇数表示)；h_i 为 i 处的权重。

(2)高斯滤波平滑法实际上是一种线性平滑滤波，对服从正态分布噪声的去除方面有很好的作用，计算原理如下所示(谢勤岚，2009)。

一维零均值高斯函数表达式为

$$g(x) = e^{-x^2/2\sigma^2} \tag{2.3}$$

式中，$g(x)$ 为一维零均值高斯函数；x 为随机变量；σ 为高斯分布的标准差（又称高斯半径），代表着数据的离散程度，若 σ 较小，生成的模板的中心系数较大，对图像的平滑效果不明显，反之则相反；σ^2 为方差。

二维零均值离散高斯函数表达式为

$$g[i,j] = e^{-(i^2-j^2)/2\sigma^2} \tag{2.4}$$

式中，$g[i,j]$ 为一个二维的高斯函数，其中 (i,j) 为各个像素的点坐标；σ^2 为方差，σ 决定高斯滤波器的宽度。

(3) S-G 卷积平滑法最初是由 Savizkg 和 Golag 于 1964 年提出的，是一种在时域内基于局域多项式最小二乘法拟合的滤波方法，也称卷积平滑。这种算法的最大优势在于去除噪声的同时还能保持信号的形状和宽度。计算原理如下：设总体 x_n 的一组数据为 x_i，$i \in [-M, M]$，构造一个 p 阶多项式 f_i 拟合 x_i，且 $p \leqslant 2M$（李鸿博等，2020）：

$$f_i = a_0 + a_1 i + a_2 i^2 + \cdots + a_p i^p = \sum_{k=0}^{p} a_k i^k \tag{2.5}$$

式中，f_i 为 p 阶多项式拟合公式；i 为变量；a_k 为所对应变量的拟合系数。

曲线在拟合时会产生误差，误差的平方和公式如下：

$$\varepsilon = \sum_{i=-M}^{M} [f_i - x(i)]^2 = \sum_{i=-M}^{M} \left[\sum_{k=0}^{p} a_k i^k - x(i) \right]^2 \tag{2.6}$$

要保证拟合曲线的精确性，应保证 ε 最小，所以 ε 各处的偏导数必须为 0。

$$\frac{\partial \varepsilon}{\partial a_k} = \sum_{i=-M}^{M} 2i^k \left[\sum_{k=0}^{p} a_k i^k - x(i) \right] = 0 \tag{2.7}$$

只要给定区间参数 M、多项式系数 p 和数据 x_i，就可以实现对数据的平滑。

高斯滤波平滑法对抑制服从正态分布的噪声非常有效，更适用于图像去噪。移动平均平滑法虽是经典的光谱平滑方法，但过度依赖于平滑窗口的选择，而 S-G 卷积平滑法是基于移动平均平滑法的改进算法，更强调中心点的作用，能够在保持信号宽度和形状的同时有效滤除噪声。

b. 光谱数学变换

土壤光谱反射率是土壤组成成分的整体反映，是最为直观的表达形式，通常随着目标物的变化，光谱外观、形态往往也会随之有所响应。提取光谱曲线的吸收峰、吸收面积、吸收深度等变量，分析这些变量与目标物之间的关系，一般采用连续统去除法提取这些光谱吸收特征参数（汪星等，2018）。连续统去除法也叫包络线去除法，它可以有效突出光谱曲线的吸收和反射特征，并将反射率归一到 0~1 之间，有利于与其他光谱曲线进行比较。它的实质是利用一条平滑的曲线将光谱曲线上凸出的峰值点连接起来(包络线),以对应光谱波段上的值除以包络线上的值得到:

$$S(\lambda_i)_{CR} = R(\lambda_i) / R(\lambda_i)_C \tag{2.8}$$

式中, $R(\lambda_i)$ 为第 λ_i 处的波长反射率; $R(\lambda_i)_C$ 为第 λ_i 处波长对应的包络线数值; $S(\lambda_i)_{CR}$ 为第 λ_i 处的波长对应的去除包络线后的数值。

为增强光谱数据与目标物之间的相关性,分离重叠样本,提高光谱敏感程度,因此要对光谱数据进行一些数学变换。目前在光谱应用方面较为常用的变换是微分技术[R' , 式(2.9)](刘伟东等, 2000),已广泛用于土壤、植被、水质等方面。除此之外常见的数学变换还有对数变换[$\lg R$,式(2.10)]、倒数变换[$1/R$,式(2.11)]、对数倒数变换[$1/\lg R$, 式(2.12)]、平方根变换[$\sqrt{R}$,式(2.13)]和多元散射校正[MSC,式(2.14)~式(2.16)] 以及它们的微分形式[$(\lg R)'$ 、 $(1/R)'$ 、 $(1/\lg R)'$ 、 $\sqrt{R}'$ 和MSC'](王动民等, 2014)。

$$f(R_i) = \frac{R(\lambda_{i+1}) - R(\lambda_{i-1})}{2\Delta\lambda} \tag{2.9}$$

$$f(R(\lambda_i)) = \lg R(\lambda_i) \tag{2.10}$$

$$f(R(\lambda_i)) = 1/R(\lambda_i) \tag{2.11}$$

$$f(R(\lambda_i)) = 1/[\lg R(\lambda_i)] \tag{2.12}$$

$$f(R(\lambda_i)) = \sqrt{R(\lambda_i)} \tag{2.13}$$

式(2.9)~式(2.13)中, $R(\lambda_i)$ 为第 λ_i 处的波长反射率; $f(R(\lambda_i))$ 为对应波长反射率经数学变换后的结果,式(2.9)中的 $\Delta\lambda$ 为 λ_{i+1} 与 λ_i 之间的差值。

$$\overline{A}_{i,j} = \frac{\sum_{i=1}^{n} A_{i,j}}{n} \tag{2.14}$$

$$A_i = m_i \overline{A} + b_i \tag{2.15}$$

$$A_{i(MSC)} = \frac{A_i - b_i}{m_i} \tag{2.16}$$

式(2.14)~式(2.16)中, $\overline{A}_{i,j}$ 为平均光谱矩阵; $A_{i,j}$ 为光谱矩阵; n 为样本数; $\overline{A}$ 为平均光谱; m_i 和 b_i 分别为样品光谱 $\overline{A}_i$ 与平均光谱 $\overline{A}$ 进行一元线性回归得到的相对偏移系数和偏移量。

c. 光谱指数

上述各类光谱数学变换均基于单波段运算,高光谱具有极窄且连续的波段,波段与波段进行某种数学运算也能挖掘出目标物在光谱数据中的微弱信号,提供有利信息(罗丹等, 2016)。构建的土壤光谱指数有归一化土壤指数(normalized differential soil index,

NDSI)、裸土指数(bare soil index，BSI)、比值土壤指数(ratio soil index，RSI)和差值土壤指数(difference soil index，DSI)等，计算公式如下：

$$NDSI=(R_i-R_j)/(R_i+R_j) \tag{2.17}$$

$$BSI=\sqrt{R_i^2+R_j^2} \tag{2.18}$$

$$RSI=\sqrt{R_i} \tag{2.19}$$

$$DSI=R_i-R_j \tag{2.20}$$

式中，R_i 与 R_j 分别为第 i 个、第 j 个波长的反射率。

4. 探地雷达

1) 预处理

电磁波在重构土体介质传播中会发生衰减、色散等各种干扰，将降低雷达数据进行频谱分析的准确性(Rodes et al.，2020)，需要对雷达数据进行预处理来提高数据的准确性。探地雷达(ground penetrating radar，GPR)数据预处理主要包括去直流漂移、去直达波、信号滤波及背景去除处理，处理工具为雷达自带数据处理平台 Reflexw 软件。

首先对采集的雷达数据进行去直流漂移处理，其目的是使有效信号不受漂移现象的影响(De Chiara et al.，2014)；去直达波处理，主要是去除雷达数据中由于收发天线距离较近以及地面波与空气波产生的低频信号，从而消除感应现象的失真，它可以在保留高频信号的同时，移除不需要的低频信号；而后进行滤波处理，经过比较最后选择 Blackman-Nuttall 滤波，它采用了一个多阶余弦渐变移动平均值，提供最均匀的高频信号抑制；最后进行背景去除处理，由于带通滤波整体上改善了信号的信噪比，但在某些特定情况下，雷达回波剖面信号中包含呈水平线的"背景"干扰，这些掩埋了有效反射信号，因此对信号进行背景去除处理。

2) 信号处理

A. 时域分析

探地雷达通过发射天线发射脉冲电磁信号，接收天线接收由地下介质反射回来的信号，然而电磁波在地下传播过程中的振幅随着深度增加呈指数形式递减，衰减程度主要与地下介质的各项参数(介电常数、电导率、磁导率)有密切关系。土壤中介电常数的大小与含水量的关系成正比，所以土壤含水量的变化是影响雷达反射波能量大小的主要原因。振幅包络值是利用希尔伯特变换(Hilbert transform，HT)后解析信号得到的。探地雷达得到的原始信号经过预处理(去直流漂移、去直达波等)，利用有限冲激响应(finite impulse response，FIR)滤波器处理后经过 HT 后得到 $H(t)$，变换公式如下：

$$H(t)=\frac{1}{\pi}\int_{-\infty}^{+\infty}\frac{x(t)}{t-\tau}d\tau \tag{2.21}$$

相位谱做了 90° 相移，得到的解析信号为

$$R(t) = x(t) + iH(t)$$

则其振幅包络为

$$E(t) = |R(t)| = \sqrt{x^2(t) + H^2(t)} \tag{2.22}$$

由式 (2.22) 得到振幅包络值为正数，使雷达的单道信号大大简化且更易用于一系列研究。通过探地雷达探测后将原有电磁波数据导出，利用 MATLAB 进行信号处理与振幅包络值的求取，第 1 个周期内的雷达波一般被称作探地雷达的早期信号。

B. 频域分析

a. 快速傅里叶变换

快速傅里叶变换 (fast Fourier transform, FFT) 的基本思想是把原始的 N 点序列依次分解成一系列的短序列。充分利用离散傅里叶变换 (discrete Fourier transform, DFT) 计算式中的指数因子所具有的对称性质和周期性质，进而求出这些短序列相应的 DFT 并进行适当组合，达到删除重复计算，减少乘法运算和简化结构的目的。此后，在这一思想基础上又开发了高基和分裂基等快速算法，随着数字技术的高速发展，1976 年出现了在多项式理论基础上的维诺格勒傅里叶变换算法 (Winograd Fourier transform algorithm, WFTA) 和素因子傅里叶变换算法。它们的共同特点是，当 N 是素数时，可以将 DFT 算法转化为求循环卷积，从而更进一步减少乘法次数，提高速度。FFT 算法很多，根据实现运算过程是否有指数因子可分为有、无指数因子的两类算法。

经典库里-图基算法：当输入序列的长度 N 不是素数 (素数只能被 1 和它本身整除) 而是可以高度分解的复合数，即 $N=N_1, N_2, N_3, \cdots, N_r$ 时，若 $N_1=N_2=\cdots=N_r=2$，$N=2$，则 N 点 DFT 的计算可分解为 $N=2 \times N/2$，即两个 $N/2$ 点 DFT 计算的组合，而 $N/2$ 点 DFT 的计算又可分解为 $N/2=2 \times N/4$，即两个 $N/4$ 点 DFT 计算的组合。依此类推，使 DFT 的计算形成有规则的模式，故称为以 2 为基底的 FFT 算法。同理，当 $N=4$ 时，则称为以 4 为基底的 FFT 算法。当 $N=N_1 \cdot N_2$ 时，称为以 N_1 和 N_2 为基底的混合基算法。

在这些算法中，以 2 为基底的 FFT 算法应用最普遍。通常按序列在时域或在频域分解过程的不同，又可分为两种：一种是时间抽取 FFT 算法，将 N 点 DFT 输入序列 $x(n)$，在时域分解成 2 个 $N/2$ 点序列，为 $x_1(n)$ 和 $x_2(n)$。前者是从原序列中按偶数字号抽取而成，而后者则按奇数字号抽取而成。DIT 就是这样有规律地按奇、偶次序逐次进行分解所构成的一种快速算法 (何璞和张平, 2003)。

分裂基算法是 1984 年由 P. Hubert Duhamel 和 H. Herman 等导出的一种比库里-图基算法更加有效的改进算法，其基本思想是在变换式的偶部采用以 2 为基底的 FFT 算法，在变换式的奇部采用以 4 为基底的 FFT 算法。优点是具有相对简单的结构，非常适用于实对称数据，对长度 $N=2$ 能获得最少的运算量 (乘法和加法)，所以是选用固定基算法中的一种最佳折中算法。

b. 线性调频 Z 变换算法

线性调频 Z 变换 (chirp Z-transform, CZT) 是一种特殊的 Z 变换，当信号长度受限时，

通过 FFT 处理雷达信号会存在关键特征频率丢失，因此其效果可能不是很好，而 CZT 算法可以在较窄的频带内给出高精度、高效率的频率估计。在实际应用中，信号频谱通常采用 FFT 实现，由于 FFT 的最大分析频率仅为信号采样频率的一半，因此信号中频谱分辨率过大的离散采样会造成栅栏效应(Ma et al., 2013)。为了准确寻找特征频率并分析其与体积含水率(volumetric water content，VWC)的关系，运用 CZT 算法进行频谱细化能够准确定位特征频率所在的频率分量。CZT 算法相比于传统的 DFT 更广义，CZT 在单位圆内或外的螺旋上进行计算，可以调整通过或接近信号的极点，达到提高频谱分辨率的效果(Sarkar and Fam，2006)。

对于已知信号长度为 N 的信号序列 $x(n)$ $(1 \leqslant n \leqslant N-1)$，其 Z 变换的定义为

$$X(z) = \sum_{n=0}^{N-1} x(n) z^{-n} \tag{2.23}$$

沿 z 平面上的一段螺旋线作等分角的抽样，对式(2.23)进行修改，令 $z_k = AW^{-k}$，$A = A_0 e^{j\theta_0}$，$W = W_0 e^{j\varphi_0}$ 则推出：

$$z_k = A_0 e^{j\theta_0} W^{-k} W_0 e^{j\varphi_0 k} \tag{2.24}$$

对于任意给定的 A_0、W_0、θ_0、φ_0，当 $k=0,1,\cdots,\infty$ 时，可得到 z 平面上的点：

$$X(z_k) = \sum_{n=0}^{N-1} x(n) z^{-n} = \sum_{n=0}^{N-1} x(n) A^n W^{nk} \tag{2.25}$$

由于 $nk = \left[n^2 + k^2 - (k-n)^2 \right] \big/ 2$，代入式(2.25)可得

$$X(z_k) = \sum_{n=0}^{N-1} x(n) A^{-n} W^{\frac{k^2}{2}} W^{\frac{n^2}{2}} W^{\frac{-(k-n)^2}{2}} \tag{2.26}$$

最终 $X(z_k)$ 为经过 CZT 变换后的频谱。CZT 可以根据实际需要选择合适的频谱分析范围，有效地减少由于频谱泄漏带来的误差。

C. 时频域分析

a. 短时傅里叶变换

短时傅里叶变换(short-time Fourier transform，STFT)将经典傅里叶变换处理的信号转换为显示整个信号窗口的频率分布图。它与正弦函数相比较，正弦函数在时域中遍布整个信号，而不集中在任何特定的时间。因此，当信号是非平稳时，经典的傅里叶变换并不能明确地揭示频率内容是如何随时间演化的。为了克服这一缺陷，联合时频分析(joint time-frequency analysis，JTFA)需要将一维信号转换为二维时频图，其中 STFT 是 JTFA 中应用最广泛的算法之一，它是基于以每个时间点为中心的详细傅里叶变换。在 STFT 中，将信号与同时集中在时域和频域的窗函数进行比较。将任何特定时间的谱进行叠加，以反映信号行为在时间和频率上的横向变化。STFT 和窗函数可以在数学上表示为

$$\text{STFT}\big[x(t)\big] \equiv X(\tau,\omega) = \int_{-\infty}^{+\infty} x(t)\omega(t-\tau)\mathrm{e}^{-\mathrm{j}\omega t}\mathrm{d}t \tag{2.27}$$

式中，$\omega(t-\tau)$ 为用户自定义的短时持续时间的窗函数（如 Hanning 窗）；$x(t)$ 为时域信号，这个窗口的长度是至关重要的，并取决于探地雷达频率的波长，如果窗口过短，低频分量会出现频谱泄漏；$X(\tau,\omega)$ 为 $x(t)\omega(t-\tau)$ 的傅里叶变换，它是一个复函数，表示信号的相位和幅度随时间和频率的变化。但窗口设置需根据实际需求进行设计，若窗口过长，目标响应会变模糊；若窗口过短，则会出现低频分量的频谱泄漏。

b. 希尔伯特-黄变换

希尔伯特-黄变换（Hilbert-Huang transform，HHT）是一种自适应的适用于分析非线性非平稳信号的处理方法，主要包括经验模态分解（empirical mode decomposition，EMD）和希尔伯特谱分析（Hilbert spectrum analysis，HSA）两部分。传统的信号处理方法针对的是线性系统，数据必须是周期性的或者平稳性的，而 EMD 可以将非线性非平稳的信号分解成一些固有模态函数（intrinsic mode function，IMF），然后就可以对这些 IMF 进行 HSA，提取瞬时属性，对信号的解释分析具有一定的指导意义。

EMD 的目的是将信号最终分解成一些 IMF，每个 IMF 必须满足以下条件：信号极值点的数量和零点数相等或者最多相差 1 个；同时信号的上下包络线关于时间轴是局部对称的。

EMD 过程为首先计算原始信号的上下包络的均值，然后从原始信号中去掉均值得到一个新数据序列，判断新数据序列是否满足 IMF 的要求，如果不满足则需要对新数据序列重复上述过程，最终得到第一个 IMF 分量；将 IMF 分量从原始信号中分离，对剩余信号继续提取 IMF 分量，直至满足终止条件。最终原始信号 $x(t)$ 可由 n 个 IMF 分量和一个残余函数构成，即

$$x(t) = \sum_{i=1}^{n} c_i(t) + r_n(t) \tag{2.28}$$

原始信号经 EMD 后得到的 IMF 分量满足 HT 条件，则对其进行 HT，$c_i(t)$ 的 HT 定义为

$$\hat{c}_i(t) = \int_{-\infty}^{+\infty} \frac{c_i(\tau)}{\pi(t-\tau)}\mathrm{d}\tau \tag{2.29}$$

由 $c_i(t)$ 作为实部，它的 HT 作为虚部，根据欧拉公式可得到解析信号的表达式为

$$z_i(t) = c_i + \mathrm{j}\hat{c}_i(t) = a_i(t) = a_i\mathrm{e}^{\mathrm{j}\theta_i(t)} \tag{2.30}$$

$$a_i(t) = \sqrt{c_i^2 + \hat{c}_i^2} \tag{2.31}$$

$$\varphi_i(t) = \arctan \frac{\hat{c}_i(t)}{c_i(t)} \tag{2.32}$$

式中，$a_i(t)$ 为瞬时振幅；$\varphi_i(t)$ 为瞬时相位。

瞬时相位对时间求导可以得到瞬时频率 $f_i(t)$：

$$f_i(t) = \frac{1}{2\pi} \frac{\mathrm{d}\varphi_i(t)}{\mathrm{d}t} \tag{2.33}$$

2.1.2 模型构建方法

1. 线性模型

1）多元线性回归

在回归分析中，如果有两个或两个以上的自变量，就称为多元回归。事实上，一种现象常常是与多个因素相联系的，由多个自变量的最优组合共同来预测或估计因变量，比只用一个自变量进行预测或估计更有效，更符合实际。因此多元线性回归比一元线性回归的实用意义更大。

多元线性回归的基本原理和基本计算过程与一元线性回归相同，但由于自变量个数多，计算相当麻烦，一般在实际应用时都要借助统计软件。这里只介绍多元线性回归的一些基本问题。

但由于各个自变量的单位可能不一样，比如在一个消费水平的关系式中，工资水平、受教育程度、职业、地区、家庭负担等因素都会影响到消费水平，而这些影响因素（自变量）的单位显然是不同的，因此自变量前系数的大小并不能说明该因素的重要程度，更简单地说，同样工资收入，如果用元为单位就比用百元为单位所得到的回归系数要小，但是工资水平对消费的影响程度并没有变，所以得想办法将各个自变量转化到统一的单位上来。具体来说，就是将所有变量包括因变量都先转化为标准分，再进行线性回归，此时得到的回归系数就能反映自变量的重要程度。

多元线性回归与一元线性回归类似，可以用最小二乘法估计模型参数，也需对模型及模型参数进行统计检验。

选择合适的自变量是正确进行多元回归预测的前提之一，多元线性回归模型自变量的选择可以利用变量之间的相关矩阵来解决。

2）主成分回归

主成分回归（principal component regression，PCR）是通过主成分分析从原始变量中导出少数几个可以尽可能多地保留原始变量信息的主成分，再以主成分为自变量进行回归分析。它可以降低数据空间的维数，选择出最佳变量，减少计算量。主成分回归是回归分析的一种。当自变量存在复共线性时，可用改进最小二乘回归的统计分析方法。1933 年霍特林首先用主成分分析了相关结构；1965 年马西提出了主成分回归。基本步骤：①将自变量转换为标准分；②求出这些标准分的主成分，去掉特征根很小的主成分；③用最小二乘法作因变量对保留的主成分回归；④将回归方程中的主成分换成标准分的线性组合，得到由标准分给出的回归方程。

3) 偏最小二乘回归

偏最小二乘回归(partial least-squares regression，PLSR)是一种集主成分分析、多元线性回归分析和相关性分析于一体的建模方法，在建模过程中利用主成分分析来判断新加入的成分能否显著提高预测能力，从而提取因变量的最大信息，因此该方法能够对多个因变量之间的多重自相关性进行解释，并利用所有的有效数据来构建回归模型。PLSR通过构建自变量的隐变量与因变量的隐变量的线性回归模型，间接地表征自变量与因变量之间的关系。它降低了多个自变量之间的共线性对预测模型的影响，广泛应用于光谱分析领域。

4) 岭回归

岭回归(ridge regression)是一种专用于共线性数据分析的有偏估计回归方法，实质上是一种改良的最小二乘估计法，通过放弃最小二乘法的无偏性，以损失部分信息、降低精度为代价获得回归系数，是符合实际、更可靠的回归方法，对病态数据的拟合要强于最小二乘法。

对于有些矩阵，矩阵中某个元素的一个很小的变动，会引起最后计算结果的误差很大，这种矩阵称为病态矩阵。有些时候不正确的计算方法也会使一个正常的矩阵在运算中表现出病态。对于高斯消去法来说，如果主元(即对角线上的元素)上的元素很小，在计算时就会表现出病态的特征。

2. 非线性模型

1) BP 神经网络

在人工神经网络的发展历史上，感知器(perceptron)网络曾对人工神经网络的发展发挥了极大的作用，也被认为是一种真正能够使用的人工神经网络模型，它的出现曾掀起了人们研究人工神经网络的热潮。单层感知网络(M-P 模型)作为最初的神经网络，具有模型清晰、结构简单、计算量小等优点。但是，随着研究工作的深入，人们发现它还存在不足，如无法处理非线性问题，即使计算单元的作用函数不用阀函数而用其他较复杂的非线性函数，仍然只能解决线性可分问题，不能实现某些基本功能，从而限制了它的应用。增强网络的分类和识别能力、解决非线性问题的唯一途径是采用多层前馈网络，即在输入层和输出层之间加上隐含层，构成多层前馈感知器网络。

20 世纪 80 年代中期，David Runelhart、Geoffrey Hinton 和 Ronald W-llians、David Parker 等分别发现了误差反向传播算法(error back propagation training，EBPT)，系统解决了多层神经网络隐含层连接权学习问题，并在数学上给出了完整推导。人们把采用这种算法进行误差校正的多层前馈神经网络称为 BP 神经网络。BP 神经网络具有任意复杂的模式分类能力和优良的多维函数映射能力，解决了简单感知器不能解决的异或(exclusive OR，XOR)和一些其他问题。从结构上讲，BP 神经网络具有输入层、隐含层和输出层；从本质上讲，BP 神经网络就是以网络误差平方为目标函数，采用梯度下降法来计算目标函数的最小值。

2) 随机森林

在机器学习中，随机森林(random forests，RF)是一个包含多个决策树的分类器，并且其输出的类别是由个别树输出的类别的众数而定。Leo Breiman 和 Adele Cutler 推论出随机森林的算法。而"Random Forests"是他们的商标。这个术语是 1995 年由贝尔实验室的 Tin Kam Ho 所提出的随机决策森林(random decision forests)而来的。这个方法则是结合 Breiman 的"引导聚合"(bootstrap aggregating)想法和 Ho 的"随机子空间"(random subspace method)以建造决策树的集合。

3) 支持向量机

支持向量机(support vector machine，SVM)是一类按监督学习(supervised learning)方式对数据进行二元分类的广义线性分类器(generalized linear classifier)，其决策边界是对学习样本求解的最大边距超平面(maximum-margin hyperplane)。SVM 使用铰链损失函数(hinge loss)计算经验风险(empirical risk)，并在求解系统中加入了正则化项以优化结构风险(structural risk)，是一个具有稀疏性和稳健性的分类器。SVM 可以通过核方法(kernel method)进行非线性分类，是常见的核学习(kernel learning)方法之一。SVM 于 1964 年提出，在 20 世纪 90 年代后得到快速发展并衍生出一系列改进和扩展算法，在人像识别、文本分类等模式识别(pattern recognition)问题中得到应用。

SVM 是由模式识别中广义肖像算法(generalized portrait algorithm)发展而来的分类器，其早期工作来自苏联学者 Vladimir N. Vapnik 和 Alexander Y. Lerner 在 1963 年发表的研究。1964 年，Vladimir N. Vapnik 和 Alexey Y. Chervonenkis 对广义肖像算法进行了进一步讨论，并建立了硬边距的线性 SVM。此后在 20 世纪 70~80 年代，随着模式识别中最大边距决策边界的理论研究，基于松弛变量(slack variable)的规划问题求解技术的出现，以及 VC 维(Vapnik-Chervonenkis dimension，VC dimension)的提出，SVM 被逐步理论化并成为统计学习理论的一部分。1992 年，Bernhard E. Boser、Isabelle M. Guyon 和 Vladimir N. Vapnik 通过核方法得到了非线性 SVM。1995 年，Corinna Cortes 和 Vladimir N. Vapnik 提出了软边距的非线性 SVM 并将其应用于手写字符识别问题，这份研究在发表后得到了关注和引用，为 SVM 在各领域的应用提供了参考。

4) 极限学习机

极限学习机(extreme learning machine，ELM)在 2004 年由南洋理工大学的 Guang-Bin Huang、Qin-Yu Zhu 和 Chee-Kheong Siew 提出，并发表于当年的 IEEE 国际交互会议(IEEE International Joint Conference)中，目的是对 BP 算法进行改进以提升学习效率并简化学习参数的设定。2006 年，ELM 原作者在对算法进行了进一步的测评后，将结论发表在 Neurocomputing，并得到了人们的关注。ELM 提出时是为监督学习问题而设计的，但在随后的研究中，其应用范围得到了推广，包括以聚类为代表的非监督学习问题，并出现了具有表征学习能力的变体和改进算法。

ELM 或"超限学习机"是一类基于前馈神经网络(feedforward neuron network, FNN)构建的机器学习系统或方法，适用于监督学习和非监督学习问题。ELM 在研究中被视为一类特殊的 FNN，或是对 FNN 及其反向传播算法的改进，其特点是隐含层节点的权重为随机或人为给定的，且不需要更新，学习过程仅计算输出权重。传统的 ELM 具有单隐含层，在与其他浅层学习系统，如单层感知器(single layer perceptron)和 SVM 相比时，被认为在学习速率和泛化能力方面可能具有优势。ELM 的一些改进版本通过引入自编码器构筑或堆叠隐含层获得深度结构，能够进行表征学习。ELM 应用于计算机视觉和生物信息学，也应用于一些地球科学、环境科学中的回归问题。

ELM 可以作为一种学习策略(如对 BP 框架的改进)，也可作为一类神经网络构筑进行论述。对于后者，标准的 ELM 使用单层前馈神经网络(single layer feedforward neuron network，SLFNN)结构。具体地，SLFN 的组成包括输入层、隐含层和输出层。

2.1.3　实证研究

1. 基于无人机的作物长势反演方法

1)无人机数据获取与预处理

无人机作业区位于安徽省淮北市杜集区，地处中纬度，地理坐标为 $33°58'10''N\sim$ $33°58'35''N$，$116°51'30''E\sim116°52'05''E$，属暖温带半湿润季风气候，季风明显，气候温和，雨水适中。无人机作业区面积为 $83.37hm^2$，北部与东部紧靠公路，南部、西部依傍湖泊，北部绿化带将研究区与公路隔开，而东部间隔种植绿化树，西北部有大块林地；区内地势平坦，道路纵横交错，种植方式以小麦与玉米轮作为主，其中小麦一般在当年 9 月种植，次年 5~6 月收获，耕种方式使用旋耕机，耕地深度小于 20cm，作物供水方式为雨养(图 2.3)。

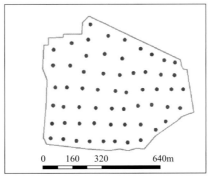

图 2.3　无人机作业区示意图和照片

无人机平台采用大疆幻影4多光谱版植保无人机,搭载一体式多光谱成像系统,集成1个可见光传感器和5个多光谱传感器(蓝光、绿光、红光、红边和近红外),其中蓝光波段中心波长为450nm,带宽为32nm;绿光波段中心波长为560nm,带宽为32nm;红光波段中心波长为650nm,带宽为32nm;红边波段中心波长为730nm,带宽为32nm;近红外波段中心波长为840nm,带宽为52nm,同时无人机内置GPS和惯性测量单元(inertial measurement unit,IMU)系统。

无人机多光谱影像获取时选择天空晴朗少云无风,光辐射强度稳定的情况。无人机设计航向重叠70%,旁向重叠60%,飞行高度为100m,无人机航速为5.1m/s,传感器镜头垂直向下,拼接影像能够涵盖整个研究区。研究区为大面积小麦种植区,区内典型地物相对较少,为方便后期影像几何校正处理于测区内均匀布设10个航测标志点作为典型参考点。航拍前均在地面放置一块校准反射面板,每个架次起飞前,手动控制飞机悬停于校准反射面板上方2.5m处拍照,获得当时条件下标准反射率(图2.4)。

图2.4　无人机野外数据获取实景图

无人机多光谱影像获取后,采用PIX4Dmapper软件进行拼接,在影像处理过程中利用飞行前获得的校准反射面板数据来校正所有航拍影像。使用ENVI 5.3软件,以研究区数码正射影像为参考影像,全区均匀选取30个参考点(包括10个航测标志点)对多光谱影像进行几何校正,检验影像几何校正误差小于0.5个像元。根据地面实测数据点在影像上的位置,构建样本点的ROI,以ROI范围内平均反射率光谱作为该点的小麦反射率光谱,以此得到各参考点反射率光谱数据。

2)地面实测数据采集

(1)叶片叶绿素含量测定。在无人机获取多光谱数据后,根据均匀布点原则,在研究区内布设59个采样点,使用SPAD-502叶绿素仪进行测量,每个点选取1m×1m范围,为较为准确地获得1个样方内小麦的SPAD①值,按5点采样法选取具有代表性的15株小麦,测定其叶尖、叶中、叶基的SPAD值,每个部位测定2次取平均值,将1个样方

---

① SPAD,soil and plant analyzer develotrnent,土壤与作物分析开发,这是一种测量叶绿素浓度的方法。SPAD就是指用SPAD方法测量的叶绿素浓度。

内所有 SPAD 值取平均作为一个样方的相对叶绿素含量(Zhu et al., 2020)。

(2)生物量数据获取。生物量数据采集利用 5 点采样法在每个样方的 5 个样点内随机选取 30 株小麦,将小麦样本茎叶分离后,放入烘箱内杀青 30min,温度设置为 105℃。然后将所有小麦样品在 80℃烘干 48h 以上,直至质量恒定再称其干质量,然后除以对应的采样面积即为生物量(王玉娜等,2020)。

(3)植株株高测量。选取每个样方内具有代表性的高、中、低三种高度的小麦,分别选取 3 株,用直尺测量小麦自然生长的最高叶尖到茎基的距离,最后将获得的所有数据取均值作为此样方内小麦的实测高度。

(4)植株含水量计算。将茎、叶分离的小麦样本分别测其鲜质量与干质量,从而计算植株含水量(裴浩杰等,2017):

$$植株含水量 = \frac{叶鲜质量 + 茎鲜质量 - 叶干质量 - 茎干质量}{叶鲜质量 + 茎鲜质量} \times 100\% \quad (2.34)$$

3)植被指数选取

作物因其内在生化参数存在差异而表现出不同的光谱反射率。叶绿素在可见光波段内,主要吸收峰在红光波段和蓝光波段附近形成,主要反射峰在绿光波段形成;而健康绿色作物在近红外波段的光谱特征为高反射率和低吸收率;在红边波段,作物的光谱特征表现为迅速"爬升"现象。将这些特征波段范围内的光谱反射率通过线性或非线性的组合构成植被指数,可用来诊断植被生长状态以及反演各种植被参数。而基于植被指数反演作物长势时,其精度会因所选植被指数不同而有所差异,在红波段、红边波段及近红外波段作物的光谱反射信息与其长势密切相关。通过以上对植被光谱特征的分析与现有的多光谱植被指数,结合获取的多光谱影像波段特征,选取 26 种植被指数参与模型构建(表 2.1)(肖武等,2018;陶惠林等,2020;Fu et al., 2021)。

表 2.1 植被指数及其相关计算公式

植被指数	计算公式
绿色归一化植被指数(GNDVI)	$GNDVI = (NIR-G)/(NIR+G)$
归一化植被指数(NDVI)	$NDVI = (NIR-R)/(NIR+R)$
差值植被指数(DVI)	$DVI = NIR-R$
比值植被指数(RVI)	$RVI = NIR/R$
优化土壤调节植被指数(OSAVI)	$OSAVI = 1.16(NIR-R)/(NIR+R+0.16)$
重归一化植被指数(RDVI)	$RDVI = (NIR-R)/(NIR+R)^{0.5}$
土壤调整植被指数(SAVI)	$SAVI = 1.5(NIR-R)/(NIR+R+0.5)$
改进比值植被指数(MSR)	$MSR = (NIR/R-1)/(NIR/R+1)^{0.5}$
非线性植被指数(NLI)	$NLI = (NIR^2-R)/(NIR^2+R)$
三角形植被指数(TVI)	$TVI = 60(NIR-G)-100(R-G)$
增强植被指数(EVI)	$EVI = 2.5(NIR-R)/(NIR+6R-7.5B+1)$

植被指数	计算公式
转换叶绿素吸收指数(TCARI)	$\mathrm{TCARI}=3[(\mathrm{RE}-R)-0.2(\mathrm{RE}-G)\times(\mathrm{RE}/R)]$
改进叶绿素吸收指数(MCARI)	$\mathrm{MCARI}=[(\mathrm{RE}-R)-0.2(\mathrm{RE}-G)]\times(\mathrm{RE}/R)$
抗大气指数(VARI)	$\mathrm{VARI}=(G-R)/(G+R-B)$
过绿指数(EXG)	$\mathrm{EXG}=2G-R-B$
过红指数(EXR)	$\mathrm{EXR}=1.4R-G$
植被色素比值指数(PPR)	$\mathrm{PPR}=(G-B)/(G+B)$
归一化绿红差值指数(NGRDI)	$\mathrm{NGRDI}=(G-R)/(G+R)$
归一化红蓝差值指数(NRBDI)	$\mathrm{NRBDI}=(R-B)/(R+B)$
绿度指数(GI)	$\mathrm{GI}=G/R$
叶绿素植被指数($\mathrm{CI}_{\mathrm{green}}$)	$\mathrm{CI}_{\mathrm{green}}=\mathrm{NIR}/G-1$
增强植被指数2(EVI2)	$\mathrm{EVI2}=(\mathrm{NIR}-R)/(1+\mathrm{NIR}+2.4R)$
地面叶绿素指数(MTCI)	$\mathrm{MTCI}=(\mathrm{NIR}-R)/(\mathrm{RE}-R)$
红树林植被指数(MVI)	$\mathrm{MVI}=[(\mathrm{NIR}-R)/(\mathrm{NIR}+R)+0.5]^{0.5}$
归一化差异绿度指数(NDGI)	$\mathrm{NDGI}=(G-R)/(G+R)$
比值植被指数1(RVI1)	$\mathrm{RVI1}=\mathrm{NIR}/G$

注：B、G、R、RE、NIR 分别为蓝、绿、红、红边和近红外波段的反射率。

4)模型构建与评价

选取 1 种线性模型(PLSR)、3 种非线性模型(RF、BPNN 和 ELM)及 2 种优化算法(GA 和 PSO)建立小麦的长势监测模型和叶片含水量反演模型。

偏最小二乘回归(PLSR)是一种多因变量对多自变量的线性回归建模方法,在回归建模过程中采用了数据降维、信息综合与筛选技术,集成了主成分分析、典型相关分析和线性回归分析的优点(赵雪花等,2021)。

随机森林(RF)是一种基于 bootstrap 取样的机器学习算法,通过有放回地抽样从原始数据集中构建多个子数据集,利用每个子数据集构建一棵决策树,最终分类效果由多棵决策树预测得到的众数决定,可挖掘变量之间的复杂非线性关系(徐敏等,2021)。

反向传播神经网络(back propagation neural network,BPNN)是一种由输入层、隐含层和输出层构成的深度学习模型,运用误差反向传播方式修正权值、阈值,通过学习自动提取输入、输出数据间的"合理规则",并自适应地将学习内容记忆于网络的权值中,具有高度自学习和自适应的能力(黄林生等,2019)。

极限学习机(ELM)是一种针对单隐含层前馈神经网络的学习算法。ELM 随机产生输入层与隐含层的连接权值和隐含层神经元的阈值,且在训练过程中无须调整,只需要设置隐含层神经元个数,便可以得到全局最优解,与传统的训练方法相比,ELM 具有学习速度快和训练误差小等优点(高洪燕等，2016)。ELM 模型的主要步骤为：①确定样本集；②确定隐含层神经元个数，随机生成输入层与隐含层的连接权值和隐含层神经元阈值；③确定隐含层神经元的激活函数，计算隐含层输出矩阵和输出层权值矩阵，根据权值矩阵和激活函数，最终计算 ELM 模型的预测值。

　　遗传算法(genetic algorithm,GA)是一种模拟自然进化过程的计算模型，其本质是一种高效、并行、全局搜索的算法，能在搜索过程中自动获取和积累有关搜索空间的知识，并自适应地控制搜索过程以求得最佳解(赵建辉等，2021)。

　　粒子群优化算法(particle swarm optimization algorithm，PSO)是模拟群体智能所建立的一种优化算法，是基于鸟类的觅食行为而提出的全局寻优的一种方法(You and Yang，2006)。为了提高模型的预测精度，用 PSO 优化 ELM 的初始输入权值和阈值(图 2.5)。

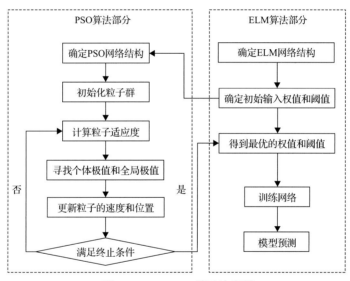

图 2.5　PSO-ELM 算法流程图

　　为评价建立的植物长势指标反演模型的精度，采用决定系数(R^2)、均方根误差(root mean square error，RMSE)、平均绝对误差(mean absolute error，MAE)进行验证，其中 R^2 越趋近 1，证明模型预测值与实测值越接近；而 RMSE 和 MAE 越小，说明模型精度越高。为评价建立的 BPNN 模型的稳定性，选用平均相对误差(average relative error，ARE)分析其预测结果的可靠性：

$$R^2 = 1 - \frac{\sum_{i=1}^{n}(y_i - \hat{y}_i)^2}{\sum_{i=1}^{n}(y_i - \overline{y})^2} \tag{2.35}$$

$$\text{RMSE} = \sqrt{\frac{1}{n}\sum_{i=1}^{n}(y_i - \hat{y}_i)^2} \tag{2.36}$$

$$\text{MAE} = \frac{1}{n}\sum_{i=1}^{n}\left|y_i - \hat{y}_i\right| \tag{2.37}$$

$$\text{ARE} = \frac{1}{n}\sum_{i=1}^{n}\frac{\left|\hat{y}_i - y_i\right|}{y_i} \tag{2.38}$$

式中，y_i 为实测值；$\hat{y}_i$ 为预测值；$\bar{y}$ 为实测值的均值。

5）植株生化参数反演

A. 相关性分析

为了筛选出与小麦叶片含水量相关性最好的多光谱波段和植被指数，采用统计分析软件 IBM SPSS Statistics 26 对研究区 5 个波段的光谱反射率和 20 个植被指数与地面实测小麦叶片含水量进行皮尔逊相关性分析（表 2.2、表 2.3）。从表 2.2 中可以看出，蓝波段、红波段与小麦叶片含水量呈极显著相关；近红外波段与小麦叶片含水量呈显著相关，其相关系数为 0.333。5 个波段与小麦叶片含水量的相关性由大到小依次为红、蓝、近红外、绿、红边。而从表 2.3 中可以看出，选取的 20 个植被指数与小麦叶片含水量的相关性由大到小依次为 EXG、EXR、NGRDI、GI、TVI、VARI、MSR、NDVI、OSAVI、SAVI、RDVI、RVI、DVI、NLI、TCARI、MCARI、PPR、EVI、GNDVI、NRBDI。其中，EXG 的相关系数大于 0.6，EXR、NGRDI、GI、TVI 的相关系数都接近 0.6。

表 2.2 光谱反射率与小麦叶片含水量的相关性

波段	蓝	绿	红	红边	近红外
相关系数	−0.477**	−0.284	−0.516**	0.089	0.333*

*在 0.05 水平上显著相关；**在 0.01 水平上极显著相关。

表 2.3 植被指数与小麦叶片含水量的相关性

植被指数	相关系数	植被指数	相关系数
GNDVI	0.368*	EVI	0.383*
NDVI	0.531**	TCARI	0.519**
DVI	0.526**	MCARI	0.510**
RVI	0.528**	VARI	0.556**
OSAVI	0.531**	EXG	0.614**
RDVI	0.529**	EXR	−0.596**
SAVI	0.530**	PPR	0.460**
MSR	0.532**	NGRDI	0.594**
NLI	0.519**	NRBDI	−0.304*
TVI	0.565**	GI	0.588**

*在 0.05 水平上显著相关；**在 0.01 水平上极显著相关。

B. 小麦叶片含水量的反演模型

a. PLS 模型

筛选 3 个敏感波段光谱反射和 5 个相关性较高的植被指数作为自变量，相应的小麦叶片含水量作为因变量，分别建立 PLS 模型。采用敏感波段光谱反射率(蓝、红、近红外)建立的小麦叶片含水量 PLS 模型的 R^2 为 0.6452。5 个植被指数建立的小麦叶片含水量 PLS 模型的 R^2 为 0.8043。由结果可知，采用植被指数建立的小麦叶片含水量 PLS 模型用来预测小麦叶片含水量精度更高(图 2.6)。

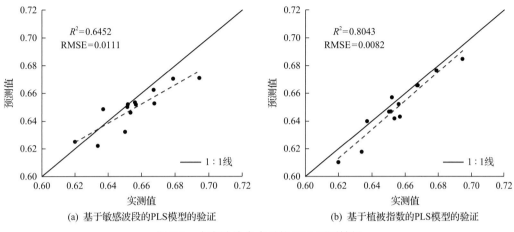

(a) 基于敏感波段的PLS模型的验证   (b) 基于植被指数的PLS模型的验证

图 2.6 小麦叶片含水量的 PLS 预测结果

b. ELM 模型

利用 MATLAB R2020b 编程建立 ELM 模型，将 3 个敏感波段光谱反射率和 5 个相关性较高的植被指数分别作为输入层的输入变量，小麦叶片含水量作为输出层的输出变量，进行小麦叶片含水量的反演。采用敏感波段光谱反射率建立的小麦叶片含水量 ELM 模型的 R^2 为 0.7935，RMSE 为 0.0084，而采用植被指数建立的小麦叶片含水量 ELM 模型的 R^2 为 0.8412，RMSE 为 0.0074。由结果可知，采用植被指数建立的小麦叶片含水量 ELM 模型用来预测小麦叶片含水量精度更高(图 2.7)。

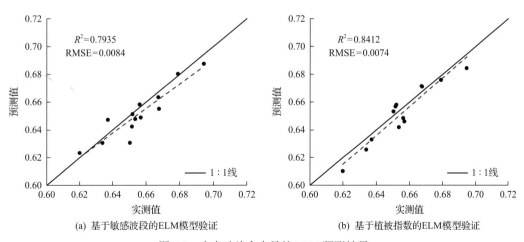

(a) 基于敏感波段的ELM模型验证   (b) 基于植被指数的ELM模型验证

图 2.7 小麦叶片含水量的 ELM 预测结果

c. PSO-ELM 模型

利用 MATLAB R2020b 编程建立 PSO-ELM 模型，将 3 个敏感波段光谱反射率和 5

个相关性较高的植被指数分别作为模型的输入变量，小麦叶片含水量作为模型的输出变量，构建小麦叶片含水量的反演模型。PSO-ELM 模型选择和 ELM 模型一样的建模样本和验证样本，设置隐含层神经元个数为 7，PSO 算法参数设置最大迭代次数为 100 次，种群规模为 20，学习因子 c1 和 c2 均为 1.49445，粒子速度范围为[−1，1]。采用敏感波段光谱反射率建立的小麦叶片含水量 PSO-ELM 模型的 R^2 为 0.9192，RMSE 为 0.0053。采用植被指数建立的小麦叶片含水量 PSO-ELM 模型的 R^2 为 0.9798，RMSE 为 0.0026。由结果可知，采用植被指数建立的小麦叶片含水量 PSO-ELM 模型用来预测小麦叶片含水量精度更高(图 2.8)。

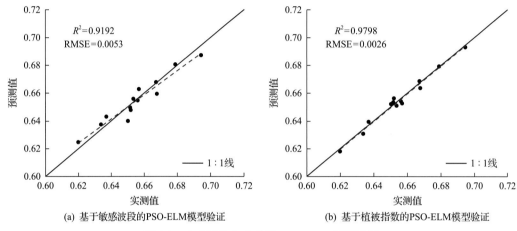

(a) 基于敏感波段的PSO-ELM模型验证　　　　(b) 基于植被指数的PSO-ELM模型验证

图 2.8　小麦叶片含水量的 PSO-ELM 预测结果

d. 综合评价

采用敏感波段组和植被指数组作为模型的输入变量，将 13 组叶片含水量的样本数据代入所建立的小麦叶片含水量 PLS、ELM 和 PSO-ELM 模型中，将 3 种模型的预测值和实测值进行比较(表 2.4)。总体来看，所有模型的 R^2 均大于 0.6451，RMSE 均小于 0.0112，表明模型均具有较好的精度，能在一定程度上反映小麦农田光谱数据与实测叶片含水量之间的关系。基于植被指数构建的小麦叶片含水量模型精度高于基于敏感波段构建的小麦叶片含水量模型，其中利用 PSO 优化的 ELM 模型精度最高。

表 2.4　模型效果对比

变量组	模型	R^2	RMSE
敏感波段	PLS	0.6452	0.0111
	ELM	0.7935	0.0084
	PSO-ELM	0.9192	0.0053
植被指数	PLS	0.8043	0.0082
	ELM	0.8412	0.0074
	PSO-ELM	0.9798	0.0026

C. 小麦叶片含水量空间分布反演

为获得整个研究区内小麦叶片含水量分布信息，将构建的最优 PSO-ELM 模型应用于研究区，生成研究区小麦叶片含水量可视化分布图(图 2.9)，获得研究区小麦叶片含水量的平均值为 0.6457，与地面实测小麦叶片含水量的平均值 0.6455 基本一致。

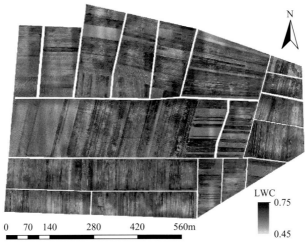

图 2.9 基于 PSO-ELM 模型的小麦叶片含水量反演图

LWC 为小麦叶片含水量

6) 作物长势监测

A. 作物长势指标构建

单一作物长势指标反演作物长势以作物某一指标出发，对研究区内作物生长状况做出评价，根据作物长势参数的划分，作物生长情况评价应综合考虑其形态、生理生化特征、受胁迫与产量等 4 方面的特征(岑海燕等，2020)。为了较为准确地获取研究区小麦的长势情况，考虑选取叶绿素、生物量、株高、植株含水量这 4 种植被长势指标组合成综合长势监测指标，获取研究区小麦长势信息。综合长势监测指标构建的关键问题在于权重的确定，传统赋权法未考虑小麦不同长势指标对综合长势监测指标的贡献率，简单地将每个指标按均等权重构建成一个综合指标，考虑到小麦的叶绿素、生物量、株高和植株含水量在综合长势监测指标中所占比例不同，各指标量纲不统一等，使用变异系数法确定 4 个指标的权重，进而构建综合长势监测指标。变异系数法是根据各个评价指标数值的变异程度来确定评价指标的权数值的方法，其确权结果不受量纲影响，在评价指标体系中，如果某项指标的数值能明确区分各个被评价对象的差异，说明该指标在这项评价上的分辨信息丰富，赋予该指标以较大的权数；反之，赋予该指标以较小的权数(陶志富等，2020)。变异系数法确定权重的计算公式如下：

$$V_i = \frac{\sigma_i}{\overline{x}_i}, \quad i = 1, 2, \cdots, n \tag{2.39}$$

$$W_i = \frac{V_i}{\sum_{i=1}^{n} V_i} \tag{2.40}$$

式中，V_i 为第 i 项指标的变异系数；σ_i 为第 i 项指标的标准差；$\bar{x}_i$ 为第 i 项指标的平均数；W_i 为第 i 项指标的权重。

针对小麦长势监测，以田间实测数据结合变异系数法基本原理，构建小麦综合长势监测指标。具体方法是首先利用田间实测数据由式(2.39)、式(2.40)分别计算出叶绿素、生物量、株高、植株含水量 4 个指标的权重；然后将单独指标进行归一化，归一化计算公式为式(2.41)，每个样本点根据实测数据和权重形成一个 $CGMI_{CV}$，共得到 59 个 $CGMI_{CV}$ 值[式(2.42)]。传统赋权法的权重直接根据所选指标的数量平均赋权，确定传统赋权法的权重为 0.25，将传统赋权法构建的综合长势监测指标记为 $CGMI_{mean}$。由变异系数法构建的综合长势监测指标可知，生物量指标所占比重最大，其次为株高，而植株含水量所占比重最小。

$$U_i = X_i / \max(X_i) \tag{2.41}$$

$$CGMI_{CV} = 0.166U_1 + 0.246U_2 + 0.489U_3 + 0.099U_4 \tag{2.42}$$

式中，i 为指标类别；U_i 为归一化后的第 i 项指标；X_i 为原始第 i 项指标，原始指标类别为叶绿素、生物量、株高、植株含水量；$\max(X_i)$ 为原始第 i 项指标中的最大值；U_1 为归一化后的叶绿素；U_2 为归一化后的株高；U_3 为归一化后的生物量；U_4 为归一化后的植株含水量。

B. 作物长势监测模型构建与验证

在实际研究过程中，由于仪器本身存在误差及研究区环境存在复杂变化等诸多偶然因素的影响，可能会导致获取的数据中存在异常数据，因此在实际建模前先进行残差分析(姜海玲等，2015)，最终剔除 3 个异常样本点，选取 56 个样本数据参与模型建立。利用 IBM SPSS Statistics 21 软件对实测值构建的 CGMI 样本点值进行随机抽样，选取 44 个样本作为训练集，12 个样本作为测试集，分别采用 PLSR、RF 及 BPNN 对 $CGMI_{CV}$ 和 $CGMI_{mean}$ 预测。

为对比分析同一训练集和测试集下的 PLSR、RF 及 BPNN 与不同赋权法结合后的模型精度，选取第 4 组数据作为 BPNN 模型训练结果展示，最终获得 PLSR、RF 及 BPNN 对 $CGMI_{CV}$ 和 $CGMI_{mean}$ 的预测结果(图 2.10)。小麦 $CGMI_{mean}$-PLSR、$CGMI_{mean}$-RF 和

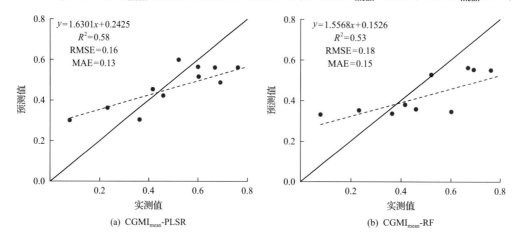

(a) CGMI$_{mean}$-PLSR　　　　　　(b) CGMI$_{mean}$-RF

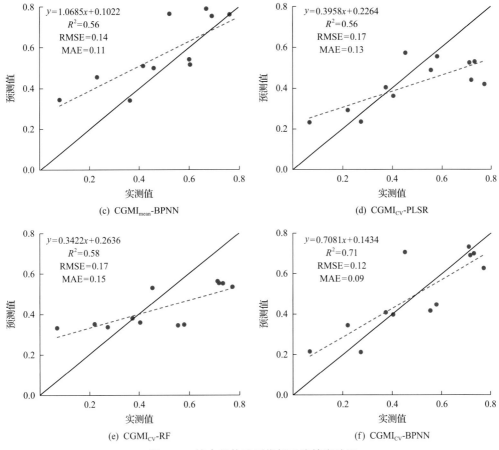

图 2.10 综合长势监测指标反演精度验证

CGMI$_{mean}$-BPNN 建立的模型,其 R^2 介于 0.53~0.58,而小麦 CGMI$_{CV}$-PLSR、CGMI$_{CV}$-RF 和 CGMI$_{CV}$-BPNN 建立的模型,其 R^2 介于 0.56~0.71,运用变异系数法建立的模型总体精度高于利用传统赋权法建立的模型。

变异系数法构建的小麦长势监测模型中,R^2 最高的为 CGMI$_{CV}$-BPNN 方法,其 R^2 较 CGMI$_{CV}$-PLSR 和 CGMICV-RF 分别提高了 15.00%和 13.00%,而 RMSE 和 MAE 均有所降低,其中 RMSE 均降低了 5.00%,MAE 降低了 4.00%和 6.00%,运用变异系数法构建的 CGMI$_{CV}$-BPNN 较 CGMI$_{CV}$-PLSR 和 CGMI$_{CV}$-RF 方法其模型精度更高。

BPNN 与变异系数法结合构建的小麦长势监测模型 CGMI$_{CV}$-BPNN 预测精度高、建模效果较好,但对于同一测试样本 CGMI$_{CV}$-BPNN 每次训练结果不一致,因此考虑用 GA 优化 CGMI$_{CV}$-BPNN 模型的初始权值和阈值,而对于 CGMI$_{CV}$-BPNN 模型其余参数设置保持不变,其优化参数主要包括种群规模、进化次数、交叉概率和变异概率。设置优化 CGMI$_{CV}$-BPNN 模型中的种群规模为 30,进化次数为 50,交叉概率为 0.4,变异概率为 0.2。由图 2.11 可知,利用 GA 优化的神经网络其 R^2 从原来的 0.71 提高到 0.80,提高了 0.09;而 RMSE 和 MAE 分别下降了 0.02 和 0.01;运用 GA 优化 CGMI$_{CV}$-BPNN 后,绝大部分点呈现向 1:1 线靠拢的趋势,而 CGMI$_{CV}$-BPNN 中距离 1:1 线最远的点经过优化后其预测值与实测值更接近。说明利用 GA 可提高 CGMI$_{CV}$-BPNN 模型的预测精度，此算法可应用于研究区小麦综合长势监测模型的建立(徐云飞等，2021)。

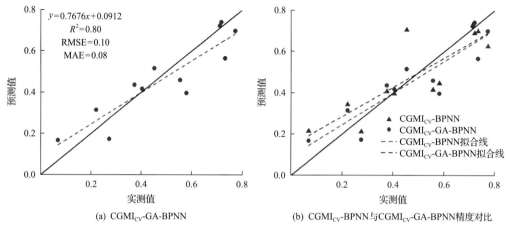

(a) CGMI$_{CV}$-GA-BPNN   (b) CGMI$_{CV}$-BPNN与CGMI$_{CV}$-GA-BPNN精度对比

图 2.11　GA 优化后的模型结果

C. 作物长势空间分布反演

利用上述训练好的 CGMI$_{CV}$-GA-BPNN 模型，结合研究区小麦种植范围，对整个研究区的小麦进行反演并作图，同时去除区内道路和周边高大树木的影响，最终获得全区小麦长势监测图(图 2.12)。利用自然间断法对分类间隔加以识别，并结合本次研究数据，在差异较大的位置设置边界，最终确定将全区小麦长势分为 5 个等级。遥感反演结果表明，长势越好的小麦区域其影像颜色越深，研究区内小麦长势分布不一，中部及南部小麦长势一般，东部小麦长势较好，而北部小麦长势介于两者之间。由表 2.5 统计结果可

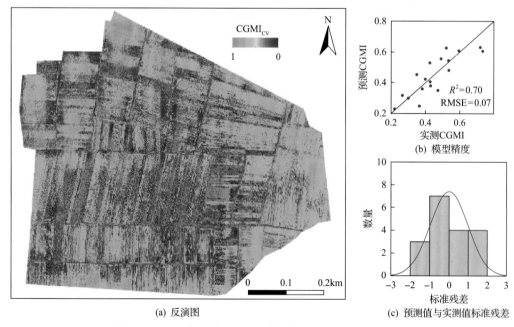

(a) 反演图   (b) 模型精度   (c) 预测值与实测值标准残差

图 2.12　基于多光谱无人机遥感的复垦区植被长势监测图

表 2.5 基于 CGMI$_{CV}$-GA-BPNN 模型的研究区小麦综合长势监测指标分等统计

等级	占比/%	样本的描述性统计				空间预测的描述性统计			
		最小值	最大值	均值	变异系数	最小值	最大值	均值	变异系数
Ⅰ(0.00~0.25)	36.08	0.07	0.22	0.14	0.45	0.00	0.24	0.20	0.36
Ⅱ(0.25~0.38)	6.18	0.26	0.37	0.31	0.12	0.25	0.38	0.28	0.13
Ⅲ(0.38~0.54)	55.83	0.38	0.54	0.46	0.11	0.38	0.54	0.47	0.10
Ⅳ(0.54~0.66)	0.15	0.56	0.60	0.57	0.03	0.54	0.66	0.59	0.06
Ⅴ(0.66~1.00)	1.76	0.68	0.84	0.74	0.07	0.66	1.00	0.72	0.14

知，整个研究区内小麦长势主要集中于Ⅲ等范围，其占比为 55.83%，其次集中于Ⅰ等范围，其占比为 36.08%，全区小麦长势中等且稳定；由样本的描述性统计结果和 CGMI 空间预测的描述性统计结果可知 CGMI$_{CV}$-GA-BPNN 模型对全区预测结果与实测样本点结果较为一致。基于 CGMI$_{CV}$ 构建的优化 BPNN 模型能够整合小麦多个生长相关因子所反映的信息，较好地量化了区域小麦生长状况的监测结果。

2. 基于探地雷达的复垦土壤体积含水率反演

1) 基于信号处理与变换的探地雷达水分估算模型

A. 基于信号处理与变换的探地雷达信号属性特征

土壤由于其组成成分复杂，不同土壤结构、类型、种植方式下的土壤体积含水率都存在一定的差异。土壤体积含水率虽然是土壤介电常数的主要决定性因素，但由于复垦土壤内部成分复杂且结构多样，使得电磁波在土壤内部传播过程中受到的干扰更不相同。基于探地雷达在土壤内部传播过程中水分子的张弛极化作用，采用数字信号处理手段对接收到的电磁波信号进行变换处理，以频域、希尔伯特谱等信号处理与变换方法为技术手段，全面分析探地雷达信号在不同体积含水率条件下的特征变化情况，并结合模型构建方法建立基于不同信号处理与变换的土壤体积含水率反演模型。

a. 希尔伯特变换

在进行探地雷达试验过程中，由于接收到的电磁波信号为实信号，即时域信号，且实信号具有共轭对称的频谱，从信息的角度来看，其负频谱部分是冗余的。因此，为了信号处理方便，去掉频域的负半平面，只保留正频谱部分的信号，其频谱不存在共轭对称性，这样产生的频谱所对应的时域信号就是一个复信号，即解析信号。为了得到解析信号，通常需要采用希尔伯特变换对电磁波信号进行处理。解析信号中包含了大量有用且具体的信息，同时其形式较时域信号来说更易看出变化特征等。因此基于 MATLAB 平台，对研究区内所获取的电磁波信号进行希尔伯特变换，由于数据量大，仅展示梯度水平下的希尔伯特变换结果图，如图 2.13 所示。

由图 2.13 可知，经过希尔伯特变换后的解析信号较时域信号在波形变换趋势上更具有代表性，且特征变化更为明显，能够看出不同土壤体积含水率(volumetric water content，VWC)条件下，其解析信号的峰值大小存在一定的响应关系，同时，随着时间的不断增加，其上升的趋势整体一致，但 VWC 为 17% 的上升趋势较 VWC 为 23% 的更大，且其振幅包络值也更大。此外，在不同时窗下振幅包络值的大小也具有一定的差异，说明不同时窗下振幅包络特征值与土壤水分变化也具有一定的响应关系。

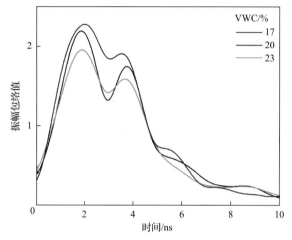

图 2.13　不同土壤体积含水率条件下希尔伯特变换结果图

b. 傅里叶变换

① FFT 特征分析

在实际试验情况中，所获得的电磁波信号一般是由不同正弦波分量所组合而成的波形信号。同时，这些正弦波分量是按照频率从低到高从前向后排列的，且每一个波的振幅都是不同的，即波形信号是由多个不同频率的正弦波所组成。基于此，为了分析探地雷达信号频率域尺度内对不同土壤体积含水率的响应特征，一般需要将波形信号进行傅里叶变换，转换为频率域信号数据。目前，为了获取离散时间序列信号的频谱，通常采用 DFT，但考虑其计算量过大导致计算时间过长等缺点，我们采用 FFT 进行信号频率域变换，其主要优点是对于长采样信号计算速度快且准确度与效果均与 DFT 相同。我们随机挑选了一条雷达信号，采用 FFT 对其进行傅里叶变换，结果如图 2.14 所示。

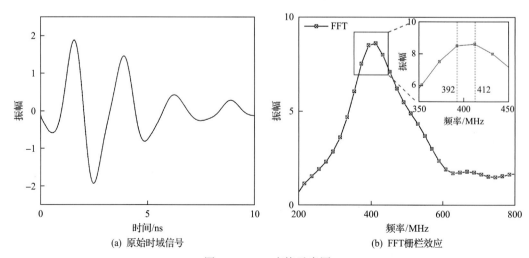

(a) 原始时域信号　　　　　　　　　　(b) FFT 栅栏效应

图 2.14　FFT 变换示意图

由图 2.14(b)可知，FFT 所获得的频率信号的主峰能量频率约在 400MHz 处，说明探地雷达在接收到返回的雷达波信号时，其能量已经发生了衰减，说明通过频谱峰值的频率偏移能够反映出所探测介质的介电常数变化情况。但由于在实际应用过程中，所获得的雷达信号不够长且为离散时间序列信号，频谱分辨率差导致雷达关键频率信号丢失，即栅栏效应。如图 2.14(b)所示，其频率信号峰值频率分量在 392~412MHz，但由于栅栏效应，峰值频率的真实值产生了一定的偏移，对后续的模型构建以及特征分析产生了较大的影响。

② 基于 CZT 优化下的频谱特征分析

基于前文所提到的栅格效应带来的峰值频率遗漏等问题，引入 CZT 来代替 FFT，这种方法有助于提高关键频率的选取。对同样的一组信号将本次试验研究区内的 44 个样点雷达数据进行预处理后提取出其中的雷达波形数据，通过利用 MATLAB 2018b 平台将时域信号参数、采样频率等相关参数对雷达数据实现 FFT 与 CZT 处理，结果如图 2.15 所示。可以看出，经过 CZT 处理后的信号频率分辨率有了大幅度的提升，同时频率信号的整体趋势及大小与 FFT 处理后的数据保持着高度的一致性，在直接进行 FFT 后的峰值频率约为 412MHz，而当采用 CZT 后的数据峰值频率在 405MHz，结果表明 CZT 后的信号频率分量能够在不改变真实频率信号分布的情况增加频率分辨率，降低栅栏效应对峰值频率遗漏的影响(程琦等，2021)。

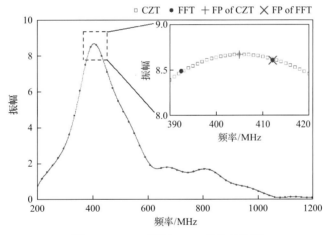

图 2.15 CZT 变换与 FFT 变换对比图

为充分展示 CZT 处理较 FFT 更优，对试验数据进行不同方法处理后的频率峰值 (frequency peak，FP)与土壤体积含水率的相关性分析，结果见表 2.6。从表 2.6 中可以发现，当直接进行 FFT 时，雷达电磁波 FP 与 VWC 的相关系数为 0.63，经过 CZT 处理后雷达电磁波 FP 与 VWC 的相关系数为 0.80。CZT 处理后的雷达电磁波 FP 与土壤体积含水率呈现很强的相关性，而直接经过 FFT 后的数据由于采样长度的原因，处理后的雷达电磁波频谱分辨率较差，因此直接经过 FFT 处理的方法较 CZT 处理的方法探测精度明显降低。

表 2.6　CZT、FFT 处理后的 FP 与 VWC 相关系数对比

处理方法	相关系数
FFT	0.63**
CZT	0.80**

**在 0.01 水平(双侧)上显著相关。

　　基于上述分析,我们采用 CZT 方法对研究区内样点的探地雷达电磁波数据进行频率域变换,考虑到数据量过大,此处仅展示与上文相对应的典型土壤体积含水率所得到的结果,如图 2.16 所示。同时,由于绝对反射强度受土壤中水分含量吸收的显著影响,谱峰高低起伏并不均一,这使得频谱"漂移"在图 2.16 中不那么明显,故对其频谱幅值进行归一化处理。由图 2.16 可以看出,不同土壤体积含水率下的峰值频率分量不同。其中,当土壤体积含水率达到 17% 时,其峰值频率分量最大,达到 410MHz;反之,当土壤体积含水率为 23% 时,所对应的峰值频率分量仅为 403MHz。因此,当土壤体积含水率减小时,频谱峰值频率分量会逐渐向低频移动。这可能是因为当土壤体积含水率增大时,所对应的土壤介电性质发生改变,使得电磁波在传播过程中的能量损耗更为严重,在频率域内所反映出来的现象则是峰值频率分量在逐渐向低频移动。

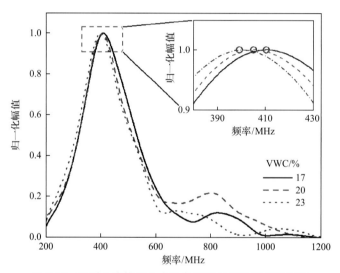

图 2.16　不同土壤体积含水率条件下的采样频率特征图

③ 瞬时频率变换

　　探地雷达曾经一直应用于地质构造探测、道路检测等方面,其主要原理也是基于地震勘探以及电法勘探等理论基础。因此,本书借鉴地震属性理论,引入地震信号的三瞬属性的信号变换处理方法,探究探地雷达的三瞬信号与土壤体积含水率的响应关系。其中,三瞬属性包括瞬时振幅(instantaneous amplitude)、瞬时频率(instantaneous frequency)和瞬时相位(instantaneous phase)。瞬时振幅是反射强度的量度,其数学意义就是解析信号的实部与虚部总能量的平方根,通过其数值的大小能够判断雷达信号在传播过程中能量的变化。瞬时频率是指相位的时间变化率,当探地雷达电磁波通过不同介电性质的介

质时，其频率将会发生明显变化，同时，其相较于前者更为敏感，即其对于非均匀介电性质的介质响应能力较强。瞬时相位是地震剖面上同相轴连续性的量度，无论能量的强弱，它的相位都能显示出来，其主要特点是当电磁波在均匀介电性质的介质中传播时，其所获取的相位都是连续的；而当其在非均匀介电性质的介质中传播时，其相位通常会发生显著变化，解析后的信号往往出现一定的差异。

　　基于以上分析，将研究区内所获取的探地雷达信号进行预处理，瞬时振幅主要采用希尔伯特变换方法。瞬时相位通过希尔伯特变换后将雷达信号分解为实信号与虚信号的形式，并通过求导获得雷达信号的瞬时相位信息。瞬时频率来源于瞬时相位，其解算方法是通过对瞬时相位求导后得到，其意义在于代表某一时刻的频率大小。由图 2.17 可知，瞬时频率围绕着 400MHz 主峰频率附近震荡，说明瞬时频率数据解译正常，与数据频率域主峰频率峰量一致。同时随着传播时间越长，频率震荡中心逐渐下降，说明雷达电磁波信号在土壤内部传播过程中受到各方面的干扰与能量损耗，造成低频信号增多，能量逐渐降低。

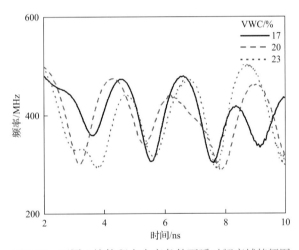

图 2.17　不同土壤体积含水率条件下瞬时频率域特征图

　　B. 探地雷达信号属性特征提取及相关性分析

　　a. 振幅包络平均值特征提取及相关性分析

　　振幅包络是一个时间域内信号能量的体现，对于不同时间窗口内的振幅包络值是各不相同的，往往需要准确的时间窗口数据，以便获取雷达在这段时间内的能量值。然而由于电磁波在不同介电常数的介质中传播时，其波速往往不同，即产生时滞效应。本书考虑到土壤内部结构复杂等影响，开展不同时窗内的希尔伯特数据的提取，并最终分析土壤体积含水率与它们的关系。由于本次野外试验土壤采集深度为 30cm，根据探地雷达电磁波在土壤中的传播速度，采用 5ns 作为一个时窗长度，时窗移动步长 1ns，结果如图 2.18 所示。由图 2.18 可知，希尔伯特变换后的振幅包络值在 2～4ns 时达到最大，随后不断衰减，其总体趋势也与上文分析的能量衰减情况一致(程琦等，2021)。

　　随后分别提取研究区内所获取的探地雷达信号的不同时窗内的振幅包络值，最终通过计算振幅包络平均值(average envelope amplitude，AEA)作为特征值，不同时窗内振幅

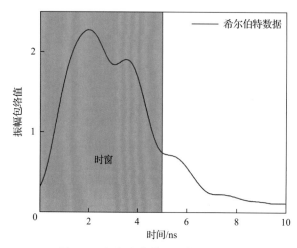

图 2.18 振幅包络值属性信息提取图

包络平均值和土壤体积含水率之间的相关系数见表 2.7。可以看出，随着时窗在 2～7ns 的相关性为最高，达到–0.77，随着时窗的逐渐后移，相关性逐渐下降，当时窗为 6～11ns 时，振幅包络平均值与土壤体积含水率几乎不存在相关性了，说明探地雷达电磁波传播至更深层的土壤时，其能量衰减愈发严重，已经不具备任何的表征介质的能力。通过相关性的筛选原则，我们将相关性的达到 0.5 以上且呈显著相关作为特征筛选的阈值，从而得到 5 组特征值，即 0～10ns、0～5ns、1～6ns、2～7ns、3～8ns 时窗内的振幅包络平均值。

表 2.7 不同时窗下振幅包络平均值与土壤体积含水率的相关性

时窗/ns	深度/cm	相关性	时窗/ns	深度/cm	相关性
0～10	0～40	–0.73**	10	0～40	–0.30*
5	0～20	–0.74**	11	0～20	–0.12
6	4～24	–0.76**	12	4～24	–0.05
7	0～40	–0.77**	13	0～40	–0.11
8	0～20	–0.62**	14	0～20	–0.18
9	4～24	–0.47*	15	4～24	–0.22

b. 基于 CZT 的 FP 特征提取及相关性分析

为分析不同土壤体积含水率下雷达信号频率域的响应关系，将各测线的土样烘干后的体积含水率与各测点标记的波形数据进行分析，结合瑞利散射法进行不同土壤体积含水率下"漂移"分析。对探地雷达系统所获取的雷达信号进行预处理后，采用 CZT 绘制雷达信号的频谱，随后提取雷达信号 FP，即频谱内最大幅值所对应的频率。这主要是由于雷达信号在土壤内部传播过程中，土壤内部水分的多少与电磁波能量的衰减具有一定的关系，从而产生了频移现象。然而，其幅值受诸多因素影响，使得频移现象在图形中不那么明显，为充分展示土壤体积含水率与 FP 的响应关系，本次研究对频谱幅值进行归一化处理，如图 2.19 所示。图 2.19 中位于 *xoy* 面的黑点代表的是单条测线下样点的 FP

与土壤体积含水率的关系。由图 2.19 可以看出，FP 随着复垦土壤体积含水率的变化而变化。根据瑞利散射法原理能够得出 FP 变化主要受土壤体积含水率的影响。

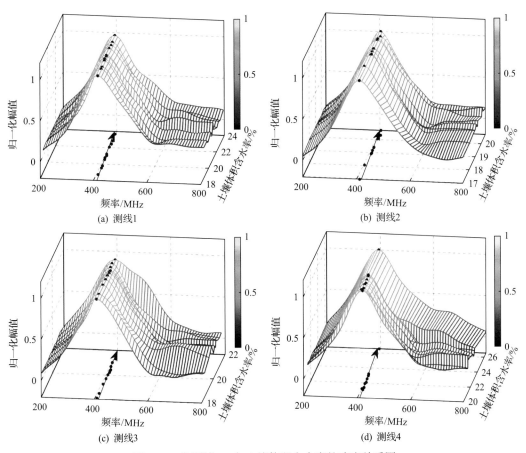

图 2.19 各测线 FP 与土壤体积含水率的响应关系图

c. 瞬时频率特征提取及相关性分析

瞬时频率一直引起数据分析通信工程界的关注，由于其作为时间函数的频率变化描述，因此其所包含的物理与实际意义较为广阔。考虑到探地雷达信号在土壤内传播过程中处于一种非平稳过程，因此频率应该不断变化，本书引入地震学的瞬时频率信息作为探地雷达信号变换方法，以期能够探索出不同土壤体积含水率情况下，雷达信号瞬时频率与其的响应关系。

将研究区探地雷达信号进行预处理后，通过计算得到所有数据的瞬时频率。将特定时窗内的平均瞬时频率以及瞬时频率所对应的区域面积进行特征提取分析，结果如图 2.20 所示。而后采用皮尔逊相关性分析将所提取的平均瞬时频率(average instantaneous frequency，AIF)以及瞬时频率域(instantaneous frequency area，IFA)特征参数分别与土壤体积含水率进行相关性分析，其中 AIF 与土壤体积含水率的相关性仅为−0.22，而 IFA 与土壤体积含水率的相关性为 0.53，且呈现显著相关。结果表明，瞬时频率域内的特征参数与土壤体积含水率的相关性较其他变换方法的相关性提升不够明显，其主要原因可能是瞬时频率域信号对噪声及干扰信息极为敏感，且野外试验环境过于复杂，从而引起其特征参数与土壤体积含水率的响应程度呈现较低的水平。

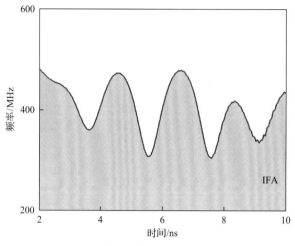

图 2.20　瞬时频率域特征提取示意图

C. 基于不同信号变换方法的土壤体积含水率反演模型构建

a. 基于 AEA 特征的预测模型构建

通过 AEA 特征参量的提取与相关性分析，发现采用振幅包络替代时域原始信号，相关性有一定的提升，这是由于振幅包络值是代表电磁波能量水平上的变化情况，当电磁波在土壤内部传播过程中，土壤体积含水率的变化使得能量衰减情况产生差异，因此AEA 较时域信号不仅提高了电磁波的敏感程度，并且揭示了土壤内部介电常数的变化特征，结果表明 AEA 变换后的信号更能凸显介质介电性质变化的特征。另外，不同时窗内信号相关性并不相同，因此在 AEA 模型构建过程中，选取相关性较高且呈现显著相关的0～10ns、0～5ns、1～6ns、2～7ns、3～8ns 时窗内的振幅包络平均值进行模型构建，采用线性、指数、多项式等回归方法分别进行土壤体积含水率反演模型的构建。此外，样本分为建模集和验证集，一般来说建模集的拟合效果较好但并不能代表模型的预测能力也较好，因此在本书中着重使用验证集的精度参数来评价模型的预测能力，表 2.8 为AEA-VWC 模型的建模集精度。

表 2.8　AEA-VWC 模型的建模集精度

时窗/ns	建模集精度	
	R^2	RMSE/%
0～10	0.50	1.01
0～5	0.57	0.95
1～6	0.73	0.75
2～7	0.68	0.82
3～8	0.36	1.16

从表 2.8 的建模集精度来看，不同时窗下的 AEA-VWC 模型的建模集的 R^2 在 $0.36\sim$ 0.73，RMSE 在 $0.75\%\sim1.16\%$，其中 $1\sim6$ns 时窗下的线性回归模型的精度最高，R^2 达到 0.73，RMSE 为 0.75%，其次为 $2\sim7$ns 时窗下的多项式回归模型，R^2 和 RMSE 分别为 0.68 和 0.82%；而 $3\sim8$ns 时窗下的线性回归模型精度最低，R^2 为 0.36，RMSE 为 1.16%。总体来看，AEA 变换后提取的特征参量所构建的模型建模集精度较时域信号高，但仍存在一定的局限性，且不同时窗下模型精度不一致，说明其变化易受时窗大小的影响。

为了更好地体现建模集的反演效果，分别绘制不同时窗下 AEA-VWC 模型各验证集的散点图，X 轴为 VWC 实测值，Y 轴为 VWC 的反演值，灰色虚线为 $1:1$ 对角线，红色斜线为预测散点拟合线，最终结果如图 2.21 所示。可以发现不同时窗下的预测模型、拟合线的角度差以及散点分布情况均有所差异，其中 $AEA_{0\sim5ns}$-VWC 模型验证集精度最高，R^2 为 0.65，RMSE 为 0.96%；$AEA_{2\sim7ns}$-VWC 模型验证集精度最低，R^2 和 RMSE 分别为 0.53 和 1.11%。对比结果来看，模型精度较基于原始时域信号特征下的反演模型高；同时，在不同时窗下，早期时窗 ($0\sim5$ns) 的振幅包络值所构建的模型精度较其他时窗下的模型高。但总体来说，$AEA_{0\sim5ns}$-VWC 模型的散点还是散乱在对角线附近且模型预测精度仍然难以满足实际生产生活的需要。

b. 基于 FP 特征的预测模型构建

通过 FP 特征参量的提取与相关性分析，采用 CZT 得到的雷达数据频率域特征参量 FP 与土壤体积含水率的相关性显著提高。频率域分析方法是能量谱、功率谱分析的基础，

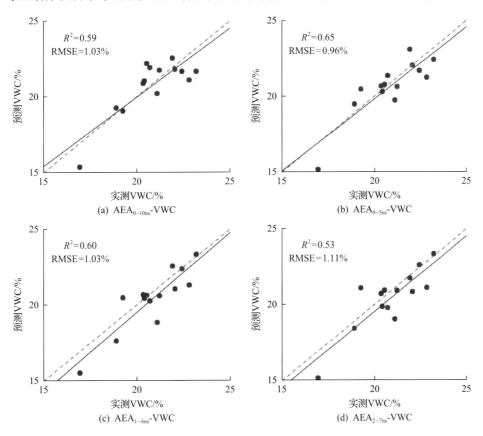

(a) $AEA_{0\sim10ns}$-VWC

(b) $AEA_{0\sim5ns}$-VWC

(c) $AEA_{1\sim6ns}$-VWC

(d) $AEA_{2\sim7ns}$-VWC

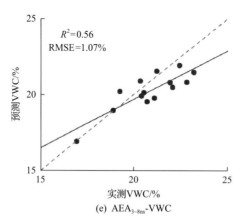

图 2.21   AEA-VWC 模型验证集精度散点分布图

也是最能够体现信号在不同介电性质的介质传播能量衰减等情况。同时，Benedetto 等采用探地雷达作为技术手段，通过室内实验逐步揭示了土壤体积含水率与雷达信号具有一定的响应关系，并且其变化会直接影响信号频谱峰值频率的位移。综合特征分析结果，表明土壤体积含水率在改变土壤介电常数的同时，间接地影响了频率域信号。另外，由于频率域幅值间变化规律不一致，因此在 FP 模型构建过程中，选取相关性较高且呈现显著相关的 FP 值进行模型构建，采用线性、指数、对数、多项式等回归方法分别进行了土壤体积含水率反演模型的构建。

表 2.9 为经过傅里叶变换建立的 FP-VWC 模型建模集精度，可以发现 FP-VWC 反演模型的建模集 R^2 介于 0.62～0.68，RMSE 介于 0.88%～1.06%，而多项式回归下的建模集精度最高，R^2 为 0.68，RMSE 为 0.88%；线性回归下的建模集精度最低，R^2 和 RMSE 分别为 0.62 和 1.06%。整体来看，建模集精度较原始时域信号特征参量所构建的反演模型有了一定的提高。

表 2.9   FP-VWC 模型的建模集精度

回归类型	建模集精度	
	R^2	RMSE/%
线性	0.62	1.06
指数	0.64	1.03
对数	0.63	1.05
多项式	0.68	0.88

根据表 2.9 中所构建的 FP-VWC 模型，将验证集样本所提取的雷达信号频率域特征参量代入，得到的估算结果分别绘制了 4 种回归方法下的验证集散点图(图 2.22)。可以发现基于多项式回归的反演模型对土壤体积含水率的预测效果较其他建模方法好，R^2 与 RMSE 分别为 0.64 和 0.98%。因此，原始时域信号经过 CZT 变换至高频率分辨率下的频率域信号，其对于介质的表征与预测的能量都有一定程度的上升，且有助于提高反演模型的精度。

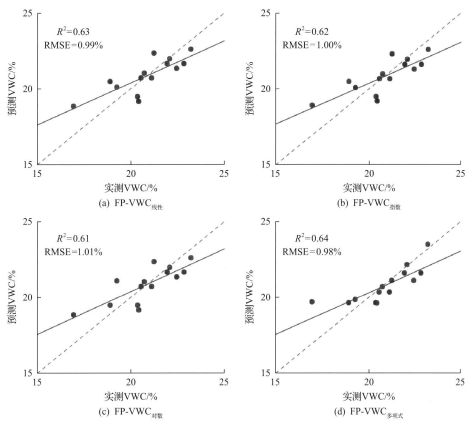

图 2.22　FP-VWC 模型验证集精度散点分布图

c. 基于瞬时频率特征的预测模型构建

通过瞬时频率特征参量的提取与相关性分析，借鉴地震勘探学的瞬时频率域分析，构建基于雷达信号瞬时频率域特征参量 AIF 的 VWC 反演模型。瞬时频率域是指雷达信号在介质传播过程中其频率成分随时间而变化的刻画，是典型的非平稳信号。同时，介质的介电性质变化会引起雷达信号频率成分发生改变。因探地雷达信号的瞬时频率信息可以获得其频率成分随时间变化的信息，进而探究其与土壤体积含水率的响应关系，构建反演模型。综合特征分析结果，表明土壤体积含水率与信号瞬时频率间具有一定的响应关系，另外，通过特征提取与相关性分析，得到 AIF 较其他瞬时频率域特征参量的相关性高，因此选取相关性较高且呈现显著相关的 AIF 值进行模型构建，采用线性、指数、多项式等回归方法分别进行 AIF-VWC 模型的构建。

表 2.10 为经过傅里叶变换建立的 AIF-VWC 模型建模集精度，可以发现 AIF-VWC 模型的建模集 R^2 介于 0.31～0.36，RMSE 介于 1.18%～1.27%。其中，多项式回归模型的建模集精度最高，R^2 为 0.36，RMSE 为 1.18%。整体来看，建模集 R^2 和 RMSE 不高，这可能是由于雷达信号在土壤传播过程中噪声及干扰因素较多，同时瞬时频率域信号对噪声及干扰信息极为敏感，导致建模集精度呈现较低的水平。

表 2.10   AIF-VWC 模型的建模集精度

回归类型	建模集精度	
	R^2	RMSE/%
线性	0.31	1.27
指数	0.31	1.25
对数	0.32	1.26
多项式	0.36	1.18

根据表 2.10 中所构建的 AIF-VWC 模型，将验证集样本所提取的雷达信号频率域特征参量代入，得到的估算结果分别绘制了 4 种回归方法下的验证集散点图(图 2.23)。可以发现验证集精度已严重偏低且无法准确反演土壤体积含水率，不同模型构建方法下的 R^2 最高仅为 0.13，RMSE 最低仅为 1.52%，说明 AIF 所构建的土壤体积含水率反演模型的预测效果不理想。

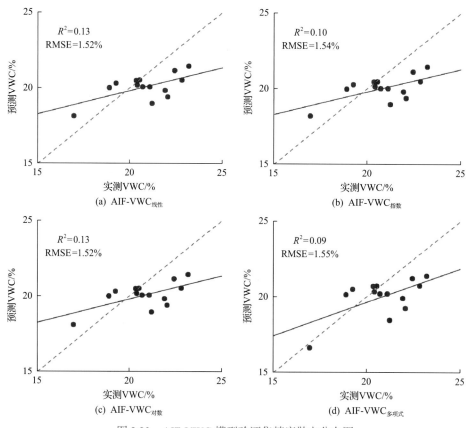

图 2.23   AIF-VWC 模型验证集精度散点分布图

d. 不同特征参数下的模型预测结果对比分析

为充分对比不同变换方法较原始时域信号特征参数模型的精度提升效果，将时域信号与不同变换方法内的建模集与验证集的精度分别进行对比分析，结果如图 2.24 所示。

在建模集层面，希尔伯特变换与频率域特征参数模型的 R^2 最高，都在 0.6 以上，RMSE 均低于 1.0%，相比于原始时域信号特征参数模型，R^2 和 RMSE 均有一定的提升；在验证集层面，希尔伯特变换与频率域特征参数模型的 R^2 最高，都在 0.60 以上，RMSE 均低于 0.8，相比于原始时域信号特征参数模型，R^2 和 RMSE 也都存在较大的提升。总体来说，经过信号变换处理后的探地雷达信号特征参数模型较原始时域信号特征参数模型的精度有一定的提升，说明信号变换处理能够突出雷达信号对于土壤体积含水率的响应程度。

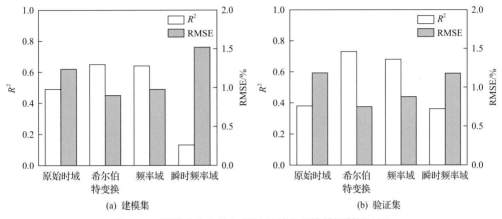

图 2.24　不同变换方法与原始时域的反演模型精度对比

2) 基于最优参数的探地雷达预测方法与复垦土壤水分分布特征

A. 探地雷达全属性集合与土壤体积含水率相关性分析

基于原始时域信号的不同特征参量-土壤体积含水率反演模型的预测效果差，难以满足实际生产生活的需要，但通过一定的信号变换方法突出了雷达信号与土壤体积含水率的响应关系，提高了两者的相关性，同时也通过不同方法建立了多种土壤体积含水率反演模型，其精度较原始时域信号所构建的模型有了一定的提高。但其总体精度仍然难以满足实际生产生活的需要，主要原因是复垦土壤内部结构发生了改变，使得土壤环境较为复杂且影响因素变多。

为克服复垦土壤环境的复杂性同时兼顾模型的稳定性，将多种探地雷达属性信息耦合为全属性特征参量集合。然而，全属性特征参量集合内存在一定的无关参量，因此有必要进行相关性分析，剔除无关参量，从而提高模型的运行速度和稳定性。由于探地雷达属性的种类多、量纲不统一且数值量级差别大，容易造成属性矩阵的范数过大，收敛性差，因此需要对探地雷达属性进行归一化处理。将所有属性与土壤体积含水率数据导入 SPSS 进行皮尔逊相关性分析，并对其进行显著性检验。如图 2.25 所示，可以发现相关性较高且呈现显著相关的属性特征参量有 FP、AIF、$AEA_{0\sim10ns}$、$AEA_{0\sim5ns}$、$AEA_{1\sim6ns}$、$AEA_{2\sim7ns}$、$AEA_{3\sim8ns}$、$AEA_{4\sim9ns}$、$AEA_{5\sim10ns}$、$C_{Amplititude}$、$E_{Amplititude}$、C_{Energy}、D_{Energy}、E_{Energy}、AAA、TE 共计 16 个。其中，FP、AIF、$AEA_{0\sim10ns}$、$AEA_{0\sim5ns}$、$AEA_{1\sim6ns}$、$AEA_{2\sim7ns}$、$AEA_{3\sim8ns}$、$AEA_{4\sim9ns}$、$C_{Amplititude}$、$E_{Amplititude}$、C_{Energy}、D_{Energy}、E_{Energy}、AAA、TE 都与 VWC 呈现极显著相关（$p<0.05$），$AEA_{5\sim10ns}$ 呈现显著相关；其中 FP 与 VWC 间的相关性最高，达到 0.82，其次为 $AEA_{0\sim10ns}$，相关性达到 0.73，而未经过任何信号变换手段的 A-scan

的能量、振幅与土壤体积含水率的相关性只有 0.58、–0.23，说明采用一定的信号变换方法有助于提高电磁波信号特征值与土壤体积含水率的相关性。同时 HA 与 AEA 之前呈现高度相关性，说明这两个变量存在很强的共线性，为排除后期模型建立可能出现的共线性问题，需要采用去除共线性算法对其进行筛选，保证数据的冗余性最低。

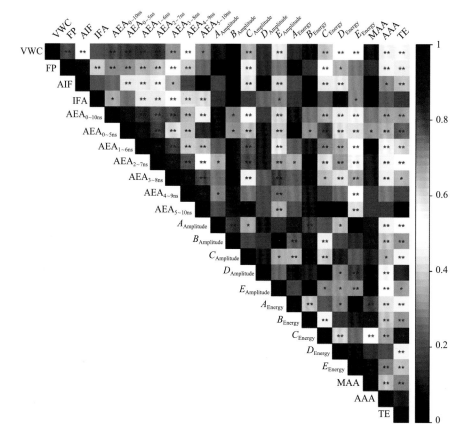

图 2.25　探地雷达全属性集合与土壤体积含水率相关性图

VWC 为土壤体积含水率；FP 为频率峰值；AIF 为平均瞬时频率；IFA 为瞬时频率域；AEA$_{0\sim10ns}$ 为 0～10ns 振幅包络平均值；AEA$_{0\sim5ns}$ 为 0～5ns 振幅包络平均值；AEA$_{1\sim6ns}$ 为 1～6ns 振幅包络平均值；AEA$_{2\sim7ns}$ 为 2～7ns 振幅包络平均值；AEA$_{3\sim8ns}$ 为 3～8ns 振幅包络平均值；AEA$_{4\sim9ns}$ 为 4～9ns 振幅包络平均值；AEA$_{5\sim10ns}$ 为 5～10ns 振幅包络平均值；$A_{Amplitude}$ 为 A 区振幅值；$B_{Amplitude}$ 为 B 区振幅值；$C_{Amplitude}$ 为 C 区振幅值；$D_{Amplitude}$ 为 D 区振幅值；$E_{Amplitude}$ 为 E 区振幅值；A_{Energy} 为 A 区能量值；B_{Energy} 为 B 区能量值；C_{Energy} 为 C 区能量值；D_{Energy} 为 D 区能量值；E_{Energy} 为 E 区能量值；MAA 为最大绝对振幅值；AAA 为平均绝对振幅值；TE 为总能量

B. 基于不同筛选方法的特征参量优化选取

模型构建是研究自变量 X 与因变量 Y 之间的变量关系，最终通过一定的回归建模方法构建函数关系，从而实现对 Y 的有效预测。然而，实际生产中往往是多个自变量，因此自变量的数量以及自变量间的冗余度都会对模型的预测精度造成影响。单变量所构建的反演模型在预测精度上不够理想。同时，属性集合内的参数变量众多，在利用相关系数法选取自变量时，导致选取的雷达信号属性数量较多且它们之间的数据冗余度较高，容易使模型反演的精度降低。另外，变量之间存在共线性问题，即变量之间存在强相关性，这会导致后期建模过程中存在模型过拟合等现象，降低模型的稳定性与精度。为探究最优变量组合下的模型预测效果，本节对雷达信号全属性集的变量进行降维，减少数据冗余度，筛选出最优变量组合，从而达到提高模型的预测精度及稳定性，同时降低模型复杂度的目的。目前，参数变量筛选算法有连续投影算法 (successive projections algorithm，SPA)、变量迭代空间收缩筛选 (variable iteration space shrink selection，VISSA) 和最优子律算法 (best subset selection，BSS) 等，并且不少专家学者对其进行了验证且取得了较好的结果。基于此，我们使用 SPA 算法、VISSA 算法和 BSS 算法对雷达信号属性集合内的变量进行提取，探究不同算法下雷达信号属性集合特征变量的筛选能力以及预测能力的提升情况。

a. 基于 SPA 算法的特征参量优化

本节基于原始时域信号以及不同信号处理手段的特征参数集合，其中难免会有一定的特征参数存在共线性问题，即数据的冗余度高。因此，引入 SPA 算法进行特征参数的初步筛选，旨在选取数据冗余度较小的特征参数集合，使所构建的土壤体积含水率估算模型精度提高。SPA 算法已经被广泛用于光谱特征变量筛选中，其原理简要来说是一种使所有特征参数矢量空间内的共线性达到最小的前向性特征参数筛选算法，其优势在于筛选后的特征参数集合能够消除原始参数矩阵中的冗余信息。基于 MATLAB 平台，采用 SPA 算法将基于相关性筛选后得到的 16 个属性特征参量集合代入，结果如图 2.26 所示。SPA 算法优化后得到 14 个特征参量，并在此时 RMSE 达到最小，对应的特征参量分别为 FP、AIF、$AEA_{0\sim10ns}$、$AEA_{0\sim5ns}$、$AEA_{1\sim6ns}$、$AEA_{2\sim7ns}$、$AEA_{3\sim8ns}$、$AEA_{4\sim9ns}$、$AEA_{5\sim10ns}$、$C_{Amplitude}$、$E_{Amplititude}$、C_{Energy}、D_{Energy} 及 E_{Energy}。但从图 2.26 中看出，在参量数量为 8 和 10 的区间内，RMSE 未发生较大的变化，说明 SPA 算法对于小样本数据集内的特征参量筛选仍存在一定的局限性。总体来说，经 SPA 算法筛选后，属性特征参量集合得到了一定的压缩；其次由 RMSE 的下降趋势线分析可知，特征参量为 8 个以后，RMSE 的下降幅度不明显，这也表明在属性特征参量集合中掺杂着许多无关变量，存在过高的数据冗余度。

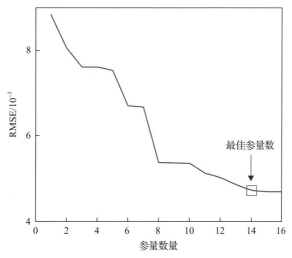

图 2.26 基于 SPA 算法的探地雷达属性特征参量集合变量筛选

b. 基于 VISSA 算法的特征参量优化

对于 SPA 算法去除共线性冗余数据后,特征参数集合内参数数量仍然过大且 SPA 算法存在一定的局限性。因此,本书引入一种考虑组合变量间子模型统计信息的特征参数筛选方法,即变量迭代空间收缩算法。该算法旨在充分利用海洋捕食者算法(marine predators algorithm,MPA)获得的统计信息,选择具有最佳预测能力的最优变量组合。将经过 SPA 算法去共线性后得到的 14 个特征参量集合代入 VISSA 算法中,结果如图 2.27 所示。我们发现 VISSA 算法具有较好的筛选能力,其给出的最优特征参量组合为 5 个特征参量,即 FP、$Energy_{0\sim10ns}$、$AEA_{0\sim10ns}$、$AEA_{2\sim7ns}$ 及 $AEA_{4\sim9ns}$。同时,由图 2.27(a)可以看出,当特征参量超过 5 个时,随着特征参量集合数量的逐渐增多,均方根误差反而逐渐上升,说明在该集合内的特征参量仍存在一定的无关变量以及数据冗余度高等情况;图 2.27(b)为 VISSA 算法迭代运算次数下的特征参量赋权情况,其权值大小也代表算法筛选最优解的过程,能够看出在迭代次数为 1 时,14 个特征参量的起始赋权均为 0.5,随着迭代次数的增加,FP、$AEA_{0\sim10ns}$、$AEA_{2\sim7ns}$、$AEA_{4\sim9ns}$ 均为逐渐上升趋势,而 $Energy_{0\sim10ns}$ 则呈现先下降后上升的趋势,说明该算法在前期的特征参量筛选准则上有一定的限制。

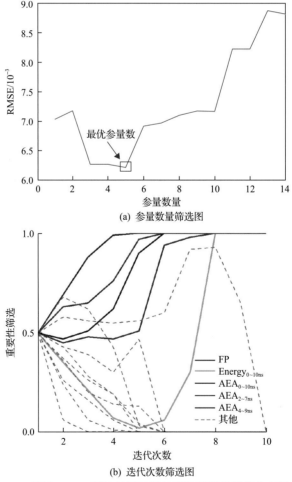

(a) 参量数量筛选图

(b) 迭代次数筛选图

图 2.27　基于 VISSA 算法的探地雷达属性特征参量集合变量筛选

整体来看，VISSA 算法筛选参数的有效性较 SPA 算法有一定的增强，可能是由于其筛选准则是基于 RMSE 最小化准则，未考虑变量参数间的过拟合现象，因此其筛选能力存在一定的限制。

c. 基于 BBS 算法的特征参量优化

当进行回归分析时，通常获取的自变量并不全是有用的，其中存在着和因变量不相关或者相关性极小的变量。针对这种情况，一般可以人为地根据经验判断筛选出对因变量有影响的自变量。例如，距离周边学校的距离对房价的影响。但通常在实际生产生活中，对可能影响因变量的自变量并不了解，同时为了剔除主观因素，于是我们需要运用一定的筛选优化算法遍历所有筛选变量从而获得最优的回归模型。因此，最优子集回归算法就是在这一基础上逐渐演化而来的。最优子集回归算法的优势在于筛选准则不仅仅只有 RMSE，它包含了贝叶斯信息准则（Bayesian information criterion，BIC）、赤池信息量准则（Akaike information criterion，AIC）等多种统计学领域的信息惩罚准则。基于此，本节引入 BSS 算法对属性集合进行筛选，将经过 SPA 算法去共线性后得到的 14 个特征参量集合代入 BSS 算法中，同时选用 BIC 作为筛选条件。BIC 是指在增加变量数量时，似然函数与模型复杂度也会逐渐增加，容易造成回归模型的过拟合现象。针对该问题，BIC 是模型参数个数相关的惩罚项，当样本数量过多时，可有效防止模型精度过高或过拟合所造成的模型复杂度过高、不稳定等现象。从图 2.28 可以看出，基于 BIC 的最优参量特征组合为 3 个特征参量，即 FP、AIF 及 $AEA_{0\sim10ns}$。同时，我们发现基于 BSS 算法的属性集合较 SPA 算法、VISSA 算法有一定的缩小，几乎完全消除了参量间的数据冗余性与共线性等问题。

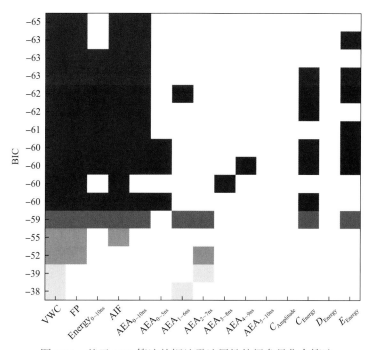

图 2.28　基于 BSS 算法的探地雷达属性特征参量集合筛选

C. 不同特征参量筛选算法下的预测模型构建及精度对比分析

通过基于不同筛选算法的特征参量优化选取，分析了算法运行后的结果，并提取了对应的特征参量集合。为验证提取的特征参量集合对 VWC 的解释程度以及预测效果，本节分别将 3 种筛选算法所选取的特征参量作为自参量代入模型中进行建模。同时，考虑到建模方法对模型构建的影响，本节结合 PLSR 及 ELM 进行模型的构建，并对比不同模型构建方法下反演模型的预测精度，从而得出基于探地雷达的土壤体积含水率精准预测模型，结果如图 2.29 所示。

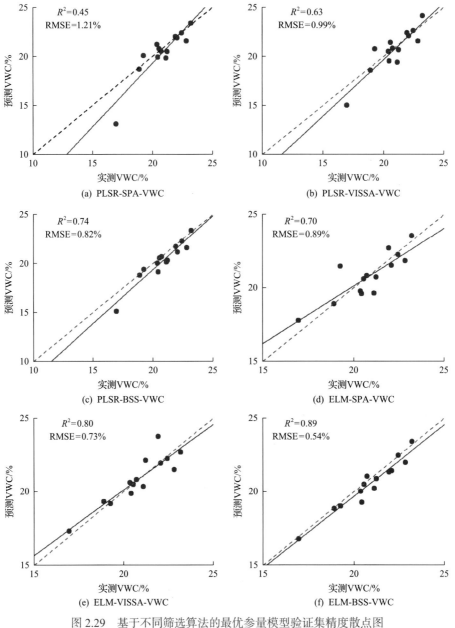

图 2.29　基于不同筛选算法的最优参量模型验证集精度散点图

由图 2.29 可知，基于 PLSR 的反演模型的验证集 R^2 介于 0.45～0.74，RMSE 介于 0.82%～1.21%，其中 BSS 算法的预测效果最佳，SPA 算法最低，可能是由于 SPA 算法的筛选准则主要是去除变量间的共线性，对于小变量集合而言共线性效果不强，其筛选效果往往下降。然而基于 ELM 的反演模型的验证集 R^2 与 RMSE 较前者有了一定的提高，R^2 介于 0.70～0.89，RMSE 介于 0.54%～0.89%，其中 BSS 算法的预测效果最佳，SPA 算法最低。这说明采用 ELM 能够通过不断地训练学习，达到模型构建的最佳效果。从筛选算法模型构建的角度来看，BSS 算法所筛选的特征参量集合在 PLSR 和 ELM 模型构建方法下，其预测效果都比 VISSA 算法、SPA 算法有一定的提高，同时，BSS 算法得到的特征参量集合为 3 个变量，均低于其他筛选算法，大大降低了模型的复杂程度。因此，结果表明 ELM-BSS-VWC 模型为最佳预测模型，其预测精度及模型复杂度也较前文所有模型有了一定的提高。

D. 各测线特征参量变化分析

为对比分析不同探地雷达单一属性与复垦土壤体积含水率的响应关系以及其变化特征，对研究区内不同测线下实测体积含水率与对应的不同属性数据建立响应关系图。由于属性集合特征参数过多，因此选取了呈现显著相关的特征参数。同时，考虑到不同特征参数间数据单位不一致等问题，同时部分特征参数数据过大会影响响应关系的分析，对土壤体积含水率以及其他特征参数进行归一化处理，结果如图 2.30 所示，xoy 面为趋势面，三维图为归一化后各属性大小。可以看出 FP 特征参量与复垦重构土壤体积含水率呈现负相关，且趋势面上与土壤体积含水率空间趋势较为一致，有些类似的研究，如 Tosti 和 Slob（2015）利用探地雷达特征信号评价土壤黏粒含量时发现探地雷达 FP 能够克服富黏情况下与黏粒含量保持响应关系一致；同时 Benedetto（2010）将 FP 应用于野外进行了大尺度土壤含水量空间变异性研究，结果表明该方法展示出在土壤含水量空间变异研究的广阔前景。结合本次试验说明 FP 确实能够对非饱和土壤体积含水率产生较好的响应，能够看出 FP 方法能够在不经过数据校正的情况下较为准确地反演出复垦重构土壤水分富集情况；瞬时频率以其高度的敏锐性成为信号分析中的一项重要参数，由图 2.30 可知，瞬时频率域内的 AIF 特征参数不能够很好地反映土壤间水分富集的情况，主要是由于复垦土壤影响因素颇多，Luciana（2002）通过分析探地雷达瞬时属性与油气污染富集信息的响应关系，发现瞬时频率属性极其敏锐，易受地下介质不稳定性影响，因此能够看出在复杂土壤环境下若需要准确的瞬时频率信息还需要结合一定的信号处理手段。不同时窗内的 AEA 特征参数与土壤体积含水率在数值上表现出反比的关系，而从趋势面上看，同时窗内的 AEA 特征参数与土壤体积含水率具有一定的相似性，但随着时窗的后移，其整体趋势与土壤体积含水率出现偏差，说明探地雷达早期信号能够与土壤体积含水率呈现较强的响应关系，这与 Algeo 等（2016）通过 AEA 属性在黏土中分析土壤水分富集情况的研究结果相似，表明 AEA 属性与土壤体积含水率间具有较强的响应关系。不同区域内的振幅参数与土壤体积含水率间数值上的响应关系不够明显，但趋势面内存在一定的相似性，在部分区域仍然无法很好地与土壤体积含水率趋势呈现一致性，说明单从振幅角度去分析土壤水分聚集情况还有待进一步的研究与校正。通过不同区域内的能量响应关系图可以看出，当土壤体积含水率较低时能量与其的响应关系出现了一定的误差，考虑由于复垦土壤的复杂性，在低介电常数(土壤体积含水率较低)背景下影响更多的可能是复垦土壤内部的松散性，Luo 等(2021)通过探地雷达对矿区土壤物理性质进行分析，在未饱和体积含水率情况下，土壤的孔隙度与容重等同样会影响电磁波传输速度，因此在单道波形图下能量等属性特征受复杂土壤环境影响较大；综上所述，最终可以发现单一属性分析方法容易受到土壤环境变化而导致预测结果不准确，本书提出组合多种优势探地

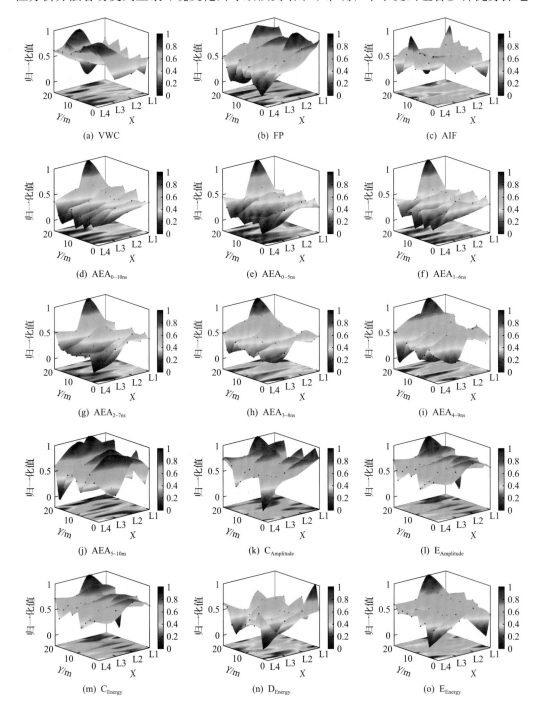

(a) VWC   (b) FP   (c) AIF

(d) $\text{AEA}_{0\sim10\text{ns}}$ (e) $\text{AEA}_{0\sim5\text{ns}}$ (f) $\text{AEA}_{1\sim6\text{ns}}$

(g) $\text{AEA}_{2\sim7\text{ns}}$ (h) $\text{AEA}_{3\sim8\text{ns}}$ (i) $\text{AEA}_{4\sim9\text{ns}}$

(j) $\text{AEA}_{5\sim10\text{ns}}$ (k) $\text{C}_{\text{Amplitude}}$ (l) $\text{E}_{\text{Amplitude}}$

(m) C_{Energy} (n) D_{Energy} (o) E_{Energy}

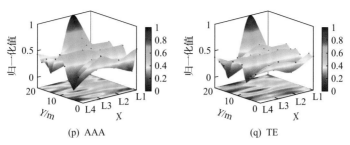

图 2.30 各测线显著相关特征参量变化分析图

雷达属性数据，旨在提高模型稳定性，运用一定的建模方法建立新的土壤体积含水率预测模型，效果较传统单一属性分析方法的模型稳定性及精度都有所提高。

E. 采煤沉陷区复垦土壤水分分布特征

为直观展示 ELM-BSS-VWC 在研究区内的预测效果，同时可视化地对基于探地雷达下复垦土壤水分反演的效果进行比较，采用地统计插值方法进行普通克里金网格插值得到研究区内的土壤水分分布平面图，考虑到两者水分分布趋势面间的对比分析，将 VWC 实测值与 VWC 预测值分别进行归一化处理，结果如图 2.31 所示。图中分别为样品直接烘干法所获得的水分分布图和基于探地雷达的最优模型反演所获得的水分分布图。从总体上看，VWC 实测值与 VWC 预测值富集情况呈现一致性，说明 ELM-BSS-VWC 能够准确地探测土壤体积含水率富集情况，但部分区域仍然出现了一定的偏差，因此后续工作可以针对雷达信号与土壤体积含水率的响应阈值以及响应机制进行深度剖析。与此同时，研究区属于采煤沉陷区，越靠近沉陷中心，水分富集程度越高，因此能够看出土壤水分分布呈现出越靠近沉陷中心土壤体积含水率越高。这与诸多学者的研究结果一致，说明探地雷达在复垦土壤水分监测方面具有较大的潜力。因此，采煤沉陷对于周围地块水分分布、植被作物长势等影响极大，应对此保持重视。由此可以看出探地雷达能够为复垦农业水资源管理、复垦效果监测以及复垦农田水文研究提供一种新的方法。

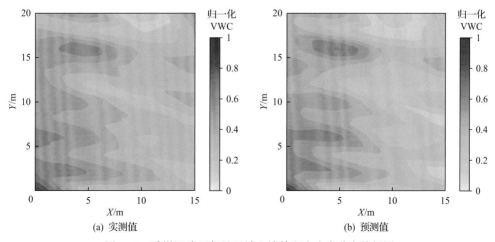

图 2.31 采煤沉陷区复垦区域土壤体积含水率分布特征图

3. 基于探地雷达的重构土体厚度监测

1) 试验设计及数据获取

为模拟土地复垦过程，准确揭示动态沉降过程中土体厚度及其变化情况，明确探地雷达对不同覆土厚度的敏感性，选择 40cm、60cm 和 80cm 三种覆土厚度布设试验小区，小区大小为 1m×1m，其下填充厚为 20cm 的建筑垃圾，作为障碍层(图 2.32)。

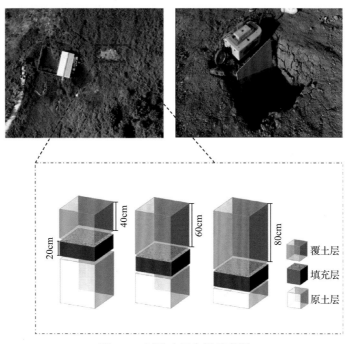

图 2.32　试验小区布设示意图

选用由瑞典 MALA 公司生产的 PRO EX 专业型探地雷达，采集数据方式为固定偏移距法及关键点测法，沿布设区域进行测线采集，测线长为 7.5m 左右。结合覆土深度，天线中心频率为 500MHz，采样时窗设置为 50ns，采样点数目为 1026 个，天线平均移动速度为 0.02m/s。试验于 2021 年 6 月 9 日开始，至 2021 年 7 月 23 日共采集 6 次数据，采样时间间隔为一周，采集数据包括线测及点测数据，并同时获取覆土层厚度变化情况。待覆土层结构达到稳定(复垦后 45 天)，延布设测线每隔 1m 进行土壤容重及含水量的采集，共获取 10 个采样点数据。试验中电磁波在介质中的平均速率根据覆土层和填充层的分界面位置估算。

2) 数据预处理

由于无法保证每次探测中电磁波的时间零点一致，需对数据进行时间零点校正。电磁波在土壤介质中传播时会发生衰减，土层内部结构的不均一性以及地表杂质的干扰将导致接收到的回波信号往往缺少一部分重要的信息，存在较多的杂波干扰，需对获取的信号进行增益处理，突出底层被直达波压制的信号。

　　本书以长短时窗能量比值(STA/LTA)法(刘晓明等,2017)作为时间零点校正方法,该方法比传统方法更加方便及准确;增益方法选用自动增益控制(automatic gain control,AGC),在增益之前,采用去直流漂移方法去除雷达在空气及地面间产生的低频信号,保留高频信号,在增益之后,采用巴斯沃斯滤波去除毛刺噪声,平滑波形。图 2.33 为处理前后的图像对比,图中直达波时间提前是因为进行了时间零点校正。

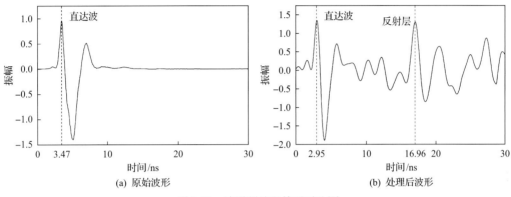

图 2.33　波形预处理前后对比图

3) 覆土层分层及厚度信息获取

　　HHT 主要适用于非线性非平稳信号的处理,首先对经过 EMD 分解后的若干个模态分量进行希尔伯特变换:

$$\widehat{c_i}(t) = \int_{-\infty}^{+\infty} \frac{c_i(\tau)}{\pi(t-\tau)} \mathrm{d}\tau$$

　　由 $c_i(t)$ 作为实部,虚部为它的希尔伯特变换,根据欧拉公式可得其解析信号:

$$z_i(t) = c_i + \mathrm{j}\widehat{c_i}(t) = a_i(t) = a_i \mathrm{e}^{\mathrm{j}\theta_i(t)}$$

$$a_i(t) = \sqrt{c_i^2 + \widehat{c_i}^2}$$

$$\varphi_i(t) = \arctan \frac{\widehat{c_i}(t)}{c_i(t)}$$

式中, $a_i(t)$ 为瞬时振幅, $\varphi_i(t)$ 为瞬时相位。

　　瞬时频率 $\omega_i(t)$ 通过对瞬时相位函数微分处理得到:

$$\omega_i(t) = \frac{\mathrm{d}\varphi_i(t)}{\mathrm{d}t}$$

　　信号 $c_i(t)$ 的希尔伯特谱表示为

$$(\omega,t) = \begin{cases} R\sum_{i=1}^{n}a_i(t)\mathrm{e}^{\mathrm{j}\int \omega_i(t)\mathrm{d}t}, & \omega_i(t) = \omega \\ 0, & \text{其他} \end{cases}$$

4) 电磁波的反射和散射

电磁波在土体结构中传播时，会发生菲涅尔现象，即反射与折射，反射系数用来衡量反射的强度。反射系数是层状介质分界面处反射光的强度与入射光的强度的比值，当两种介质的介电常数相差过大时，会导致电磁波信号在分界面处产生较强的振幅。图2.34显示了在覆土层沉降过程中覆土层与填充层分界面处的振幅变化情况，随着复垦后时间的推移，分界面处的振幅信号逐渐增大，主要原因是土层沉降过程中，土体结构中的含水量及容重增大，覆土层的介电常数随之增大，两层介质之间的介电常数相差较多，所以分界面处伴随着高振幅的产生。

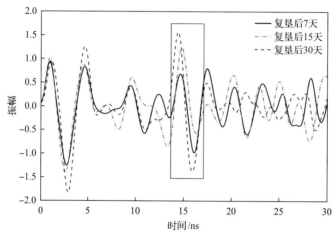

图 2.34　不同复垦后时间下的分界面处振幅差异

电磁波在介质中传播时，会产生偏离一个或多个局部不均匀性的直线轨迹，这一物理现象称为散射。土壤结构一般是土壤颗粒、水和空气组成的三相多孔介质，当电磁波通过土体时，电磁波会发生多次散射，此时的散射被称为瑞利散射（柴华友等，2019）。电磁波在土体中传播时，其极性分子在外电场作用下，沿着电场方向转向，由于分子有较大惯性，需要较长的时间才能建立偶极子转向，特别是在高频电场的作用下，取向极化跟不上外电场的变化，便会引起电磁波频率衰减，其中，介质的介电常数为电磁波频率衰减的主要因素。

根据式（2.43）的德拜模型（Lai et al.，2011）可知，相对介电常数与频率呈负相关关系，随着介电常数的增大，频率减小。土层由于其厚度与介电常数不同会引起电磁波信号频率信息的变化，因此，可以通过分析其频谱信息获取土层介电常数。

$$\varepsilon_{\gamma} = \varepsilon_{\infty} + \frac{\varepsilon_{\mathrm{s}} - \varepsilon_{\infty}}{1 + \mathrm{j}\omega\tau} \tag{2.43}$$

式中，ε_γ、ε_s、ε_∞ 分别为介质的相对介电常数、粒子在低频下的介电常数、粒子在高频下的介电常数；ω 为频率；τ 为弛豫时间。

5）覆土层介电常数确定

采集土样后，土壤样品质量含水率利用烘干法获取，然后利用式(2.44)计算出样品的体积含水率：

$$\theta_v = \theta_m \times \rho \tag{2.44}$$

式中，θ_v、θ_m 为土壤样品的体积含水率与质量含水率；ρ 为土壤样品的容重。

土壤内水分含量是土壤相对介电常数的主要影响因素，Topp 公式是公认的反演介电常数效果最好的经验公式，其介电模型为

$$\varepsilon_r = 3.03 + 9.3\theta_v + 146.0\theta_v^2 - 76.0\theta_v^3 \tag{2.45}$$

6）覆土层厚度确定

电磁波在复垦土体中的传播速度 v 为

$$v = \frac{c}{\sqrt{\varepsilon_r}} \tag{2.46}$$

式中，c 为电磁波在真空中的传播速度。

所测覆土层厚度 d 的表达式为

$$d = vt = \frac{ct}{2\sqrt{\varepsilon_r}} \tag{2.47}$$

7）同一复垦时间下的覆土层厚度探测及模型建立

A. 基于 HHT 的覆土层时域范围分析

考虑沉降性质以及外界干扰程度，本书利用复垦后 45 天的采样点数据建立覆土厚度探测模型。为探究不同覆土层厚度下的覆土层所在的时域范围，利用 HHT 分析复垦后 45 天不同覆土层厚度下的雷达数据，结果如图 2.35 所示。

由图 2.35 可以看出，随着覆土层厚度的增加，覆土层和填充层的分界面位置逐渐向后推移。覆土 40cm 处的分界面所在的时域位置为 15.69ns，覆土 60cm 和 80cm 处的分界

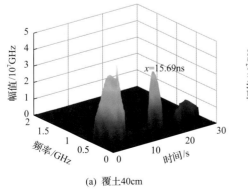

(a) 覆土40cm

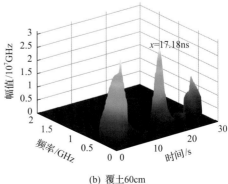

(b) 覆土60cm

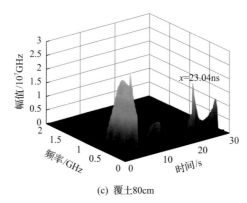

(c) 覆土80cm

图2.35 不同覆土层厚度下的覆土层时域范围分布图

面位置分别为17.18ns和23.04ns,由于存在2ns的直达波信号,在计算覆土层所在的时域范围时,应该除去2ns,不同覆土层厚度下的覆土层所在的时域范围分别为2~15.69ns、2~17.18ns 和 2~23.04ns,即电磁波在覆土层的双层走时分别为 13.69ns、15.18ns 和21.04ns。位于相同覆土层厚度下的采样点的覆土层所在的时域范围相差较小,电磁波在其覆土层的双层走时差距在2ns之内。

B. 基于瞬时频率的土壤介电常数估算

为研究覆土层所在时域范围内的瞬时频率变化情况,计算其瞬时频率平均值,根据实际采样点数据,提取覆土层时域范围内的瞬时频率变化曲线(图2.36)。

图2.36 显示,在相同覆土层厚度下,由于不同深度位置的土壤理化性质变化,引起介电常数差异,瞬时频率也会随着土层深度的变化产生波动。所有试验小区在 6ns 前的瞬时频率分量均较小。在覆土 40cm 的小区,在 6~11ns,瞬时频率分量接近 500MHz,说明这段时间范围内的土壤介电常数较小,瞬时频率较高,在 12ns 左右,出现较低的瞬时频率分量,说明此处的土壤介电常数较大,可能由于接近分界面位置水分积聚;在覆土 60cm 的小区,6ns 之后的瞬时频率主要分布在 400MHz 左右,说明该土层内土壤较为均质;在覆土 80cm 的小区,在 12ns 处出现了接近 600MHz 的瞬时频率分量,说明此处存在一定的噪声干扰,导致瞬时频率的突变,其余深度下的瞬时频率主要分布在 400MHz 左右,最后根据时域范围内的采样数据计算其平均值。

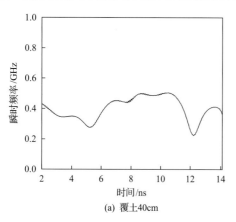

(a) 覆土40cm

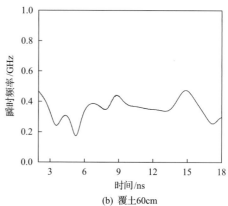

(b) 覆土60cm

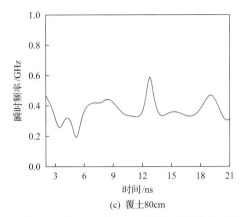

(c) 覆土80cm

图 2.36　不同覆土层厚度下的覆土层时域范围内的瞬时频率变化曲线

为建立最佳的反演模型，提取 10 个采样点的雷达信号时域范围内的瞬时频率平均值，结合采样点实测相对介电常数，通过线性、指数、多项式等回归方法建立瞬时频率平均值和相对介电常数的关系模型，不同回归模型构建结果见表 2.11。

表 2.11　不同回归方法建立的瞬时频率平均值和相对介电常数的关系模型反演结果对比

回归方法	公式	R^2
指数	$y = 579.74e^{-0.011x}$	0.8756**
线性	$y = -0.1381x + 59.519$	0.8862**
多项式	$y = 0.0003x^2 - 0.3423x + 94.213$	0.8870**

**为在 0.01 水平(双侧)上显著相关。

从表 2.11 可以看出，基于不同回归方法建立的瞬时频率平均值和相对介电常数的关系模型中，多项式回归所构建的模型精度较其他回归方法高，建模集的 R^2 为 0.8870。根据关系模型，相对介电常数与瞬时频率平均值呈负相关关系，随着瞬时频率平均值的增大，相对介电常数减小。

为验证模型在覆土层厚度探测下的精度，在每个小区分别提取两个采样点，将其瞬时频率平均值代入模型求取覆土层相对介电常数；根据式(2.54)计算覆土层厚度，并与实测值进行对比(表 2.12)。

表 2.12　不同覆土层厚度下实测值与反算值对比

样点		相对介电常数		覆土层厚度		相对误差/%
		实测值	反算值	实测值/cm	反算值/cm	
覆土 40cm	1	8.95	8.65	35.2	35.8	1.70
	2	12.03	12.38	35.4	34.9	1.41
覆土 60cm	3	13.93	14.67	50.5	49.2	2.36
	4	14.02	13.74	50.1	50.6	1.00
覆土 80cm	5	15.53	14.37	60.8	63.2	3.95
	6	15.70	14.87	61.9	63.6	2.75

由表 2.12 可知，所有采样点的覆土层厚度探测误差均在 4%以下。在覆土 40cm 处探测误差主要在 1cm 左右，相对误差主要分布在 1.5%左右；在覆土 60cm 的小区，相对误差较覆土 40cm 的小区大，出现了 2%以上的相对误差；在覆土 80cm 的小区相对误差均在 2%之上，说明随着覆土层厚度的增加，探测精度会有所下降。

8) 不同复垦时间下覆土层厚度变化探测

对于不同复垦时间下的探地雷达数据，分别利用 HHT 方法获取覆土层的时域范围 (图 2.37)、利用瞬时频率平均值获取覆土层的相对介电常数，然后计算不同复垦时间下的覆土层厚度变化情况 (表 2.13)。

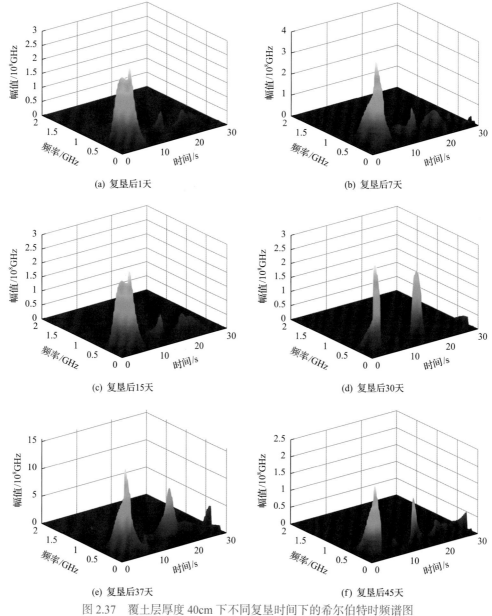

图 2.37 覆土层厚度 40cm 下不同复垦时间下的希尔伯特时频谱图

图 2.37 中，无论何种复垦时间节点，第一个峰值位置均为直达波信号。初次探测中，信号起伏较为稳定，有多个峰值产生，且所有峰值大致相同，由于初次探测时间较早，土层压实力度较小，土层中孔隙较多，所以导致两层之间介电常数差异较小且杂波信号较多，从而产生较小振幅及多个峰值，由于本书以第一分界面作为分析，可以获取在 13ns 处出现的反射峰值作为分界面位置；在随后的探测中，直达波后的第一个峰值处的响应明显增强，主要原因是随着复垦后时间的推移，复垦土体内部孔隙度减小，容重和含水量增大，导致上下界面的介电常数差异不断增大，在复垦后 30 天的探测中达到峰值，分界面的时域位置由复垦 7 天后的 12ns 推迟至复垦后 30 天的 15ns；而在复垦 30 天后的探测中，振幅值略有减弱，由于土层内水分趋于饱和（杨晓洁等，2017），后续水分的蒸发与下渗作用会影响土体内部介电常数的减小，电磁波在覆土层中的传播速度变快，分界面处的时域位置由复垦后 30 天的 15ns 提前至复垦后 47 天的 13ns。

不同覆土层厚度下时频谱图变化规律总体一致，仅在分界面时域位置存在差异，覆土 60cm 的小区分界面的时域位置主要分布在 17～20ns，覆土 80cm 的小区分界面的时域位置主要分布在 20～25ns。

表 2.13　不同覆土层厚度和复垦时间下实测值与反算值对比

覆土厚度	复垦时间/天	相对介电常数	覆土层厚度		相对误差/%
		反算值	实测值/cm	反算值/cm	
覆土 40cm	1	18.58	40.0	39.4	1.50
	7	16.53	39.8	40.5	1.75
	15	14.79	39.5	39.5	0.13
	30	24.45	35.2	36.6	4.09
	37	31.72	35.0	36.5	4.20
	45	24.06	34.8	36.0	2.86
覆土 60cm	1	10.58	60.0	59.3	1.25
	7	14.87	58.3	59.7	2.16
	15	13.81	57.5	56.5	1.67
	30	12.56	51.0	53.4	4.78
	37	22.06	49.6	48.7	1.90
	45	17.12	49.5	46.8	5.37
覆土 80cm	1	11.59	80.0	77.0	3.74
	7	13.28	76.1	77.8	2.21
	15	15.74	69.2	72.3	4.45
	30	12.73	66.4	74.3	11.90
	37	18.23	62.1	65.1	4.75
	45	17.82	61.9	66.2	6.96

由表 2.13 可知，随着复垦后时间的推移，三个小区内的相对介电常数总体呈上升趋势，均在复垦后 37 天达到最大值。覆土 40cm 的小区在复垦初期的覆土层厚度探测结果均在 40cm 左右，误差均不足 2%，与实际结果相差较小，在复垦后 30 天的探测中，出现了较大的误差，达到 4% 以上；在覆土 60cm 的小区，其较大误差也主要产生在复垦后

30 天及之后，而在复垦后 30 天之前误差均在 2%左右；在覆土 80cm 的小区，其最大误差为复垦后 30 天的 11.90%，主要原因可能是土层较厚，内部噪声干扰信号较强，导致相对介电常数计算结果误差较大，而在其余时间下，探测精度主要分布在 7%以下，在三个小区内，覆土 80 cm 的小区探测精度相对较差。说明使用的探地雷达对于土层较薄的区域探测精度高，而不同频率的探地雷达对于土层厚度的探测精度不同，所以后续需结合不同频率的探地雷达进行分析。

4. 基于地物光谱仪的土壤理化性质指标获取方法

传统的土壤属性相关信息的收集方式是以野外实地采样结合实验室理化分析为主，该方法应用较为广泛却存在一定的局限性，其测定结果虽较为准确，但是存在费时、费力及耗资较高的问题。而光谱技术的发展为土壤属性的检测提供了新的途径，由于反射光谱是多种土壤属性特征的综合反映，具有较为丰富的土壤信息，并且光谱数据具有获取较简单、方便、快捷等优点，因此其在土壤属性的估测方面具有重要意义。基于可见光—红外范围内获取的土壤光谱数据，结合相应的土壤属性数据便可以进行特征变量与诊断特征的识别，从而建立起可实现土壤属性快速估测的预测模型。

1) 高光谱数据获取

土壤样本选自安徽省淮北市濉溪县，该地区位于淮北平原中部，是典型的平原高潜水位地区。共布设采样点 62 个，利用 GPS 精确定位，采集表层(0～20cm)土壤，剔除入侵体及杂物后，将每个采样点 5 个土样混合成一个组合样本作为采样点处的土壤样本。

实验的土壤光谱数据利用美国 ASD 公司生产的 FieldSpec 4 型光谱仪测定(图 2.1)，其波长范围为 350～2500nm。光谱仪在不同波段有着不同的采样间隔和分辨率，其中在 350～1000nm 内采样间隔为 1.4nm，分辨率为 3nm，1000～2500nm 内采样间隔为 2nm，分辨率为 10nm。在获取土壤光谱信息时，首先将仪器开机预热半小时，以便仪器能够充分发挥其最大性能；其次调整灯泡和探头的摆放位置，将其安置在距离土壤样本 50cm、照射方位角为 70°处，光纤探头将其垂直安置在土壤样本正上方 10cm 处；接下来处理土壤样本的装盘工作，将土壤样本置于直径 10cm、高 2cm 的培养皿中(为避免放置培养皿的桌面会造成反射，故在培养皿下方垫一层黑色绒布)，并将表面刮平；最后进行仪器调整，按照暗电流采集、仪器优化、白板校正顺序对仪器进行校正，目的是提高仪器的优化性能和保证光谱测量的准确性，此外在测量过程中每间隔 10 个样本进行一次白板校正。此次光谱数据收集利用 RS3 软件操作，数据后处理利用 ViewSpecPro 软件进行，每个样本测量 10 次，取其平均值作为最终的样本光谱。由于仪器本身的原因，两端光谱波长抖动极大，产生了不稳定的噪声区域，为此剔除了 350～399nm 和 2451～2500nm 的波段，每个土壤样本共计获得了 2050 个波段数据。

2) 高光谱数据预处理

A. 平滑处理

光谱测量中容易受到诸多因素的影响，我们将其统称为噪声。降噪方式又可分为降低信号中随机干扰与低通平滑滤波两类，对于随机干扰可通过改善仪器硬件，或取多次观测均值降低随机干扰方差，而低通平滑滤波则是采用不同的平滑算法，常见的有移动平均平滑法、高斯滤波平滑法、S-G 卷积平滑法等。

B. 光谱变换

由于所得光谱数据存在误差，致使光谱数据与研究对象之间的相关性较低，通过不同的光谱变换可以有效地去除背景的影响，分离重叠峰。目前在光谱应用方面较为常用的变换是微分技术(R')，已广泛用于土壤、植被、水质等方面(沈强等，2019)。除此之外常见的数学变换还有对数变换($\lg R$)、倒数变换($1/R$)、对数倒数变换($1/\lg R$)、平方根变换($\sqrt{R}$)和多元散射校正(MSC)以及它们的微分形式[($\lg R$)′、($1/R$)′、($1/\lg R$)′、$\sqrt{R}'$ 和 MSC′]，此外连续统去除(continuum removal，CR)及吸光度(absorbance，Abs)由于可以突出光谱吸收特征也常用于光谱变换。

C. 光谱指数

由于高光谱具有极窄且连续的波段，因此波段与波段进行某种数学运算也能挖掘出目标物在光谱数据中的微弱信号，提供有利信息。选取 4 种应用较为广泛的指数计算公式来构建土壤光谱指数，依次为归一化土壤指数(NDSI)、裸土指数(BSI)、比值土壤指数(RSI)和差值土壤指数(DSI)。

D. 土壤水分影响校正

a. 辐射传输模型

根据比尔-朗伯定律构建指数模型，表征土壤水分对光谱反射率的影响：

$$R_{\text{Wet}} = R_{\text{Dry}} \cdot e^{-c(\lambda) \cdot d} \tag{2.48}$$

式中，R_{Wet} 为湿润土壤表面反射率；R_{Dry} 为风干土壤表面反射率；$c(\lambda)$ 为纯水的吸收系数，表征土壤含水量与土壤光谱反射率之间的系数，cm^{-1}；d 为光程长度，cm。由于这个理论模型不能表征土壤含水量与土壤光谱反射率之间的关系，将式(2.48)改写为如下形式：

$$R_{\text{Wet}} = R_{\text{Dry}} \cdot e^{-\alpha(\lambda) \cdot \text{SMC}} \tag{2.49}$$

式中，$\alpha(\lambda)$ 为土壤含水量改变引起土壤光谱反射率改变的速率-衰减系数(attenuation constant，AC)，无量纲；SMC(soil moisture content)为土壤含水量，%。将式(2.49)表达成衰减系数的函数为

$$\alpha(\lambda) = \ln\left(\frac{R_{\text{Dry}}}{R_{\text{Wet}}}\right)\text{SMC}^{-1} \tag{2.50}$$

综上，R_{Wet}、R_{Dry} 及 SMC 均可通过采样获取，结合式(2.50)即可计算出 $\alpha(\lambda)$，则去除水分影响的光谱 R_{AC} 可以表示为

$$R_{\text{AC}} = R_{\text{Wet}} \cdot e^{\alpha(\lambda) \cdot \text{SMC}} \tag{2.51}$$

b. 直接标准化算法

直接标准化(direct standardization，DS)算法是一种常用的高光谱模型传递模型，最初用于不同光谱仪器之间的校正，现多用于不同样本和环境条件下(如粒径大小、表面粗

糙度、温度等)的光谱校正。通过建立风干前后光谱之间的转换矩阵，建立校正模型：

$$S_{\text{Dry}} = S_{\text{Wet}} B + \lambda d_s^{\text{T}} \tag{2.52}$$

式中，S_{Dry} 为风干土壤光谱矩阵；S_{Wet} 为湿润土壤光谱矩阵；B 为转换矩阵；λ 为光谱波长；d_s 为背景校正矩阵。将 S_{Dry} 和 S_{Wet} 中心化处理后，式(2.52)可以表示为

$$\overline{S}_{\text{Dry}} = \overline{S}_{\text{Wet}} B \tag{2.53}$$

式中，$\overline{S}_{\text{Dry}}$ 和 $\overline{S}_{\text{Wet}}$ 分别为经过中心化的风干土壤、湿润土壤光谱矩阵。因此，转换矩阵 B 可以由式(2.54)得到：

$$B = \overline{S}_{\text{Wet}}^{+} \overline{S}_{\text{Dry}} \tag{2.54}$$

式中，$\overline{S}_{\text{Wet}}^{+}$ 为 $\overline{S}_{\text{Wet}}$ 的广义逆矩阵，将转换矩阵 B 代入式(2.52)即可得背景校正矩阵 d_s：

$$d_s = S_{\text{Dry-a}} - B^{\text{T}} S_{\text{Wet-a}} \tag{2.55}$$

式中，$S_{\text{Dry-a}}$ 和 $S_{\text{Wet-a}}$ 分别为风干土壤光谱矩阵和湿润土壤光谱矩阵在每个波段平均值组成的列向量。

为更好地区分土壤光谱类型，未进行水分剔除的土壤光谱记为 Soil_{Wet}；经过辐射传输模型校正的土壤光谱记为 Soil_{AC}；经过 DS 算法校正的土壤光谱记为 Soil_{DS}；风干后的土壤光谱记为 Soil_{Dry}。

3) 土壤有机质反演

A. 基于一维光谱土壤有机质预测

图 2.38 为有机质与光谱反射率之间的相关性分析结果。图 2.38(a) 为有机质与原始光谱反射率 R 的相关系数，可以看出有机质与原始光谱反射率呈负相关性，在 400～726nm 范围内相关性急剧下降，在 1005nm 之后，相关性趋于稳定，在 755nm 处取得相关性最小极值–0.55。$\lg R$、$\sqrt{R}$ 变换后的相关性系数分布与原始光谱反射率相关性系数分布基本相同，有机质分别在 774nm 及 758nm 处取得相关性最小极值，均为–0.55。$1/R$ 和 $1/\lg R$ 变换则使有机质与光谱反射率呈正相关性，并且分别在 1698nm 及 740nm 处取得相关性最大极值，相关性分别为 0.57 和 0.54。经 MSC 变换后，有机质相关性系数在 400～1411nm 范围内总体呈上升趋势，在 1412～2450nm 范围内总体呈下降趋势，并且在 1411nm 处取得最大相关性，为 0.53。R、$\lg R$、$1/R$、$1/\lg R$、$\sqrt{R}$ 和 MSC 经微分变换后，有机质分别在 1422nm、1422nm、831nm、565nm、1422nm 和 775nm 处取得最大相关性绝对值，相关性大小依次为 0.68、0.71、0.50、0.65、0.72 和 0.60，较未经微分变换之前有较大程度的提升。

表 2.14 为有机质反演模型精度参数，可以发现建模集的 R^2 处于 0.46～0.75，RMSE 处于 3.63～5.35，其中 $(\lg R)'$ 的建模集精度最高，R^2 和 RMSE 分别为 0.75 和 3.63，而 $(1/\lg R)'$ 的建模集精度最低，R^2 和 RMSE 分别为 0.46 和 5.35。从预测集的精度参数来看，精度整体要低于建模集，其中 $(\lg R)'$ 的预测集精度最高，R^2 为 0.46，RMSE 为 3.92，RPD 为 0.91；$(1/R)'$ 的精度最低，R^2 仅为 0.25，RMSE 为 4.62，RPD 为 0.66。

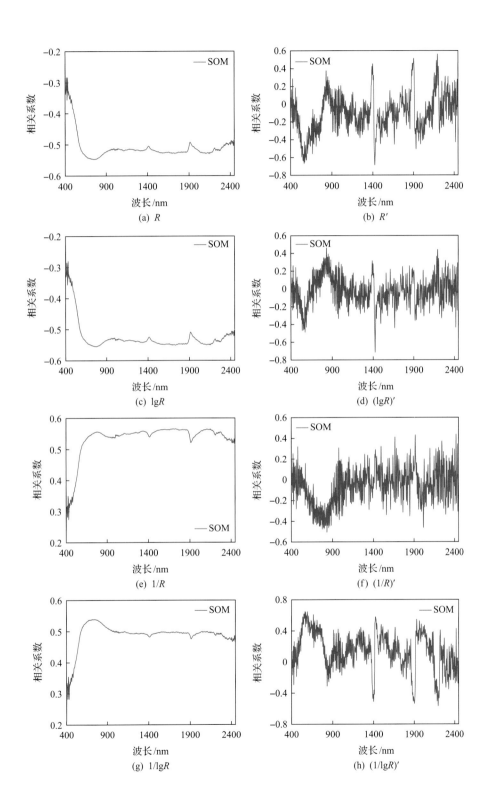

(a) R

(b) R'

(c) $\lg R$

(d) $(\lg R)'$

(e) $1/R$

(f) $(1/R)'$

(g) $1/\lg R$

(h) $(1/\lg R)'$

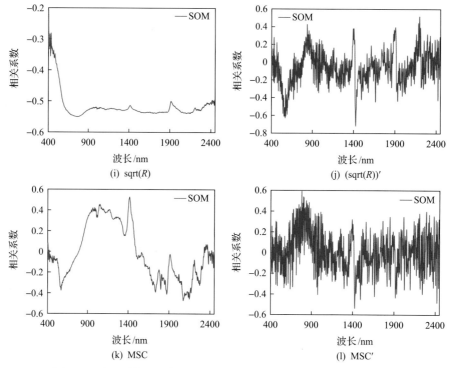

图 2.38 有机质与不同数学变换形式下光谱反射率的相关系数分布图

SOM 为土壤有机质；sqrt(R) 为平方根变换；(sqrt(R))′ 为平方根微分变换；MSC 为外元散射矫正；MSC′为外元散射矫正微分

表 2.14 基于光谱数学变换构建的有机质反演模型精度参数

数学变换	建模集		预测集		
	R^2	RMSE	R^2	RMSE	RPD
R'	0.56	4.79	0.33	4.38	0.64
$(\lg R)'$	0.75	3.63	0.46	3.92	0.91
$(1/R)'$	0.56	4.80	0.25	4.62	0.66
$(1/\lg R)'$	0.46	5.35	0.27	4.57	0.47
$\sqrt{R}'$	0.63	4.44	0.37	4.23	0.73
MSC′	0.60	4.58	0.34	4.33	0.69

根据有机质对验证集的预测结果绘制不同模型的散点图(图 2.39)，可以发现，相比其他几种模型，$(\lg R)'$构建的预测模型角度差略小；但整体来看，6 种模型的预测散点图均比较散乱，且拟合线与对角线之间的角度差均较大，验证集的预测精度要低于土壤颗粒含量(soil particle content，SPC)，这可能是由于有机质在土壤光谱中的信号较弱，反演难度较大，基于一维光谱数学变换建立模型也只能对有机质进行粗略估算。

B. 基于二维光谱土壤有机质预测

图 2.40 为原始光谱数据与有机质构建的光谱指数相关性等势图，发现 NDSI 和 RSI 的相关性等势图也较为相似，正负交替，负相关性区域主要集中在 1508～2188nm 与 1042～1546nm 组合处，而正相关性区域主要集中在 784～1097nm 与 635～892nm 组合处

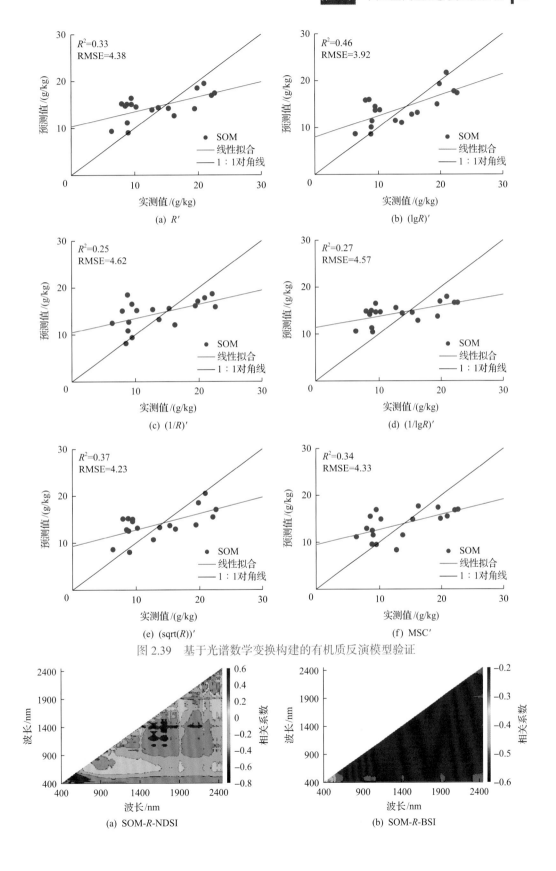

图 2.39 基于光谱数学变换构建的有机质反演模型验证

(a) SOM-*R*-NDSI

(b) SOM-*R*-BSI

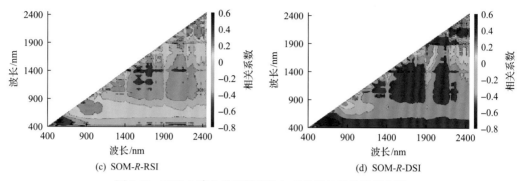

(c) SOM-*R*-RSI   (d) SOM-*R*-DSI

图 2.40　基于 *R* 建立的光谱指数与有机质的相关性等势图

和 2191~2422nm 与 1960~2321nm 组合处，其中 NDSI 和 RSI 的最佳估算参数均为(1445，1406)，对应的相关系数均为–0.76。BSI 的相关性等势图以负相关性为主，仅在 400~526nm 与 400~508nm 组合处呈现正相关性，但敏感程度也较低，有机质的最大相关性绝对值为 0.55，对应的波段组合为(758，755)。DSI 相关性等势图分布范围与 NDSI 和 RSI 也大致相同，但是在 1508~2188nm 与 1042~1546nm 组合处的敏感程度较 NDSI 和 RSI 整体有所提升，其最佳估算参数为(596，586)，对应的相关系数为–0.71。

　　通过分析发现一维光谱层面中的 $(\lg R)'$ 变换对有机质的预测效果最好。因此利用 $(\lg R)'$ 处理后的光谱数据分别构建 4 种光谱指数。从相关性等势图来看(图 2.41)，4 种光谱指数分布均有所差别，但大都呈正相关性，NDSI 相关性等势图中在 *X* 轴的 1400nm 和 1900nm 附近有明显的条带状分布，以负相关性为主，且在(1928，832)波段组合处达到最小相关性–0.68，*Y* 轴在 400~900nm 多以正相关性为主，且在(801，667)波段组合处达到最大相关性 0.64。BSI 相关性等势图主要呈正相关性，仅在 *X* 轴的 1400nm、1900nm 和 *Y* 轴的 500nm 和 1400nm 附近呈负相关性，其最佳估算参数为(1422，1194)，对应的相关系数为–0.75。RSI 相关性等势图和 NDSI 相关性等势图有点类似，但在 *X* 轴的 1400mm 和 1900nm 处没有明显的条带状，而 *Y* 轴同样也是在可见光与近红外部分有较大差异，这或许是有机质对可见光部分的敏感程度要优于近红外部分，其最佳估算参数为(802，561)，对应的相关系数为 0.64。DSI 相关性等势图较前 3 种光谱指数来说，正相关性敏感区域明显增多，其中在 *X* 轴的 1000nm、1400nm、1900nm 和 2200nm 处有明显条带状分布，在 *Y* 轴的 500nm 和 900nm 处有明显条带状分布，其最佳估算参数为(1422，832)，所对应的相关系数为–0.73。

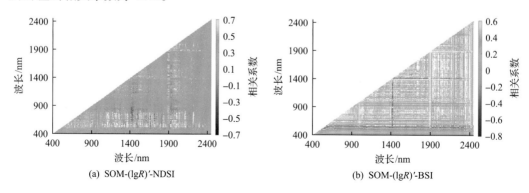

(a) SOM-$(\lg R)'$-NDSI   (b) SOM-$(\lg R)'$-BSI

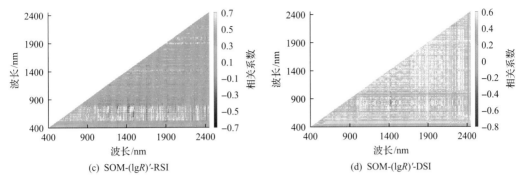

(c) SOM-(lgR)′-RSI   (d) SOM-(lgR)′-DSI

图 2.41   基于 (lgR)′ 建立的光谱指数与有机质相关性等势图

表 2.15 为基于 R 构建的有机质光谱指数反演模型精度参数，建模集 R^2 介于 0.31～0.62，RMSE 介于 4.47～6.02，NDSI 和 RSI 的建模集参数相同，DSI 次之，BSI 最差。从预测集的精度参数来看，NDSI、RSI 和 DSI 模型参数基本一致。

表 2.15   基于 R 构建的有机质光谱指数反演模型精度参数

光谱指数	建模集		预测集		
	R^2	RMSE	R^2	RMSE	RPD
NDSI	0.62	4.47	0.33	4.35	0.68
BSI	0.31	6.02	0.21	4.75	0.43
RSI	0.62	4.47	0.33	4.35	0.68
DSI	0.53	4.99	0.34	4.33	0.60

依据表 2.15 中的预测集结果绘制有机质关于 4 种光谱指数反演模型的散点图 (图 2.42)，可以发现 4 种光谱指数反演模型中的散点均比较分散，远离 1∶1 对角线，并且拟合线与对角线之间的角度差较大，这也证实了利用原始光谱反射率构建的光谱指数反演模型难以对有机质实现有效预测。

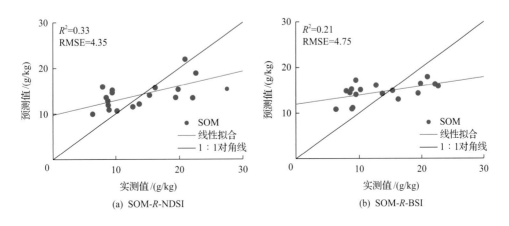

(a) SOM-R-NDSI   (b) SOM-R-BSI

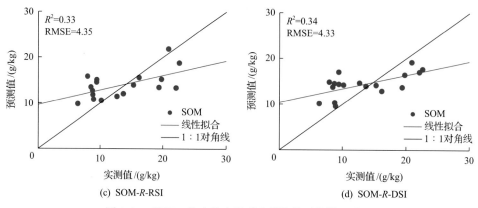

图 2.42   基于 R 构建的有机质光谱指数反演模型验证

表 2.16 为基于 $(\lg R)'$ 构建的有机质光谱指数反演模型精度参数。从表 2.16 中可以看出，RSI 对有机质的建模效果最好，R^2 和 RMSE 分别为 0.82 和 3.10，BSI 建模效果最差，R^2 和 RMSE 分别仅为 0.60 和 4.59。从预测集的精度参数来看，R^2 介于 0.24～0.51，RMSE 介于 4.23～5.29，其中 DSI 模型预测效果较好，BSI 模型预测效果最差；相比原始光谱反射率构建的光谱指数反演模型，其最佳模型的 R^2 由 0.34 提升至 0.51，提升度为 50%，证明经过对数一阶微分变换构建的光谱指数反演模型更有益于凸显有机质的敏感波段。

表 2.16   基于 $(\lg R)'$ 构建的有机质光谱指数反演模型精度参数

光谱指数	建模集		预测集		
	R^2	RMSE	R^2	RMSE	RPD
NDSI	0.76	3.52	0.34	4.93	0.34
BSI	0.60	4.59	0.24	5.29	0.52
RSI	0.82	3.10	0.41	4.64	0.45
DSI	0.79	3.32	0.51	4.23	0.64

将表 2.16 中的各光谱指数反演模型预测集的预测结果分别绘制成散点图(图 2.43)。发现经 $(\lg R)'$ 构建的 DSI 模型散点的集中要略优于其他 3 种模型，角度差也略小一点，但整体来说，各模型的散点还是比较分散，且远离 1∶1 对角线。与原始光谱数据构建的光谱指数反演模型相比，拟合效果虽略有提升，但预测能力一般，也仅能对有机质进行粗略的估算。

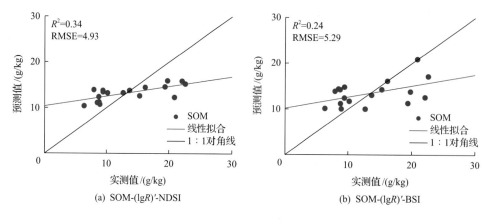

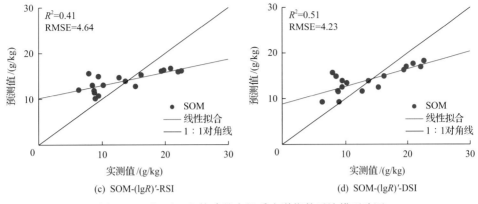

图 2.43 基于 $(\lg R)'$ 构建的有机质光谱指数反演模型验证

C. 基于特征波段筛选下的土壤有机质预测

表 2.17 为有机质在一维与二维光谱层面中的最佳模型经 SPA 算法、UVE 算法和 CARS 算法优化后的模型精度参数。从建模集来看，一维光谱层面和二维光谱层面中的建模集精度相差很小，建模精度最高的 SOM-$(\lg R)'$-CARS 和 SOM-$(\lg R)'$-DSI-CARS 的 R^2 均在 0.96 左右，RMSE 在 1.30 左右。从预测集精度来看，整体精度要低于建模集，一维光谱层面中的 R^2、RMSE 和 RPD 分别在 $0.31\sim0.64$、$3.22\sim4.44$ 和 $0.47\sim1.67$，拟合精度一般；而在二维光谱层面中，SOM-$(\lg R)'$-DSI-CARS 表现出了极好的预测能力，其 R^2、RMSE 和 RPD 依次为 0.84、2.15 和 2.69，而 SPA 与 UVE 对模型的优化效果一般，这与 SPC 的优化结果相似。总体来说二维光谱的优化效果要优于一维光谱，这也说明有机质在一维光谱层面中的响应程度较低，而二维光谱拓宽了变量数目，更有利于寻找有机质的敏感变量；其次与 CARS 算法结合，更能有效解释有机质的变化程度。

表 2.17 基于特征波段筛选算法的有机质反演模型精度参数

较优模型	变量筛选方法	建模集		预测集		
		R^2	RMSE	R^2	RMSE	RPD
$(\lg R)'$	SPA	0.74	3.71	0.57	3.50	1.23
	UVE	0.71	3.91	0.31	4.44	0.47
	CARS	0.97	1.30	0.64	3.22	1.67
$(\lg R)'$-DSI	SPA	0.78	3.39	0.77	2.53	1.68
	UVE	0.95	1.60	0.63	3.26	1.23
	CARS	0.96	1.44	0.84	2.15	2.69

同样，为验证有机质在一维和二维光谱层面中最佳模型经优化后的效果，将预测集的预测结果分别绘制成散点图(图 2.44)。一维光谱层面中的 SOM-$(\lg R)'$ 和二维光谱层面中的 SOM-$(\lg R)'$-DSI 模型经 CARS 算法优化后，散点均匀地集中在对角线两侧，角度差较 SPA 算法和 UVE 算法更小，尤其是 SOM-$(\lg R)'$-DSI -CARS 的拟合线几乎和对角线重叠在一起。与未经优化相比，经 CARS 算法优化的 SOM-$(\lg R)'$-DSI 模型，R^2 提升了 64.71%，RMSE 降低了 49.17%，RPD 提升了 320.31%，虽然 SPA 算法和 UVE 算法的优化效果没有 CARS 算法效果明显，但散点图和角度差的分布趋势也有不同程度的提升。

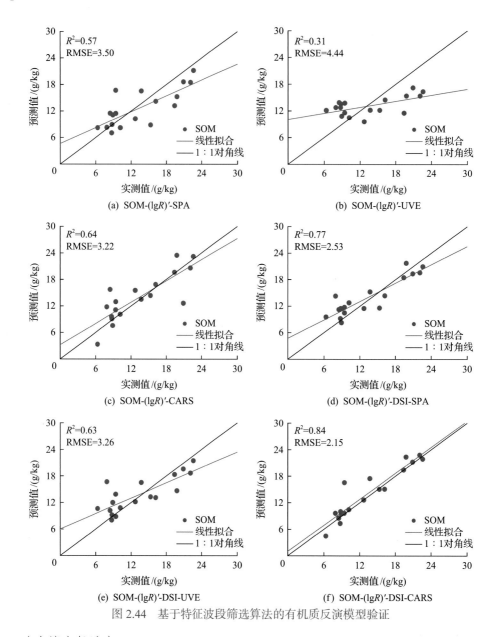

图 2.44　基于特征波段筛选算法的有机质反演模型验证

4）土壤全氮反演

A. 不同水分条件下的复垦土壤光谱反射特征

综合考虑数据并结合前人的研究，将土壤样本按含水量大小分为 5 个区间，分别记为 $W_1 \sim W_5$，再对每类土壤光谱反射率做均值处理，得到不同水分条件下的土壤光谱反射率（图 2.45）。图 2.45（a）为不同水分条件下的平均反射率及标准偏差，不同水分条件下土壤光谱曲线近似平行。由于原始光谱数据不能很好地显示光谱的吸收特征，常常采用连续统去除变换突出光谱曲线吸收和反射特征。图 2.45（b）为不同水分条件下连续统去除的平均反射率，不同水分条件下的光谱吸收差异主要集中在 1450nm 和 1950nm 附近，与风干后的土壤光谱相比，湿土光谱的吸收峰更宽、更深，吸收效果更明显。对风干前后土壤光谱的连续统去除变换光谱进行配对样本 t 检验，结果如图 2.45(b)阴影部分所示。图 2.45(b)中阴影部分为不同含水量区间在 $a=0.05$ 显著水平下光谱之间存在显著差异的波段。在不同含水量区间下两种光谱之间最明显的区别在于近红外波段内的两个主要水吸收波段，其中 1950nm 的差异波段较为稳定，对水分的扰动更为敏感。在 1000nm 和 2200nm 附近的部分波段也存在明显差异，1000nm 附近的差异可能是由土壤中的羟基引起的，2200nm 附近的差异则可能是受氢氧化铝黏土矿物吸收带的影响。

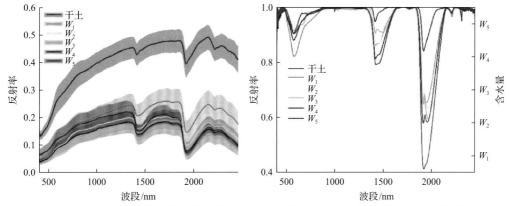

(a) 不同含水量的土壤平均光谱反射率及其标准差　　(b) 风干前后土壤平均光谱连续统去除变换及配对样本 t 检验

图 2.45　不同水分条件下的土壤光谱反射特征

图(a)阴影部分表示不同水分条件下的显著性差异波段

B. 土壤水分影响剔除

传输样本的个数直接决定了剔除效果的好坏，图 2.46 为不同传输样本个数下，剔除水分效果后与干土光谱曲线的平均相关性曲线图。当传输样本为 5 个时，剔除过程中丢失了部分光谱信息，两种算法剔除后的结果较差。随着传输样本的增加，剔除水分影响后的光谱曲线与干土的相关性逐渐增强，当传输样本大于 20 个时，相关性超过 0.9，表明剔除水分影响后的光谱曲线可以很好地描述干土的光谱特性；当传输样本大于 35 个时，随着样本的增加，相关性提升不明显。

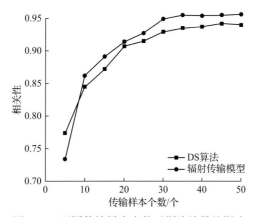

图 2.46　不同传输样本个数对剔除效果的影响

DS 为直接标准化算法

吸光度指通过土壤前的入射光强度与土壤后的透射光强度比值的对数，是土壤学中常用的参数之一，用来衡量光被吸收程度的一个物理量。不同水分及水分剔除后的土壤平均吸光度如图 2.47 所示。由图 2.47(a)可知，不同含水量条件下的土壤吸光度近似平行，随着含水量的增大，土壤吸光度先升高后降低。风干前后的土壤在可见光波段均有较强的吸收，通常认为光谱在可见光的吸收是由有机质和 Fe^{2+}、Fe^{3+}、Cu^{2+}等金属离子游离和跳跃引起的。风干前后的光谱吸光度由于土壤水分的影响在数值上有较大的差异，光谱经过剔除水分影响算法校正后，差异性明显降低，说明两种算法均能很好地剔除水分对光谱的影响。图 2.47(b)、(c)为两种算法在水分吸收波段(1350~1500nm、1850~2000nm)的平均吸光度，辐射传输模型校正后的平均吸光度与干土的平均吸光度近乎重合，说明衰减系数能够很好地描述土壤水分对光谱的影响，辐射传输模型的剔除效果更理想(张世文等，2022)。

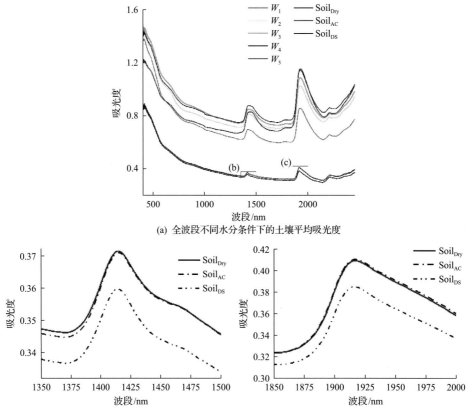

(a) 全波段不同水分条件下的土壤平均吸光度

(b) 1350~1500nm波段下不同水分条件下的土壤平均吸光度 (c) 1850~2000nm波段下不同水分条件下的土壤平均吸光度

图 2.47　不同水分条件下的土壤平均吸光度

$Soil_{Dry}$ 为风干土壤；$Soil_{AC}$ 为经辐射传输模型矫正的土壤；$Soil_{DS}$ 为经直接标准化算法矫正的土壤

C. 影响剔除下的复垦土壤全氮高光谱反演

a. 特征波段筛选

常见的特征波段筛选算法包括 PCC、SPA 以及 PCC-SPA 算法，其中皮尔逊相关系数(Pearson correlation coefficien，PCC)法是衡量变量之间的关系情况以及关系强弱程度的

一种手段，在样本数据降维、缺失值估计等方面发挥着极大的作用，也是目前主流的机器学习在对样本数据进行预处理时的核心工具。连续投影算法（successive projections algorithm，SPA）是一种前向循环的变量筛选方法，能够从变量中寻找出最低冗余信息的变量组，从而使变量间的共线性达到最小。SPA 具有消除共线性的机制在建模过程中可以减少变量个数，达到提升模型精度和稳定性的效果。分别采用 PCC、SPA、PCC-SPA（组合算法）作为特征波段的筛选算法，其中 PCC 以相关性较强的波段（|PCC|≥0.25 且在 $a=0.05$ 水平上显著）作为特征波段。表 2.18 为不同波段筛选的结果，SPA 算法筛选出的特征波段均位于 450nm、850nm、1350nm、1480nm、1900nm 及 2200nm 附近。复垦土壤全氮的特征波段均与自然土壤的特征波段大致相同，仅部分近红外特征波段位于自然土壤的相关系数峰值附近。此外，SPA 算法可以大大降低土壤高光谱变量维度和计算复杂程度，挑选出的特征波段低于原波段的 3%，极大地简化了模型参数。与 SPA 算法相比，PCC-SPA 算法筛选出的波段个数更少，且大都具有更低的最小交叉验证均方根误差（$RMSE_{CV}$）。这可能是由于 SPA 算法筛选出的特征波段中存在部分与土壤全氮不相关的冗余信息，从而降低了 SPA 算法相应模型的预测精度。PCC-SPA 算法筛选前的波段均为与土壤全氮相关性较高的波段，筛选后的结果在保留原波段信息的基础上，降低了 PCC 筛选结果的共线性，提高了模型的预测精度。

表 2.18 基于 SPA 和 PCC-SPA 算法的不同光谱数据的特征波段、运行次数及最小 $RMSE_{CV}$

筛选算法		运行次数/次	最小 $RMSE_{CV}$	特征波段/nm
SPA	Soil$_{Wet}$	29	0.095	403、421、455、478、737、854、920、1279、1474、1798、1810、2260、2310、2405
	Soil$_{AC}$	21	0.107	851、1011、2181、1771、2021、2195、2329、2417、2444
	Soil$_{Dry}$	22	0.068	433、677、690、705、766、919、1014、1113、1418、1547、1609、1638、1647、1706、2291、2308、2419
PCC-SPA	Soil$_{Wet}$	6	0.066	405、553、725、1240、1772、1825
	Soil$_{AC}$	13	0.065	454、469、750、841、1824、2069、2174
	Soil$_{Dry}$	13	0.077	519、866、962、1228、1440、1707、1917

注：Soil$_{Wet}$ 为湿土壤。

b. 反演模型建立

依据上述分析，以特征波段为自变量，土壤全氮含量为因变量，采用 BP 神经网络建立预测模型（表 2.19）。不同土壤光谱数据建立的土壤全氮预测模型精度差异较大，这是由于 Soil$_{Wet}$ 预测时省去风干、研磨及过筛一系列预处理，受土壤水分等影响增加了光谱信息特征提取难度，但总体趋势一致，即 Soil$_{Dry}$＞Soil$_{AC}$＞Soil$_{Wet}$。Soil$_{Wet}$ 建立的模型 R^2 不超过 0.72，只能估测土壤全氮含量的高低；Soil$_{Dry}$ 建立的模型 R^2 最高超过 0.86，能够准确预测土壤中全氮含量。经过辐射传输模型进行水分影响剔除后，模型预测能力显著提升，建立的预测模型 R^2 最高超过 0.83，与 Soil$_{Dry}$ 相差不超 10%，说明利用辐射传输模型可以有效剔除土壤水分对光谱的影响，提高土壤全氮预测能力。

通过对比不同波段筛选方法的结果，PCC 算法筛选出的特征波段数量较多、冗余度较大，其建立的预测模型精度最低；SPA 算法在筛选过程中极大地降低了变量之间的共线性,但是不可避免地引入无关变量,较 PCC 算法建立的模型预测精度有所提升,模型 R^2 提升不超过 10%,提升效果不明显;将两种算法耦合得到的 PCC-SPA 算法建立的模型精度显著提升,R^2 提升超 33%,可以有效避免无关变量的同时极大地减少变量间的冗余度,在优化模型参数的同时提高模型的稳健性。

表 2.19　土壤全氮含量预测模型的预测结果

土壤	算法	R^2	RMSE	RPD	变量数
Soil_{Wet}	PCC	0.540	0.159	1.540	695
	SPA	0.594	0.149	1.640	15
	PCC-SPA	0.718	0.124	1.966	6
Soil_{AC}	PCC	0.714	0.126	1.953	537
	SPA	0.726	0.123	1.994	9
	PCC-SPA	0.837	0.094	2.593	7
Soil_{Dry}	PCC	0.785	0.109	2.253	709
	SPA	0.780	0.110	2.226	17
	PCC-SPA	0.863	0.086	2.827	7

5. 调研采样

国土空间生态修复应包括国土空间生态整治、退化土地生态修复、矿山地质环境治理等核心内容。按照其作用对象及对应国土空间规划生产空间、生活空间和生态空间的区位分布,可细分为 13 个具体类型。生产空间包括矿山地质环境监管与治理、工矿废弃地土地整理复垦、农用地土地整理复垦、高标准农田建设 4 项;生活空间包括低效用地再开发、人居环境综合整治 2 项;生态空间包括湿地生态修复、河湖岸线生态修复、海岸生态修复、森林生态修复、草原生态修复、生态景观修复、自然灾害预防与修复 7 项。

国土空间生态修复工作需要收集整理的材料包括自然地理数据资料、生态基础数据资料、自然资源调查监测数据资料、经济社会数据资料、相关规划和成果以及生态环境调查监测数据。对于矿区国土空间而言,矿区地质环境治理与生态修复相关规划、矿山生产建设相关材料是重点。水土气生等生态环境调查采样、室内检测可参照《土壤环境监测技术规范》(HJ/T 166—2004)、《自然保护区与国家公园生物多样性监测技术规程 第 1 部分:森林生态系统及野生动植物》(DB53/T 391—2012)、《土壤检测 第 6 部分:土壤有机质的测定》(NY/T 1121.6—2006)等国家或行业相关标准执行;根据不同对象,可采用网格+分层抽样、典型景观单元、系统采样等方法进行布点采样。

2.2　生态安全格局构建及修复效果评价方法

2.2.1　国土空间格局表征与演替研究方法

1. 国土空间格局表征方法

1) 邻域分析

邻域分析是一种基于局部运算的空间分析,涉及一个中心栅格单元和一组环绕单元。

根据栅格单元和环绕单元的栅格数值为中心单元位置生成一个新的函数值或邻域统计量+邻域的形状可以为矩形、圆形或环形,在各向异性空间也可以为契形邻域(表 2.20、表 2.21)。

表 2.20　ArcGIS 中"邻域分析"包括基于要素工具

工具	位置	用途
缓冲区	分析工具箱/邻域分析工具集	创建要素边界距离输入要素指定距离长度的新要素数据
近邻分析	分析工具箱/邻域分析工具集	向点要素类添加属性字段,其中包括距离、要素标识符、角度和最近点或线要素的坐标
点距离	分析工具箱/邻域分析工具集	创建含有距离值和要素标识符属性的新表,用以显示指定搜索半径内,输入要素类中的每个点到"近邻分析"要素类中的所有点的距离
按位置选择	数据管理工具箱/图层和表视图工具集	从目标要素类中选出位于输入要素指定距离范围内的要素(或通过其他空间关系进行选择)
创建泰森多边形	分析工具箱/邻域分析工具集	为一组输入要素创建最接近每个要素的区域的多边形
创建最近设施点分析图层	Network Analyst/分析工具集	设置分析参数以便查找网络中与另一位置或一组位置最接近的一个位置或一组位置
创建服务区图层	Network Analyst/分析工具集	设置查找多边形的分析参数,以便定义网络中在所有方向上与一个或多个位置的距离均在给定范围内的区域
创建路径分析图层	Network Analyst/分析工具集	设置分析参数以便在一组点中查找最短路径
创建 OD 成本矩阵图层	Network Analyst/分析工具集	设置分析参数以便创建两组点的网络距离矩阵

表 2.21　ArcGIS 中"邻域分析"包括基于栅格工具

工具	位置	用途
欧氏距离	Spatial Analyst/距离工具集	计算每个像元到最近源的距离
欧氏分配	Spatial Analyst/距离工具集	将最近源的标识符指定给对应的像元
欧氏方向	Spatial Analyst/距离工具集	为每个像元计算最近源的方向
成本距离	Spatial Analyst/距离工具集	计算每个像元到最近源的距离,从而使成本面中指定的成本降至最低
成本分配	Spatial Analyst/距离工具集	将最近源的标识符指定给对应的各像元,从而使成本面中指定的成本降至最低
成本路径	Spatial Analyst/距离工具集	计算从源到目标的最小成本路径,从而使成本面中指定的成本降至最低
成本回溯链接	Spatial Analyst/距离工具集	为每个像元识别出位于源到目标最小成本路径上的临近像元,从而使成本面中指定的成本降至最低
路径距离	Spatial Analyst/距离工具集	计算每个像元到最近源的距离,从而使成本面中指定的水平成本降至最低,并使通过地形栅格与垂直成本参数指定的表面距离地形成本以及垂直行进难度降至最低
路径距离分配	Spatial Analyst/距离工具集	将最近源的标识符指定给对应的各像元,从而使成本面中指定的水平成本降至最低,并使通过地形栅格与垂直成本参数指定的表面距离地形成本以及垂直行进难度降至最低
路径距离回溯链接	Spatial Analyst/距离工具集	为每个像元识别出位于源到目标最小成本路径上的临近像元,从而使成本面中指定的水平成本降至最低,并使通过地形栅格与垂直成本参数指定的表面距离地形成本以及垂直行进难度降至最低
廊道分析	Spatial Analyst/距离工具集	计算两个输入成本距离栅格的累积成本总和。低于给定阈值的像元将在两个成本均最小的源之间定义一个区域(廊道)
表面长度	3D Analyst/功能性表面工具集	计算横越表面的线要素的长度(考虑地形)

2) 冷热点分析

利用 ArcGIS 软件中 Getis-Ord Gi*（热点分析）工具，选取 G_i^* 指数指标，展开冷热空间分布研究。

G_i^* 指数计算公式：

$$G_i^* = \frac{\sum_{j=1}^{n} W_{ij} X_j - \overline{X} \sum_{j=1}^{n} W_{ij}}{S \sqrt{\left[n \sum_{j=1}^{n} W_{ij}^2 - \left(\sum_{j=1}^{n} W_{ij} \right)^2 \right] / (n-1)}} \tag{2.56}$$

$$\overline{X} = \frac{1}{n} \sum_{j=1}^{n} X_j \tag{2.57}$$

$$S = \sqrt{\frac{1}{n} \sum_{j=1}^{n} X_j^2 - X^2} \tag{2.58}$$

式中，G_i^* 为输出统计 G 得分，其正负代表高、低值，大小代表聚集程度；X_j 为空间单元 j 的土壤硒变化量；W_{ij} 为相邻空间单元 i 和 j 的空间权重。

3) 空间自相关

以全局性莫兰指数（Moran's index, Moran's I）为基础，分析空间分布特征及其尺度效应。Moran's I 是用来衡量集聚特征的一个综合性评价统计特征参数。

全局性 Moran's I 一般过程为

$$I = \frac{n \sum_{i=1}^{n} \sum_{j=1}^{n} w_{ij} (x_i - \overline{x})(x_j - \overline{x})}{\left(\sum_{i=1}^{n} \sum_{j=1}^{n} w_{ij} \right) \sum_{i=1}^{n} (x_i - \overline{x})^2} \tag{2.59}$$

式中，n 为空间数据的个数；x_i 和 x_j 分别为 i 区、j 区的空间要素的属性值；$\overline{x}$ 为所有空间要素平均值；w_{ij} 为空间权重矩阵的元素，空间权重矩阵一般为对称矩阵，且 $w_{ij}=0$。

对于全局性 Moran's I，一般使用标准化统计量 $Z(I)$ 来检验空间要素空自相关性的显著性水平，其公式为

$$Z(I) = \frac{I - E(I)}{\sqrt{\text{Var}(I)}} \tag{2.60}$$

式中，$\text{Var}(I)$ 为 Moran's I 的理论方差；$E(I) = -1/(n-1)$ 为 Moran's I 的理论期望值。

Moran's I>0 表示空间正相关性，其值越大，空间相关性越明显，Moran's I <0 表示空间负相关性，其值越小，空间差异越大；Moran's I = 0，空间呈随机性分布。采用 GeoDA 进行全局性 Moran's I 分析。

4) 分形方法

多重分形分析法首先通过计算机用盒计数法求出不均匀分布的空间变量的概率分布。对任意给定的实数 q，可以定义一个配分函数 $\chi q(\varepsilon)$，对概率 $\mu_i(\varepsilon)$ 用 q 次方进行加权求和，计算公式如下：

$$\chi q(\varepsilon) = \sum_{i=1}^{N(\varepsilon)} \mu_i^q(\varepsilon), \quad -\infty < q < \infty \tag{2.61}$$

式中，ε 为测量尺度(盒子边长)；$N(\varepsilon)$ 为盒子的个数；$\mu_i(\varepsilon)$ 为空间变量的概率分布。

如果空间变量具有分形特征，则有关系式 $\chi q(\varepsilon) = \varepsilon \tau(q)$，即配分函数 $\chi q(\varepsilon)$ 和 ε 有幂函数关系。$\tau(q)$ 一般指质量指数。通过式(2.61)计算奇异指数 a、多重分形谱宽 Δa 和瑞利维数 $D(q)$ 等多重分形参数。

2. 国土空间生态格局预测

国外对土地利用预测模型的研究要早于国内，模型种类也更加丰富。von Neurmann 和 Forrester 教授分别于 1948 年和 1956 年提出元胞自动机(cellular automata，CA)模型和系统动力学(system dynamics，SD)模型；小区域土地利用转换及其影响(the conversion of land use and its effects at small regional extent，CLUE-S)模型是由荷兰学者 Verburg 于 2002 年提出，用于中小尺度的土地利用模拟的模型，其精度高于土地利用转换及其影响(the conversion of land use and its effects，CLUE)模型。此外常见的空间预测模型还包括 GEOMOD 模型、GTR 模型、CENTURY 模型、IMAGE 模型等。

我国的土地利用预测模型从数量和空间上分为两类，CA 模型只能模拟单类用地的演变，CA-Markov 模型未能考虑多因素驱动影响；CLUE-S 模型对土地利用之间的微小转换概率考虑不足并且模型所需参数较多，主观性较强；FLUS 模型弥补了 CA 模型和 SD 模型的不足，兼具"自下而上"和"自上而下"的优点，能够有效解决自然环境和人类活动作用下的土地利用转化概率问题，提高土地利用空间模拟的准确性。随着技术的不断成熟，国内众多学者逐渐开始关注两种或两种以上的组合模型在土地利用空间格局模拟上的应用，如卞子浩等(2017)使用 Logistic 回归模型、Markov 模型、GM 模型作为 CLUE-S 模型的非空间模块预测土地利用需求数量，将结果导入 CLUE-S 模型中并比较 3 种综合模型的预测结果，结果表明 GM 和 CLUE-S 耦合模型的预测精度高于其他两种；孙定钊和梁友嘉(2021)借助 Logistic 回归模型、改进的 Markov 模型、FLUS 模型模拟黄土高原在多时序不同情景下的土地利用未来变化趋势。

1) FLUS 模型

FLUS 模型是在传统 CA 模型的基础上进行的改进，用来模拟人类活动和自然环境等因素影响下的未来土地利用变化情况。该模型主要包括两个模块即基于神经网络的适宜性概率计算模块和基于自适应惯性机制的元胞自动机模块。

A. 基于神经网络的适宜性概率计算

人工神经网络(artificial neural network，ANN)是受生物神经网络启发的一种机器学习模型，其优势在于通过回忆迭代来学习和拟合输入数据和训练目标之间的复杂关系，常用于非线性地理问题的分析与建模。ANN 模型由一个输入层、一个或多个隐含层、一个输出层组成，如图 2.48 所示。其计算公式如下：

$$p(p,k,t) = \sum_j w_{j,k} \times \text{sigmoid}\left(\text{net}\sum_j(p,t)\right) = \sum_j w_{j,k} \times \frac{1}{1+\text{e}^{-\text{net}_j(p,t)}} \qquad (2.62)$$

式中，$p(p,k,t)$ 为土地利用类型 k 在时间 t、像元 p 下出现的概率；$w_{j,k}$ 为隐含层和输出层之间的自适应权重值；sigmoid 为隐含层和输出层的激励函数；$\text{net}\sum_j(p,t)$ 为隐含层 j 像元 p 在时间 t 上所接收的信号。

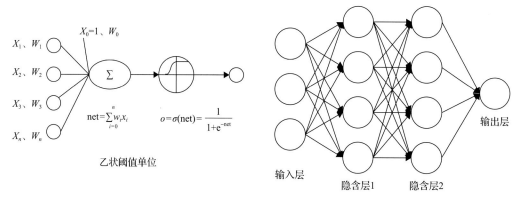

图 2.48　单个及多个神经网络示意图

B. 基于自适应惯性机制的元胞自动机

基于自适应惯性机制的元胞自动机是 FLUS 模型的模拟关键，它结合邻域权重、转换规则及各土地利用类型的适宜性概率分布来模拟未来各土地利用类型的空间分布特征，具体过程如下：

$$\text{TP}_{u,k}^t = P_{u,k} \times \Omega_{u,k}^t \times C_{c \to k} \qquad (2.63)$$

$$\Omega_{u,k}^t = \frac{\sum_{N \times N}\text{con}\left(c_i^{t-1} = k\right)}{N \times N - 1} \times w_k \qquad (2.64)$$

$$\text{inertia}_k^t = \begin{cases} \text{inertia}_k^{t-1}, & \left|D_k^{t-1}\right| << \left|D_k^{t-2}\right| \\ \text{inertia}_k^{t-1} \times \dfrac{D_k^{t-2}}{D_k^{t-1}}, & D_k^{t-1} < D_k^{t-2} < 0 \\ \text{inertia}_k^{t-1} \times \dfrac{D_k^{t-1}}{D_k^{t-2}}, & 0 < D_k^{t-2} < D_k^{t-1} \end{cases} \qquad (2.65)$$

式中，$\text{TP}_{u,k}^t$ 为栅格 u 在时间 t 内转换为土地利用类型 k 的综合概率；$\Omega_{u,k}^t$ 为土地利用类

型 k 出现在栅格 u 的概率；$C_{c \to k}$ 为土地利用类型 c 到土地利用类型 k 的转换成本；$\sum_{N \times N} \text{con}(c_i^{t-1} = k)$ 为在 $N \times N$ 莫尔窗口下 $t-1$ 时间内土地利用类型 k 所占据的栅格总数；w_k 为不同土地利用类型之间的变量权重；inertia_k^t 为土地利用类型 k 在时间 t 内的惯性系数；D_k^{t-1} 为土地利用类型 k 在 $t-1$ 时间内的实际需求量与分配量的差值。

2）CA-Markov 模型

马尔柯夫（Markov）预测原理出自数学家马尔柯夫的过程研究。当前 Markov 预测原理已普遍应用于土地覆盖演变研究中。在土地覆盖演变研究中，某时期的用地类别可以与 Markov 过程中的可能状况对照起来，它只与其前一时期的用地类别相关。因此，式 (2-66) 可对土地演化状况进行预测：

$$S_{(t+1)} = P_{ij} \times S_{(t)} \tag{2.66}$$

式中，$S_{(t)}$，$S_{(t+1)}$ 分别为 t，$t+1$ 时刻的土地利用状态；P_{ij} 为土地利用类型转移概率矩阵，可表示为

$$P_{ij} = \begin{bmatrix} P_{11} & \cdots & P_{1n} \\ \vdots & & \vdots \\ P_{n1} & \cdots & P_{nn} \end{bmatrix} \tag{2.67}$$

CA 模型是空间的相互影响及时间上的联系均为局部，并且时空关系、形态状况都分散的网格动力学理论，其公式如下：

$$S_{(t+1)} = f\left[S_{(t)}, N \right] \tag{2.68}$$

式中，S 为元胞有限离散的集合状态；t，$t+1$ 为不同的时刻；N 为元胞的领域；f 为局部空间的元胞转化规则。

Markov 模型具有时间序列推演的能力，而 CA 模型则具备预测复杂系统时空动态演进的优势，故综合两种模型能科学合理地推演景观格局的空间变化。本书采用 Kappa 系数对土地格局演变预测的精度进行检测，其计算公式为

$$\text{Kappa} = (P_0 - P_r) / (1 - P_r) \tag{2.69}$$

式中，P_0 为模拟正确的土地利用类型比例；P_r 为随机情况下期望模拟正确的比例。

3）PLUS 模型

PLUS 模型是由中国地质大学（武汉）高性能空间计算智能实验室（HPSCIL@CUG）开发团队进行研发的，是一种斑块生成土地利用变化模拟的模型。PLUS 模型集成了基于土地扩张分析的规则挖掘方法和基于多类随机斑块种子的 CA 模型的两个模块，对各类土地利用变化的影响因素解释性更好，模拟结果精度更高。模型通过提取两期土地变化中各类用地扩展部分，运用随机森林算法获取各类用地的发展概率，再利用基于多类随

机斑块种子的 CA 模型对未来景观格局进行模拟预测。首先，根据研究区的实际情况及数据的可获取性，从自然因素、社会经济因素和可达性三个方面选取影响因子，栅格化后统一成与土地覆被数据相同的投影坐标系及空间分辨率。其次，利用用地扩张分析策略(land expansion analysis strategy，LEAS)模块运算得到研究区各景观类型的发展概率。最后，结合未来各类用地的目标像元数、转移成本矩阵、随机斑块种子的概率及邻域因子等相关参数，基于多类随机斑块种子的 CA 模型实现研究区景观类型变化模拟。选择 Kappa 系数和品质因数(figure of merit，FOM)系数进行模拟结果的精度评估，其中 Kappa 系数为 0~1，大于 0.7 表示模拟结果一致性较高，精度较高；FOM 系数由实际土地变化与预测土地变化的交集与两者并集的比值确定，其值为 0~1，值越高表示模拟结果的精度越高。

PLUS 模型可以用于斑块尺度的土地利用变化模拟。通过挖掘土地利用类型间的转换规则，获得各项地类的变化与惯性概率。运用随机森林分类(random forest classifer，RFC)算法来探求各项驱动因子对不同地类变化的贡献值。RFC 算法可以解决多个变量之间多重共线性的问题，从原始数据集中抽取随机样本，并最终确定 k 类土地利用类型在单元格 i 上出现的概率 $P_{i,k}^d$。其演算公式为

$$P_{i,k}^d(\boldsymbol{x}) = \frac{\sum_{n=1}^{M} I = [h_n(\boldsymbol{x}) = d]}{M} \tag{2.70}$$

式中，d 的取值为 0 或 1，若 $d=1$，表示有其他土地利用类型转变为 k 类；当 $d=0$，表示土地利用类型转变成除 k 以外的其他土地利用类型。$\boldsymbol{x}$ 为由若干驱动力因子组成的向量。I 为决策树集的指示函数。$h_n(\boldsymbol{x})$ 为向量 $\boldsymbol{x}$ 的第 n 个决策树的预测类型。M 为决策树的总数。

4)CLUE-S 模型

CLUE-S(the conversion of land use and its effects at small regional extent)模型是 Peter-verburg 团队在 CLUE 模型的基础上改进的土地利用变化模拟模型。CLUE-S 模型主要由需求模块和空间分配模块构成。需求模块用于计算研究区内各土地利用类型在目标年的需求量，需要通过外部模型或方法进行计算，本书将 Markov 模型引入用来计算各地类需求量。空间分配模块的输入要素主要包括四个方面：土地需求文件、各土地利用类型的转换规则及转换弹性系数、各土地利用类型与各驱动因子之间的关系、限制区文件。

CLUE 模型是由 Verburg 等在 1999 年提出的，利用经验确定土地利用变化与驱动因素之间的量化关系，以模拟未来土地利用变化的模型框架。由于数据表示方式与其他典型功能的差异，该模型只适用于国家及大陆级等大范围的研究区域，对于中小尺度的研究区域，CLUE 模型输出的土地利用模拟结果分辨率低且精度不高，会产生较大的误差。为在较小尺度的空间范围(如流域或省市)内运用该模型模拟土地利用变化，Peter-verburg 团队于 2002 年在 CLUE 模型的基础上研发出 CLUE-S 模型。相较于其他土地利用模型，CLUE-S 模型是一个基于高级统计土地利用变化过程的经验模拟框架，以系统理论为基

础旨在了解和预测自然环境与社会经济等驱动因素对土地利用变化的影响，并将其影响机制进行经验量化，基于栅格单元根据经验量化得到某一土地利用类型的概率分布，将各土地利用类型进行分配以实现区域的土地利用空间分布格局模拟。

CLUE-S 模型完成土地利用模拟主要包括土地利用需求量获取、土地利用转移弹性系数设置、区位适应性特征计算与空间分配四个环节。土地利用需求量获取借助非空间需求分析模块完成，本书采用 Markov 模型，该模型是一种预测系统未来变化的数学方法，预测过程具有"无后效性"特征，即未来状态与过去经历无关，在一定条件下土地利用动态变化过程具有此特点，Markov 模型对土地利用需求的计算公式为

$$T_{(n+1)} = T_{(n)} P_{ij} \tag{2.71}$$

式中，$T_{(n)}$ 为在初始时刻 n 时土地利用的状态；$T_{(n+1)}$ 为在 $n+1$ 时刻土地利用的状态；P_{ij} 为土地利用类型 i 转移为土地利用类型 j 的转移概率矩阵，且满足 $0 \leqslant P_{ij} \leqslant 1$。

以 10a 作为一个步长，综合海西州 2000～2010 年与 2010～2020 年土地利用转移概率矩阵与 2000 年、2010 年及 2020 年 3 个时期的土地利用结构，将 2000 年土地利用情况作为初始值预测 2010 年各土地利用类型数量，同样地，再以 2010 年土地利用数据预测 2020 年土地利用情况，并与实际土地利用情况做对比。为判断预测结果的准确性特引入模型效应系数，其计算公式为

$$M = 1 - \frac{\sum (K_0 - K_e)^2}{\sum (K_0 - \bar{K}_0)^2} \tag{2.72}$$

式中，K_0 为实际值；K_e 为预测值；$\bar{K}_0$ 为实际值的平均值；M 为模型效应系数，M 越接近 1 表明模拟的数值越准确。

5）GEOMOD 模型原理

GEOMOD 是一种模拟土地利用类型由一种向另一种转变的模型（如耕地转化为非耕地）。为了实现这一目标，GEOMOD 模型需要的初始数据包括模拟开始和结束的时间点的相关信息、两种类别的初始状态的图层、发生土地利用变化的地表区域、土地利用变化的驱动因素以及一幅成层的地图。一幅适宜地图可能由驱动因素信息或者外在提供的信息绘制得出，特别是多尺度和多目标的评价模型。成层的地图可以允许将研究区划分为多个区域。每个区域只允许一种转换方向。GEOMOD 包含了表层覆被可能转换的机会，通过一种简单的深入，从而介入在开始时间发生土地利用变化的邻近区域。GEOMOD 的设计是用来预测土地覆被变化的位置，而并不是变化的区域数量。

GEOMOD 依据三个决策规则选择了将被转换的土地位置。用户可以自由选择，三个决策规则中的任何一个都可以被包含或者排除。第一个决策规则是基于最近相邻原则，据此，在任何一个时间步长上，GEOMOD 限制了那些土地利用转换的区域是位于封闭树林和受干扰土地的边界上。这个规则模拟了那些由之前被干扰的土地生成新近被干扰土地的模式。第二个决策规则涉及了亚区域分层。GEOMOD 可以指定在一系列亚区域

内每年的土地利用变化量。如果有数据，它可能进行任何区域分层。例如，规划区域也可以是一个不错的选择。第三个决策规则关系到生物地球物理属性。在第三个决策规则下，GEOMOD 预测了将来受干扰的位置，这些地方拥有与之前受干扰地区属性类似的属性。为了将本规则纳入模型中，GEOMOD 通过利用几个属性地图和一个土地利用地图创建了"适宜性"经验地图。这个适宜性经验地图在生物地球物理属性类似于那些受干扰土地的地方有较高的值，在生物地球物理属性类似于未受干扰的封闭覆被森林的地方有较低的值。GEOMOD 通过寻找那些有最高适宜性值的景观的位置模拟未来的干扰。

2.2.2 生态安全格局构建方法

生态安全格局的构建主要包含生态源地识别、生态问题识别、生态廊道构建三个部分。

1. 生态源地识别方法

生态源地是划分生态安全分区和提取生态廊道的前提，是物种扩散和生态过程的起点，它对生态发展具有正向促进作用。通常将一定规模面积、生态功能较强、具有较高生态价值且具有一定的自我调节能力的斑块作为生态系统中的关键生态斑块，为区域生态安全提供底线保障。目前，专家学者对生态源地的概念并没有形成统一的观点，相关研究基本依照"源地具有一定的范围规模且具有生态功能"的原则进行识别。将在区域生态系统和区域生态安全中发挥重要作用的图斑确定为维护区域生态安全的重要图斑。生态源地不仅可保持景观结构的完整性、确保生态系统服务功能能充分发挥，而且能够为生态功能退化提供底线保障。

从生态安全格局构建的发展来看，目前确定生态源地的方法有两种：直接确定和间接确定。直接确定是指直接选取生态保护红线、风景名胜、自然保护、生物多样性丰富和具有完整生态系统服务功能的斑块，这种选取方法主观性过强，客观性不足；间接确定是指通过对相关生态过程进行单项或综合评价来选取重要生态图斑，包括生境质量评价、生态系统服务功能评价、生态敏感性评价等经过客观评价后确定生态源地。

1) 基于 MSPA 方法的生态源地提取

形态空间格局分析(morphological spatial pattern analysis，MSPA)方法是运用一系列形态变换的图形学原理，利用腐蚀、扩张、开运算、闭运算将图形进行分割、识别、分类等图像处理方法。它将二值图像分割成互不重叠的 7 种类型：核心区(core)、孤岛(islet)、孔隙(perforation)、边缘区(edge)、桥接区(bridge)、环岛区(loop)和支线(branch)(表 2-22)(杨志广等，2018)。MSPA 需要将土地利用类型数据分类为前景与背景的二值栅格数据，首先用 ArcGIS 对土地利用数据进行重分类，提取出以林地、草地、湿地和水体四种土地利用类型作为 MSPA 分析的前景像元，将其赋值为 2，将耕地、建设用地和未利用地作为背景像元，将背景赋值为 1，缺失值赋值为 0。将重分类后的二值栅格数据进行投影变换，保存为 TIFF 格式的文件。以此为基础，通过 GuidosToolbox 软件,采用八邻域分析方法对研究区进行 MSPA 分析,最终识别出互不重叠的 7 种景观要素。其中核心区是前景像元中较大的生境斑块,可为物种提供较大的栖息地,对生物多样性的保护具有重要意义,可作为生态源地。但由于核心区斑块破碎化严重,因此将核心区中较大的面积斑块筛选出来进行连通性分析,为筛选生态源地做准备。

表 2.22 MSPA 景观类型及定义

景观类型要素	各要素的生态学含义
核心区	前景数据中面积大于指定边缘宽度的斑块,这类斑块面积较大,被认为是主要的栖息地及生态源地
孤岛	岛状板块是在前景数据 7 个类型中唯一的互不相连接的斑块
孔隙	前景数据与背景数据之间形成的过渡区域,是核心区的内部边界
边缘区	边缘区是核心区外边界,通常是指前景数据和背景数据之间形成的过渡区域
桥接区	前景数据中连接 2 个或 2 个以上的核心板块面积小于制定边缘宽度的狭长区域,对景观连接具有重要意义
环岛区	指与核心区区域连接的前景数据,是物种迁移的捷径
支线	指从核心区域扩张的前景数据,但不会连接到另一个核心区

景观连通性是指景观促进或阻碍源地间生物体或生态过程运动的程度,对维持生态系统服务和保护生物多样性有重要意义,景观连通性分析能定量评价核心区重要程度。常用的景观连通性评价指标主要有整体连通性指数(integral index of connectivity,IIC)、可能连通性指数(probability of connectivity,PC)及斑块重要性指数(dPC)等,IIC 表示所有斑块的整体连通性,数值越高表明连通性越好;PC 常常作为在全局视角下计算各个斑块之间的连通性指数;dPC 表示生态斑块的重要程度,指数越高,意味着重要程度越高。

$$\text{IIC} = \left(\sum_{i=1}^{n}\sum_{j=1}^{n} \frac{a_i \times a_j}{1 + nl_{ij}} \right) \Big/ A_{\text{L}}^2, \quad i \neq j \tag{2.73}$$

式中,n 为林地斑块总数;a_i 为斑块 i 的面积;a_j 为斑块 j 的面积;nl_{ij} 为斑块 i 和斑块 j 之间的连接数;A_{L}^2 为林地景观的总面积。IIC 取值范围在[0,1],IIC 为 1 时表示林地景观都是栖息地。

$$\text{PC} = \left(\sum_{i=1}^{n}\sum_{j=1}^{n} P_{ij}^* a_i a_j \right) \Big/ A_{\text{L}}^2 \tag{2.74}$$

式中,$i \neq j$;P_{ij}^* 为斑块 i 和斑块 j 之间所有路径的最大乘积概率;PC 取值范围为[0,1],PC 越小,斑块之间连通性越低。

$$\text{dPC} = (\text{PC} - \text{PC}_{\text{remove}}) / \text{PC} \times 100\% \tag{2.75}$$

式中,$\text{PC}_{\text{remove}}$ 为去除某斑块后剩余斑块的整体指数值。dPC 通过 PC 的变化衡量斑块维持景观连通性的重要程度。

生态源地是生态用地保护的"源"，一般选择生态功能较强、生物多样性较为丰富的区域，是现有物种的栖息地和物种交流与扩散的源点，是物种扩散和维持的源泉。源地作为大型生态斑块，具有高连通性与生态服务价值，面积大的生态源地即核心区具有较好的生境质量，使生物在迁徙交流过程中尽量减少所受的外界阻力，同时核心区的高连通性也能够增加生物扩散的存活率，因此源地的选择应考虑斑块面积和连通性两方面。首先，提取出对维持连通性具有重要意义的核心区作为生态源地。

2) 基于生态用地重要性评价提取生态源地

现有的源地应该综合考虑多种要素进行源地选取。生态用地重要性评价是识别区域生态用地等级及构建安全格局的直接依据，也是生态源地选取的重要参考。根据研究区实际情况，选取生物多样性维护功能、水源涵养功能及水土保持功能三个综合生态评价因子，进行定量评价，综合选取生态源地。综合生态评价因子评价方法避免了单纯多因子叠加方法对强约束性因子的削弱作用和对一般约束性因子的增强作用，更为客观地反映了不同影响因子的相对重要性程度。各综合生态评价因子评价方法如下。

A. 生物多样性维护功能重要性评价

生物多样性维护功能有助于维护生态系统的多样性，该功能与生境多样性密切相关，主要以生境常见参数作为评价指标，公式如下：

$$S_{\text{bio}} = \text{NPP}_{\text{mean}} \times F_{\text{pre}} \times F_{\text{tem}} \times (1 - F_{\text{alt}}) \tag{2.76}$$

式中，S_{bio} 为生物多样性的维护能力；NPP_{mean} 为研究区平均的多年植被净初级生产力；F_{pre} 为降水参数，依据多年平均年降水量数据插值得到；F_{tem} 为气温参数，由多年平均气温数据插值并归一化获得；F_{alt} 为高程，由数字高程模型(digital elevation model，DEM)数据归一化后获得。

B. 水源涵养功能重要性评价

水源涵养反映的是生态系统对水资源的循环和调控能力，主要表现在调节地表径流、补充地下水资源、调控季节变化下的河流流量波动、保证水质等方面，公式如下：

$$\text{WR} = \text{NPP}_{\text{mean}} \times F_{\text{sic}} \times F_{\text{pre}} \times (1 - F_{\text{slo}}) \tag{2.77}$$

式中，WR 为水源涵养能力的指数；F_{sic} 为土壤渗流因子；F_{pre} 为降水参数；F_{slo} 为坡度因子。

C. 水土保持功能重要性评价

水土保持能够防治水土流失，是土地治理和社会经济发展的基础，其主要受气候、土质、地形和植被等因素的影响，公式如下：

$$S_{\text{pro}} = \text{NPP}_{\text{me}} \times (1 - K) \times (1 - F_{\text{slo}}) \tag{2.78}$$

式中，S_{pro} 为水土保持功能指数；NPP_{me} 为净初级生产量；F_{slo} 为坡度因子；K 为土壤可蚀性因子。

D. 生态用地重要性的综合评价方法

参考程迎轩等(2016)提出的累计修正求和的方法，具体计算公式如下：

$$E_i = \max(SS_i, S_{bio}, WR, S_{pro}) + \frac{\left[SS_i + S_{bio} + WR + S_{pro} - \max(SS_i, S_{bio}, WR, S_{pro}) \right]}{3}$$

(2.79)

式中，E_i 为综合生态用地重要性指数；SS_i 为水土流失敏感性指数；S_{bio} 为生物多样性维护指数；WR 为水源涵养指数；S_{pro} 为水土保持功能指数。

3) 基于粒度反推法提取生态源地

粒度反推法是基于反推思想，先基于景观格局现状生成多种不同粒度的景观组分结构，再利用测定指标反映景观组分结构随粒度变化的特征，进而分析特征的变化，选择结构良好的生态源地的方法(唐丽等，2016)。由于整体性和连通性是影响生态系统稳定性的主要因素，认为结构连接性良好、规模较大的生态系统更稳定。粒度反推法利用不同尺度的栅格，反映生态系统主要组成结构的变化，从生态系统规模和稳定性的角度确定生态源地潜在位置，配合主成分分析等方法，实现生态源地的客观提取。计算过程中向 ArcGIS 输入的生态源栅格可以是单个独立的斑块，也可以是由多个斑块复合而成的联合体。在粒度反推法的应用过程中，随着所选取的栅格不断增大，一方面规模较小且零星分布的生态斑块不断被剔除，另一方面相连和相离较近的斑块不断合并形成规模扩大的生态斑块，最后形成一系列不同粒度的实验数据。不同粒度代表了不同的生态源地结构，在这个合并和消失的过程中合并的斑块会凸显出优势，消失的斑块则凸显出劣势。粒度反推法相较于其他方法是一种由研究区景观的整体性和连通性主导的客观主动选取生态源地的方法，先以研究区已有的生态用地结构为"源"，通过不同粒度水平下生态斑块连接度和相同粒度水平下生态斑块连接度模拟潜在的生态源地，形成多种生态斑块结构，最后以景观格局分析结果为参考选出生态源地(陆禹等，2018)。

在 ArcGIS10.2 软件中利用转换工具将矢量转换为栅格数据，将土地利用现状图转化成粒度大小，间隔为25m 的栅格数据。为提高研究区的生态效益，增强连通性，选取斑块数量(NP)、斑块密度(PD)、景观形状指数(LSI)、连接度(CONNECT)、内聚力指数(COHESION)五个景观格局指数，来分析不同粒度大小下景观的效益。通过查阅相关文献和研究获取各个景观格局指数的具体计算方法和生态学含义，从中选取指数进行计算。研究不同粒度水平下生态景观组分连接度和相同粒度水平下生态景观组分连接度，从宏观和微观两方面反映景观连通特性。借助 Fragstats4.2 软件计算栅格数据的五个景观格局指数。为增强数据的准确性和可靠性，缩小栅格粒度的取值，以 5m 为间隔，加密景观格局指数计算的结果，在 SPSS20.0 软件中建立景观格局指数与空间粒度之间的函数关系，最后用 R^2 检验其相关性。

2. 生态问题识别方法

景观生态阻力是量化物种迁徙途中不同景观、地理等自然、人工因素给迁徙带来的困难程度的一种方法。阻力面反映了生物在景观中运动的潜在趋势，也是设计和评价生态廊道的重要依据，是多种因素经评分加权叠合生成的。景观生态阻力越高表明物种途经该景观单元迁徙难度越大，反之则难度越小。生态廊道促进的流动包括生物和非生物过程。土地利用类型和土地覆盖均对生态廊道存在重要影响，一般来说，人类的建设活动对生态廊道的影响是负面的。构建阻力面需识别研究区的景观类型，进行实地调研，以明确在研究区内阻碍或促进生物和能量流动的因子，经过整合得出景观阻力因子、阻力和权重。

最小累积阻力(minimum cumulative resistance，MCR)模型是指物种从生态源地到目的地迁移运动过程中所需要耗费的代价的模型，最早由荷兰学者 Knaapen 等提出，后由国内学者俞孔坚教授等进行修改，将其与 GIS 中的成本距离问题进行结合，用于识别景观生态学中的关键区域与关键节点，被广泛应用于自然生态的相关研究中(尹发能和王学雷，2010)。例如，生态网络构建、生态服务价值估算、景观生态安全格局构建、城市扩张规划、土地适宜性评价等相关研究。其计算公式如下(李平星等，2021)：

$$MCR = f_{\min} \sum_{j=n}^{i=m} D_{ij} \times R_i \tag{2.80}$$

式中，MCR 为最小累积阻力；f 为空间中某一栅格到所有生态源地的累积阻力距离与生态过程的正相关关系的未知正函数；D_{ij} 为栅格 i 到生态源地 j 之间的距离；R_i 为栅格 i 的阻力。虽然 f 函数是未知的，但是($D_{ij} \times R_i$)可以认为是某一源点到空间任意栅格像元的相对易达性，因此源点到栅格像元的阻力被用来衡量该像元的易达性。

3. 生态廊道构建方法

生态廊道是连接生态源地斑块之间的条状或者带状的要素，是源地斑块间物质、能量交流的重要途径，对生态系统的多样性、物种的交流等具有重要的影响。

1) 基于 ArcGIS 距离分析工具识别生态廊道

根据不同学者的相关研究可以发现生态廊道的识别主要有以下几种方法。运用 ArcGIS 软件中的距离分析工具识别生态廊道，首先根据阻力面模型计算最小累积阻力面栅格和回溯链接栅格文件，再求得最小成本路径即模拟的潜在生态廊道。ArcGIS 中距离分析工具提取生态廊道是基于每个生态源地，即提取一个生态源地与剩余所有生态源地之间的最小成本路径，通过遍历所有生态源地，直至提取所有的最小成本路径，会发现有大量的重合，所以在此基础上需要人为地删除重复路径，最终得到区域模拟的潜在生态廊道。

2) 基于 ArcGIS 水文分析模块识别生态廊道

水文分析模块提取生态廊道的具体方法如下。以距离生态源地的累积阻力面为基础，利用 ArcGIS 中的水文分析模块，先进行洼地填充，其次根据无洼地计算水流方向，然后进行汇流累积量计算，最后提取大于某一阈值的"水文网"作为最小成本路径，即生态廊道。利用水文分析模块得到的"水文网"包括生态源地间的物质流廊道和以生态源地为中心向四周发散的低阻力通道，一般呈现辐射状，因此称为辐射道。辐射道的生态意义类似 MSPA 分析中的支线，可增加生态源地与背景基质的连接，辐射道的分布可以为后续生态源地的规划提供理论依据(沈钦炜等，2021；焦胜等，2013)。

3) 基于 Linkage Mapper 工具识别生态廊道

通过基于 GIS 二次开发的工具插件 Linkage Mapper 识别潜在的生态廊道。Linkage Mapper 是由 Python 语言编写组成的 GIS 工具，可以添加到 ArcMap 的 Toolbox 中，主要使用三个工具模块，分别为 Linkage Mapper、Barrier Mapper、Pinchpoint Mapper，为识别廊道和关键节点提供参考依据，计算和分析生态源地之间的连接性。具体介绍如下：Linkage Mapper 是根据阻力栅格识别相邻的生态源地并构建源地之间的最小成本路径的工具，阻力栅格中每个像元值反映了穿越此栅格所花费的成本。生态廊道对源地间连通性具有促进或阻碍作用，基于最小费用路径构建生态廊道最小费用路径方法(least-cost path method，LCP)能够计算物种在源地间迁徙经过不同阻力的景观面所克服的累积阻力，模拟选择最小费用路径。Linkage Mapper 识别生态廊道的原理与距离分析工具的原理大致相同，区别是 Linkage Mapper 不需要人为地删除重复冗余的生态廊道，可以自动去除重复路径，相比距离分析工具更加高效(韦宝婧等，2022；林美玲等，2022)。

2.3　修复效果评价方法

1. 层次分析法

层次分析法由美国运筹学家、匹兹堡大学教授 Satty 于 20 世纪 70 年代提出，是一种将与决策有关的元素分解成目标、准则、方案等层次，在此基础上进行定性和定量分析的决策方法。常被运用于多目标、多准则、多要素、多层次的非结构化的复杂决策问题，特别是战略决策问题，可以较好地解决多要素相互关联、相互制约的复杂系统的评价，具有十分广泛的实用性，是一种新型简洁化、实用化的研究方法。在实际工作中，层次分析法经常和德尔菲法、百分权重法结合，用于确定评价指标的权重。基本步骤参照赵鑫等(2022)。

2. 模糊综合评价法

模糊综合评价法是一种基于模糊数学的综合评价方法。该综合评价法根据模糊数学的隶属度理论把定性评价转化为定量评价，即用模糊数学对受到多种因素制约的事物或对象做出一个总体的评价。它具有结果清晰、系统性强的特点，能较好地解决模糊的、难以量化的问题，适合各种非确定性问题的解决。

3. 主成分分析

主成分分析是多元统计分析中重要的降维与分析评价方法；多元分析(multivariate analyses)是多变量的统计分析方法，是数理统计中应用广泛的一个重要分支。由于变量的相关性，不能简单地把每个变量的结果进行汇总，这是多变量统计分析的基本出发点(郭飞和吕金华，2022)。

主成分分析的主要目的是希望用较少的变量去解释原来资料中的大部分变量，将我们手中许多相关性很高的变量转化成彼此相互独立或不相关的变量。通常是选出比原始变量个数少，能解释大部分资料中的变量的几个新变量，即主成分，并用以解释资料的综合性指标。主成分分析实际上是一种降维方法。主成分分析试图在力保数据信息丢失少的原则下，对多变量的截面数据表进行最佳综合简化，即对高维变量空间进行降维处理(王睿等，2021)。

4. 熵权-TOPSIS 综合评价法

传统的 TOPSIS 法由 Hwang 和 Yoon 于 1981 年提出，是系统工程中有限方案多目标决策分析的一种决策技术，为距离综合评价法。近年来，该模型被用于环境质量测评、土地生态安全评价和土地整理实施效益评价等方面，是一种在进行分析过程中使用无限接近理想值的方法。该方法的主要特点是有效利用函数的递增递减趋势，能够充分利用原始数据，计算过程数据丢失量较小，几何意义直观且不受参考序列选择的干扰，具有便捷、灵活、实用等特点。熵权法是对所提供的指标客观地确定其权重，主要用于消除主观因素的影响，避免人为的主观任意性，提高了结果的客观性及准确性(杜挺等，2014)。具体步骤如下。

A. 构建评价矩阵

假设被评价对象有 m 个，每个被评价对象的评价指标有 n 个，构建评价矩阵：

$$A = (a_{ij})_{m \times n} \tag{2.81}$$

式中，a_{ij} 为初始矩阵中的值($i = 1, 2, \cdots, m$；$j = 1, 2, \cdots, n$)。

B. 数据的标准化处理

正向指标：

$$x_{ij} = \frac{a_{ij} - \min a_{ij}}{\max a_{ij} - \min a_{ij}}$$

负向指标：

$$x_{ij} = \frac{\max a_{ij} - a_{ij}}{\max a_{ij} - \min a_{ij}}$$

式中，a_{ij} 为矩阵 A 的第 i 行第 j 列元素；x_{ij} 为规范化值。

C. 计算第 j 项指标下第 i 个指标所占比重

$$p_{ij} = \frac{x_{ij}}{\sum_{i=1}^{n} x_{ij}} \tag{2.82}$$

式中，p_{ij} 为评价指标对被评价对象的贡献度。

D. 计算信息熵

$$E_j = -\frac{1}{\ln n}\sum_{j=1}^{n}(p_{ij} \times \ln p_{ij}) , \quad 0 \leqslant E_j \leqslant 1 \tag{2.83}$$

式中，E_j 为所有方案对 x_{ij} 的贡献程度。

E. 确定各指标的权重

$$w_j = \frac{1-E_j}{\sum_{j=1}^{n}(1-E_j)} \tag{2.84}$$

式中，w_j 为各个指标权重的大小，$w_j \in [0,1]$ 且 $\sum_{j=1}^{n} w_i = 1$。

F. 构建加权判断矩阵

$$\boldsymbol{Z} = (z_{ij})_{m \times n} \tag{2.85}$$

式中，$z_{ij} = w_j x_{ij}$，$i = 1, 2, \cdots, m$；$j = 1, 2, \cdots, n$。

G. 依据加权判断矩阵获取评估目标的最优解和最劣解

$$\begin{cases} Z_j^+ = \max(z_{1j}, z_{2j}, \cdots, z_{nj}) \\ Z_j^- = \min(z_{1j}, z_{2j}, \cdots, z_{nj}) \end{cases} \tag{2.86}$$

式中，Z_j^+ 为最优解；Z_j^- 为最劣解。

H. 计算各样本目标值与理想值之间的欧氏距离

$$S_i^+ = \sqrt{\sum_{j=1}^{n}(Z_j^+ - z_{ij})^2} \tag{2.87}$$

$$S_i^- = \sqrt{\sum_{j=1}^{n}(Z_j^- - z_{ij})^2} \tag{2.88}$$

式中，S_i^+ 为样点值与最优解之间的欧氏距离；S_i^- 为样点值与最劣解之间的欧氏距离。

I. 计算各样本目标值与理想值直接的贴合度 C_i

$$C_i = \frac{S_i}{S_i^+ + S_i^-} \tag{2.89}$$

式中，$C_i \in [0,1]$，C_i 越大表征评价对象越优。

第3章 矿区水土空间格局分析

本章重点以淮北矿区及淮南谢八关闭矿区为例，开展矿区水土空间格局分析。

淮北矿区内主要囊括四大矿区，即淮北矿区北部的濉萧矿区、南部的临涣矿区、西部的涡北矿区和东部的宿县矿区，矿井数量众多，主要有石台煤矿、岱河煤矿、朱庄煤矿、杨庄煤矿、朔里煤矿(归属濉萧矿区)；青东煤矿、海孜煤矿、临涣煤矿、童亭煤矿、杨柳煤矿、袁一煤矿、袁二煤矿、孙瞳煤矿、许瞳煤矿、任楼煤矿(归属临涣矿区)；信湖煤矿、涡北煤矿(归属涡北矿区)；桃园煤矿、邹庄煤矿、祁南煤矿、朱仙庄煤矿、芦岭煤矿(归属于宿县矿区)，共计22个煤矿(图3.1)。

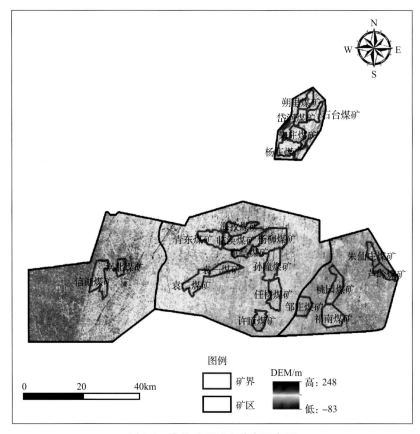

图 3.1 淮北矿区矿山分布示意图

谢八关闭矿区囊括李嘴孜矿、新庄孜矿、谢一矿和李一矿及22个小煤矿，分别为唐山三矿、金阳煤矿、谢家集新一煤矿、恒聚三矿、赵郢孜煤矿、东方煤矿、静安煤矿、八区五矿、鑫蔡煤矿、谢家集新五矿、鸿鑫煤矿、能发煤矿、谢家集新二煤矿、山王煤矿、八公山六号井、市二矿、焦宝石煤矿、八林煤矿、新杨煤矿、后台孜煤矿、瑞达煤矿、沈巷二号井(图 3.2)。随着煤炭资源的枯竭,并响应国家号召,淮南矿业集团将李嘴孜矿、谢一矿、新庄孜矿等煤矿逐渐关闭。根据《淮南矿业集团谢家集八公山地区开采影响稳沉评价报告》,2014 年底,22 个小煤矿全部关停。李一矿、谢一矿、李嘴孜矿和新庄孜矿分别于 2011 年 5 月、2016 年 12 月、2016 年 12 月、2017 年 12 月关停,考虑 3 年的稳沉时间,以上四矿分别于 2014 年、2019 年底、2019 年底和 2020 年底稳沉,截至 2020 年,谢八关闭矿区的采煤沉陷区全部稳沉,无残余变形,不会产生新的地质灾害,最大塌陷深度达到 28m 以上。

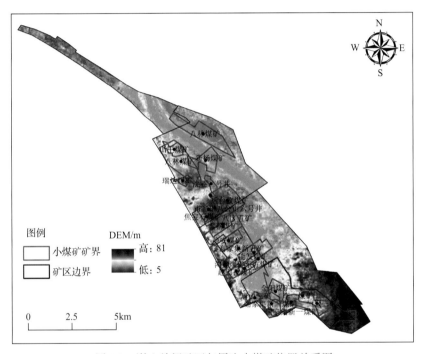

图 3.2　谢八关闭矿区与周边小煤矿位置关系图

水土空间格局分析即从土地利用数量、空间格局、景观格局指数变化的角度分析土地利用景观格局演变特征,水土空间格局变化是人类活动和自然环境相互作用的集中体现。研究其变化可以全面揭示水土空间格局的空间特征,对土地规划管理、土地科学有效利用具有重要意义。

3.1　淮北矿区水土空间格局分析

3.1.1　淮北矿区水土空间格局演替

1. 土地利用解译

2000 年、2010 年两期数据来源于 Landsat-TM/ETM 影像,2020 年为 Landsat 8 遥感影像数据。通过对三期遥感影像数据进行辐射定标、大气校正、影像镶嵌和影像裁剪等预处理后选择最大似然法进行监督分类,解译淮北矿区 2000 年、2010 年、2020 年土地利用(图 3.3), 采用 Kappa 系数进行精度评价。参照《土地利用现状分类》(GB/T 21010—2017), 结合淮北矿区实际情况, 将淮北矿区土地利用分为耕地、水域、建设用地、林地、草地。

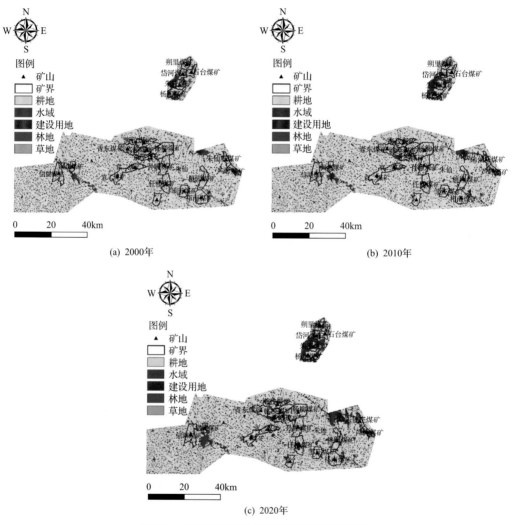

图 3.3 不同时序下淮北矿区土地利用现状图

2. 土地利用变化分析

基于解译的 2000 年、2010 年、2020 年的土地利用数据, 采用 ArcGIS10.5、Fragstats、SPSS 等软件, 从土地利用数量、数量与空间转移、景观格局方面系统揭示淮北矿区土地利用景观格局演变特征。

1) 土地利用数量变化分析

A. 土地利用面积变化

淮北矿区总面积为 4480.00km^2, 无论哪个时期, 淮北矿区土地利用始终以耕地为主,平均占比约为 82.69%，属于典型的粮煤复合区（表 3.1）；其次是水域，平均占比为 15.92%，林草地占比较小。就不同时期地类变化而言，耕地总体呈现减少趋势，其他地类呈现不同程度的增加。耕地面积由 2000 年的 3789.52km² 减少到 2020 年的 3565.47km²，面积占比减少 5.00%；水域面积在 2000～2010 年减少，在 2010～2020 年又有所增加，面积总体呈增加趋势，2000～2020 年面积增加了 16.76km²，面积占比增加 0.37%；建设用地和林地的面积在 2000～2020 年持续增加，面积分别增加了 197.93km²、5.60km²，面积占比分别增加 4.42%、0.13%；草地面积在 2000～2020 年一直增加，面积总体略微增加，2000～2020 年面积增加了 3.72km²，面积占比增加 0.08%。

表 3.1 2000～2020 年淮北矿区各土地利用面积及变化表

项目	各地类面积/km²				
	耕地	水域	建设用地	林地	草地
2000 年	3789.52	53.66	636.08	0.03	1.56
2010 年	3759.78	47.70	670.24	0.27	2.57
2020 年	3565.47	70.42	834.01	5.63	5.28
2000～2010 年各地类面积变化量占研究区总面积的比值/%	−0.66	−0.13	0.76	0.01	0.02
2000～2020 年各地类面积变化/km²	−224.05	16.76	197.93	5.60	3.72
2000～2020 年各地类面积变化量占研究区总面积的比值/%	−5.00	0.37	4.42	0.13	0.08

B. 不同矿山土地利用面积变化分析

无论何时，桃园煤矿、邹庄煤矿、海孜煤矿及朔里煤矿的土地利用类型均以耕地为主，桃园煤矿、邹庄煤矿和海孜煤矿三矿平均占比均高于 80%，朔里煤矿耕地占比较小，平均面积占比约为 68.73%。由于采矿活动以及城市化进程，四个煤矿耕地面积总体呈下降趋势，水域、建设用地总体呈上升趋势，朔里煤矿耕地面积减少幅度最大，耕地面积占比由 2000 年的 79.86% 减少到 2020 年的 57.94%，减少了 21.92 个百分点；水域面积占比在 2000～2020 年增加了 12.49 个百分点；建设用地和林地的面积在 2000～2020 年持续增加，其面积占比分别增加了 6.14 个百分点、3.29 个百分点。朔里煤矿的原煤开采量比桃园煤矿、邹庄煤矿和海孜煤矿三个煤矿开采量之和的两倍还要多，因此导致了朔里煤矿的耕地面积占比急剧下降了 21.92 个百分点，通过朔里煤矿水域面积占比的急剧增加量也不难推断出该煤矿发生了较大面积的塌陷（表 3.2）。

C. 土地利用动态度变化

土地利用动态度包括单一和综合土地利用动态度，它们反映了一定时间内某种或综合土地利用类型数量上的变化，其中单一土地利用动态度可以定量描述土地利用变化的速度，综合土地利用动态度可以定量描述土地利用变化的剧烈程度（付建新等，2020；刘斌寅等，2019）。

表 3.2　不同原煤产量淮北矿区矿山土地利用变化情况

矿山名称	原煤开采量/万 t	时间段	各地类占比及变化情况/%			
			耕地	水域	建设用地	林地
桃园煤矿	2001～3000	2000 年	85.36	0.93	13.70	
		2010 年	84.43	0.66	14.90	
		2020 年	80.47	0.65	18.87	
		2000～2020 年各地类占比变化	−4.89	−0.28	5.17	
邹庄煤矿	0～1000	2000 年	82.51		17.04	
		2010 年	87.54		12.46	
		2020 年	85.05		14.95	
		2000～2020 年各地类占比变化	2.54		−2.09	
海孜煤矿	1001～2000	2000 年	83.46	1.79	14.76	
		2010 年	80.86	3.35	15.80	
		2020 年	76.86	4.32	18.82	
		2000～2020 年各地类占比变化	−6.60	2.53	4.06	
朔里煤矿	>3000	2000 年	79.86	11.33	8.81	
		2010 年	68.41	19.21	10.73	1.66
		2020 年	57.94	23.82	14.95	3.29
		2000～2020 年各地类占比变化	−21.92	12.49	6.14	3.29

$$p = \frac{\Delta S}{s_a} = \frac{s_b - s_a}{s_a} \times \frac{1}{T} \times 100\% \tag{3.1}$$

$$R = \frac{\sum_{i=1}^{n} \left| \Delta u_{i-j} \right|}{2 \sum_{i=1}^{n} u_i} \times \frac{1}{T} \times 100\% \tag{3.2}$$

式中，ΔS 为研究时段内某一土地利用类型的变化幅度；s_b、s_a 分别为研究时段内某一土地利用类型末期和初期的面积；p 为研究时段内某一土地利用类型的动态度；T 为研究时段；u_i 为研究初期某一土地利用类型 i 的总面积；Δu_{i-j} 为从研究开始到结束土地利用类型 i 转为其他土地类型的面积总和；R 为综合土地利用动态度。

在 2000～2010 年，淮北矿区的综合土地利用动态度较小，仅为 0.08%。其中，耕地和水域呈负增长，动态度分别为−0.08%、−1.11%；林地的增长速度较快，动态度为 89.84%；建设用地、草地在此期间缓慢增长，动态度分别为 0.54%、6.49%。在 2010～2020 年，各土地利用类型变化剧烈，综合土地利用动态度达 0.43%。其中，水域和草地面积快速增加，动态度分别为 4.76%、10.52%。与之相反，耕地大幅减少，动态度为−0.52%。总体而言，2000～2020 年，淮北矿区的综合土地利用动态度为 0.50%。除耕地是负增长外，其他地类都有不同程度的长势，增加速度由快到慢依次是草地、水域及建设用地，动态度分别为 23.83%、3.12%、3.11%（表 3.3）。

表 3.3　不同时序下淮北矿区土地利用动态度

土地利用类型	2000～2010 年		2010～2020 年		2000～2020 年	
	面积变化/km²	动态度/%	面积变化/km²	动态度/%	面积变化/km²	动态度/%
耕地	−29.74	−0.08	−194.31	−0.52	−224.05	−0.59
水域	−5.96	−1.11	22.72	4.76	16.76	3.12
建设用地	34.16	0.54	163.77	2.44	197.93	3.11
林地	0.24	89.84	5.36	—	5.60	—
草地	1.01	6.49	2.71	10.52	3.72	23.83
综合土地利用动态度/%	0.08		0.43		0.50	

淮北矿区煤矿生产主要呈现新老矿山接替的特点，石台煤矿、朔里煤矿、岱河煤矿等一些煤矿开采已接近尾声，但有一批新建矿山立项建设，如杨柳煤矿、袁店煤矿、青东煤矿、五沟煤矿等。煤炭开发利用在促进社会经济发展的同时，也诱发一系列矿山地质灾害和土地损毁。受采矿活动的影响，建设用地尤其是工矿用地大幅增加，塌陷水域面积也不断增加，耕地受到侵占、损毁而开始锐减。

2）土地利用转移分析

借助 ArcGIS 10.5 软件空间叠置 2000 年、2010 年、2020 年三个时期的土地利用，统计 2000～2010 年、2010～2020 年、2000～2020 年各地类的转移矩阵（表 3.4）。

表 3.4　不同时序下淮北矿区土地利用转移矩阵（km²）

年份	地类	草地	耕地	建设用地	林地	水域	合计
2000～2010	草地	0.03	0.07	0	0.01	1.43	1.54
	耕地	1.88	3562.32	205.72	0.08	18.92	3788.92
	建设用地	0.23	176.9	456.7	0.11	1.95	635.89
	林地	0	0	0	0.01	0.01	0.02
	水域	0.43	20.07	7.71	0.06	25.38	53.65
	合计	2.57	3759.36	670.13	0.27	47.69	4480.02
2010～2020	草地	1.15	0.36	0.31	0.03	0.72	2.57
	耕地	2.45	3502.12	221.81	5.37	27.67	3759.42
	建设用地	0.08	58.35	609.65	0.08	1.99	670.15
	林地	0.02	0	0.02	0.12	0.09	0.25
	水域	1.55	4.17	2.01	0.02	39.93	47.68
	合计	5.25	3565.00	833.8	5.62	70.40	4480.07

续表

年份	地类	草地	耕地	建设用地	林地	水域	合计
	草地	0.93	0.05	0	0.05	0.52	1.55
	耕地	3.76	3388.39	351.29	5.44	40.42	3789.3
2000~2020	建设用地	0.27	159.16	471.96	0.1	4.5	635.99
	林地	0.01	0	0	0.01	0.01	0.03
	水域	0.3	17.71	10.66	0.03	24.96	53.66
	合计	5.27	3565.31	833.91	5.63	70.41	4480.53

由表 3.4 可知,无论哪个阶段,耕地均呈现净转出状态,其他地类均表现为净增加趋势。耕地主要转为建设用地和水域,面积分别为 351.29km^2 和 40.42km^2。淮北矿区属于典型的粮煤复合型区域,采矿生产与耕地保护存在不可调和的矛盾,矿山生产增加了土地的占用以及沉陷积水,以至于大量耕地变为建设用地和水域。耕地转入部分主要来源于矿山受损土地整治。

为进一步说明某一土地利用类型的具体转出情况,根据土地利用转移矩阵进一步计算土地利用类型转出率。土地利用类型转出率是指研究期间某土地利用类型转变为其他土地利用类型的面积占该地类总面积的比例。

$$T_i = \frac{\sum\limits_{j=1}^{n-1} T_{ij}}{L_{to}} \times 100\% \tag{3.3}$$

式中,T_i 为研究期间地类 i 的转出率;T_{ij} 为研究期间地类 i 转变为地类 j 的面积;L_{to} 为研究起始年份地类 i 总面积;n 为土地利用类型的总数。

淮北矿区土地利用类型的转出率从大到小依次为林地>水域>草地>建设用地>耕地,表明在 20 年间,林地和水域最不稳定,建设用地和耕地则相对稳定。由于煤矿开采、塌陷地治理、城乡一体化推进、基本农田保护及耕地占补平衡等政策的影响,淮北矿区地类转换频繁(图 3.4、图 3.5)。

3)土地利用空间转移分析

在 2000~2020 年,随着城市化发展及采矿活动频繁,建设用地也不断扩张,特别是工矿仓储用地。受煤矿开采影响,矿区地表出现沉陷并产生塌陷积水,新增的水域主要集中在杨庄煤矿、朱庄煤矿等范围较大且仍在开采的老矿内,以及五沟煤矿、界沟煤矿、青东煤矿等新矿内。减少的耕地主要分布在地势平坦、水源充足的区域。

3. 景观格局分析

景观格局变化是应用景观生态学理论,将区域看作一个景观整体,通过景观格局指数来显示土地空间格局特征在时间序列上的变化(徐嘉兴等,2013)。景观格局指数高度

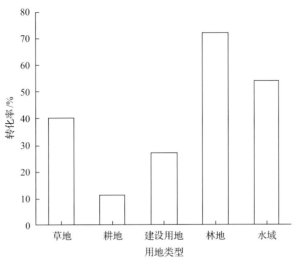

图 3.4　2000~2020 年淮北矿区各土地利用类型转化率

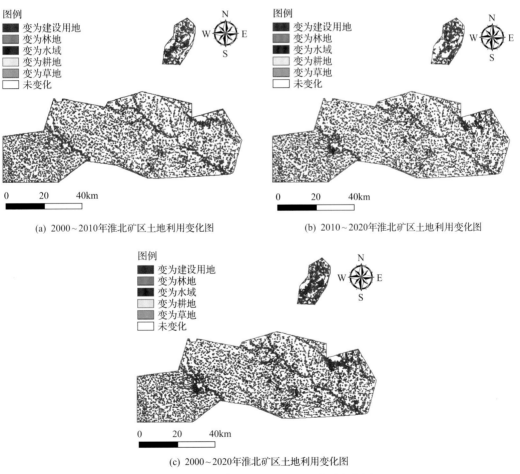

图 3.5　不同时序下淮北矿区土地利用变化图

浓缩了格局信息，可以定量反演景观的空间配置及结构组成等信息，有助于更好地理解景观格局的时空变化特征。根据前人的研究经验及本书的研究目的，从斑块类型水平和景观水平两方面选取斑块个数(NP)、斑块类型占景观面积比(PLAND)、斑块密度(PD)、景观形状指数(LSI)、周长面积分维数(PAFRAC)、聚合度指数(AI)、蔓延度指数(CONTAG)、香农多样性指数(SHDI)、香农均匀性指数(SHEI)、分割度指数(DIVISION)、内聚力指数(COHESION)来分析景观格局的演变特征(表3.5、表3.6)(龚建周和夏北成，2007)。

表 3.5　斑块类型水平指数计算公式及说明

指数名称	缩写	计算公式	说明
斑块个数	NP	$NP = N_i$	NP≥1，描述景观的异质性，其值与破碎化程度成正比
斑块类型占景观面积比	PLAND	$PLAND = P_i = \dfrac{\sum\limits_{j=1}^{n} a_{ij}}{A}$	0＜PLAND≤100，能够反映斑块的数量和景观的优势类型
斑块密度	PD	$PD = \dfrac{N_i}{A_i}$	PD≥0，描述景观的破碎程度，其值越大，破碎化程度越高
景观形状指数	LSI	$LSI = \dfrac{e_i}{\min e_i}$	LSI≥1，表征某种景观类别斑块形状的指数，其值与斑块形状的复杂程度成正比
周长面积分维数	PAFRAC	$PAFRAC = \dfrac{2\ln\left(\dfrac{p}{4}\right)}{\ln(A)}$	0＜PAFRAC≤100，其值越大，斑块形状越复杂，受人为干扰程度越小

表 3.6　景观水平指数计算公式及说明

指数名称	缩写	计算公式	说明
聚合度指数	AI	$AI = \dfrac{g_{ii}}{\max g_{ii}} \times 100$	0≤AI≤100，描述景观的空间聚集度，其值越大，聚集度越大
香农多样性指数	SHDI	$SHDI = -\sum\limits_{i=1}^{m}\left[p_i \ln p_i\right]$	SHDI≥0，反映景观异质性，其值越大，土地利用越丰富，破碎化程度越高
香农均匀性指数	SHEI	$SHEI = -\dfrac{\sum\limits_{i=1}^{m}\left[p_i \ln p_i\right]}{\ln m}$	0≤SHEI≤1，能够反映景观组成的均匀度和优势度，值越大，斑块分布越均匀
蔓延度指数	CONTAG	$CONTAG = \left[1 + \dfrac{\sum\limits_{i=1}^{m}\sum\limits_{k=1}^{m}\left[(p_i)\dfrac{g_{ik}}{\sum\limits_{k=1}^{m} g_{ik}}\right]\left[\ln(p_i)\dfrac{g_{ik}}{\sum\limits_{k=1}^{m} g_{ik}}\right]}{2\ln(m)}\right] \times 100$	0＜CONTAG≤100，描述斑块类型的团聚程度，其值越大，表示景观具有较好的连通性，值越小越分散

续表

指数名称	缩写	计算公式	说明
分割度指数	DIVISION	$$\text{DIVISION} = \frac{D_{ij}}{A_{ij}}$$	$0 < \text{DIVISION} \leq 100$，描述景观斑块的分离程度，值越大越破碎
内聚力指数	COHESION	$$\text{COHESION} = \left[1 - \frac{\sum_{j=1}^{m} p_{ij}}{\sum_{j=1}^{m} p_{ij}\sqrt{a_{ij}}} \right]\left[1 - \frac{1}{\sqrt{A}} \right]^{-1} \times 100$$	$-1 \leq \text{COHESION} \leq 1$，度量各景观类型的物理连接度

在景观生态学中，尺度通常包括空间粒度(尺度)和时间粒度(幅度)，而景观格局指数具有粒度、幅度两个尺度的依赖性，在幅度一定的情况下，空间粒度对景观格局指数产生影响，这种关系演变即为景观尺度效应(丁雪姣等，2019)。因此，选择合适的粒度是计算景观格局指数的关键。为了减少计算量，保证计算质量，通常选择第一次突变区域(即第一尺度域)中较大的一个尺度作为最佳景观粒度(郭莎莎等，2018)。

1) 斑块类型水平变化

选择 NP、PLAND、PD、LSI，揭示斑块类型水平上的景观格局变化情况。

从图 3.6 可以看出，2000～2020 年耕地的 NP 和 PD 不断增大，PLAND 不断减小，但远大于其他地类，LSI 呈现先减小后增大的趋势，表明耕地面积在这 20 年里在不断减少，其优势度有所降低，耕地不断向破碎化程度发展，形状逐渐变得不规则，连通性变差。主要是由于建设用地的不断扩张及煤矿开采导致的土地损毁(压占、塌陷及占用等)。建设用地的 NP、PD、PLAND、LSI 均下降，表明建设用地破碎化和斑块优势度降低，斑块形状变得更加简单规则，斑块之间的连通性较好。受人为活动影响，建设用地逐渐由盲目扩张变为规律性扩张，斑块形状变得更加规则，受人为干扰程度减小。水域的 NP、PD、PLAND 增大，LSI 指数减少。水域优势度增加并不断向斑块破碎化、低连通性发展，斑块形状变得更加规则，受人为采矿活动干扰程度较大，塌陷水域面积开始增加且主要

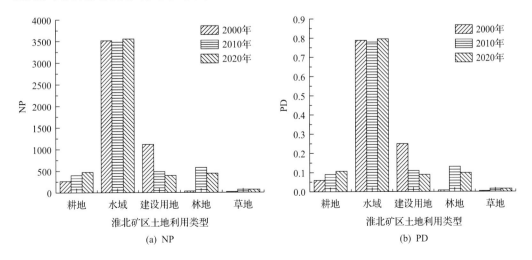

(a) NP   (b) PD

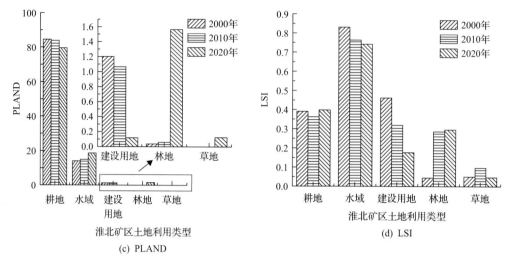

图 3.6　淮北矿区斑块类型指数对照图

分布在新开采的煤矿或开采年限较长的老矿山内。林地的 NP、PD 总体降低，PLAND、LSI 增加，表明林地的优势度有所增加，斑块破碎化程度减弱，斑块形状变得更加复杂。受生态保护政策的影响，林地大范围成片增加，斑块比较聚集、连通性好。草地的 NP、PD、PLAND 整体呈增大趋势，LSI 指数略微减小，表明在 2000～2020 年草地分布比较分散、破碎化程度较高，斑块分布较为分散，连通性低。

2）景观水平变化分析

从景观多样性（SHDI、SHEI）、景观蔓延度聚合度（CONTAG、AI）、景观内聚力分割度（COHESION、DIVISION）六个指标来分析淮北矿区景观水平。在景观斑块类型水平变化中，不同矿区不同指数均有较大的变化。随着开采量的增加，斑块密度随着斑块类型变化，不同类型用地景观形状指数均有不同变化。由于开采的问题，斑块数量增多，密度变大，形状总体朝不规则发展。

由图 3.7 可知，淮北矿区的 SHDI 和 SHEI 变化趋势相同，即在 2000～2020 年不断增加，且 2010～2020 年的增加速度大于 2000～2010 年的增加速度，淮北矿区各景观类型逐渐朝着对等化趋势发展，优势景观被削弱，景观类型变得更加丰富，景观格局逐渐趋于多样化、均衡化。淮北矿区的 COHESIOH 整体呈下降趋势，2010～2020 年下降较快，景观斑块面积减小，斑块之间呈离散趋势，景观的连通性降低。2000～2020 年DIVISION 整体呈相反的变化趋势，进一步表明景观斑块的分离程度增大并逐渐向破碎化程度发展。这和采煤塌陷地的蔓延、城市化进程推进过程中土地利用结构变化加速的趋势相一致。

2000～2020 年淮北矿区的 CONTAG 呈下降趋势，AI 呈先增后减的趋势，表明研究区景观类型的连接程度降低，而景观斑块的细化程度增大，部分景观斑块呈破碎化趋势。CONTAG 和 AI 在 2010～2020 年下降速度较快，表明此时研究区景观类型空间分布较为分散，景观格局整体上呈破碎化发展。

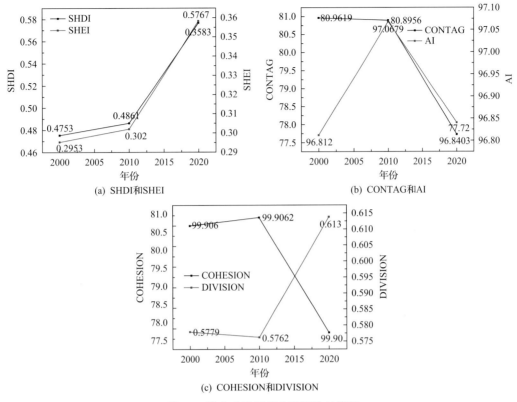

图 3.7　淮北矿区景观水平指数对照图

3.1.2　淮北矿区不同情景下矿区水土空间格局模拟

开展水土空间格局模拟可以揭示矿区土地利用空间格局未来演变特征，对矿区国土空间优化布局具有重要意义。以 2010 年淮北市土地利用现状数据为基年数据，2020 年的土地利用数据为目标年数据，从自然环境、空间约束、社会经济、矿产开采角度选取驱动因子，采用 Logistic 二元回归模型探究影响土地利用变化的驱动机制，并通过 ROC 曲线验证 Logistic 二元回归模型的拟合优度，选取最佳模拟尺度，借助 FLUS 模型进行模拟并验证模型的有效性，在精度满足要求的前提下对淮北矿区 2030 年、2040 年土地利用空间格局进行模拟，最终得出淮北矿区水土资源贴近度。

1. 驱动因子的选取

结合研究区实际情况，从自然环境、空间约束、社会经济、矿产开采等方面选取高程、坡度、年平均气温、年平均降水量、距公路距离、距铁路距离、距水系距离、距居民点距离、人口密度、单位面积 GDP[①]、距矿点距离、水土资源贴近度等共计 12 个因素作为驱动因子。驱动因子含义见表 3.7，具体因素空间分布如图 3.8 所示。

---

① GDP 为国内生产总值。

表 3.7 土地利用空间格局演变驱动因子选取(淮北矿区)

驱动因素	驱动因子编号	驱动因子	因子描述
自然环境因素	a1	高程	矿区地形因素(m)
	a2	坡度	矿区地形因素(°)
	a3	年平均气温	多年矿区平均气温(℃)
	a4	年平均降水量	多年矿区平均降水量(mm)
空间约束因素	a5	距公路距离	每个像元中心距最近公路的距离(m)
	a6	距铁路距离	每个像元中心距最近铁路的距离(m)
	a7	距水系距离	每个像元中心距最近水系的距离(m)
	a8	距居民点距离	每个像元中心距最近居民点的距离(m)
社会经济因素	a9	人口密度	栅格格式,以克拉索夫斯基椭球为基准,投影方式为 Albers 投影,
	a10	单位面积 GDP	单位分别为人/km², 万元/km²
矿产开采因素	a11	距矿点距离	每个像元中心距最近矿点的距离(m)
	a12	水土资源贴近度	各煤矿区与协调利用的理想值的贴近度等级

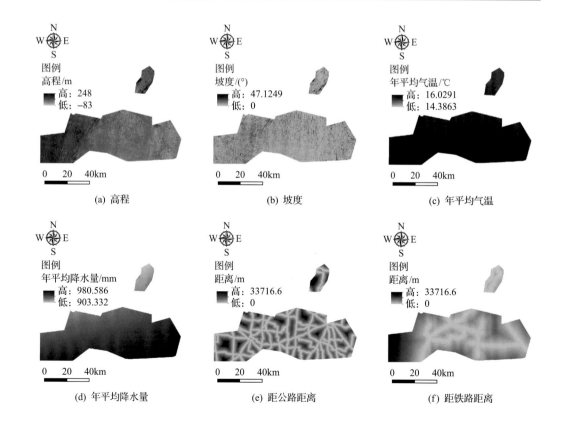

(a) 高程   (b) 坡度   (c) 年平均气温

(d) 年平均降水量   (e) 距公路距离   (f) 距铁路距离

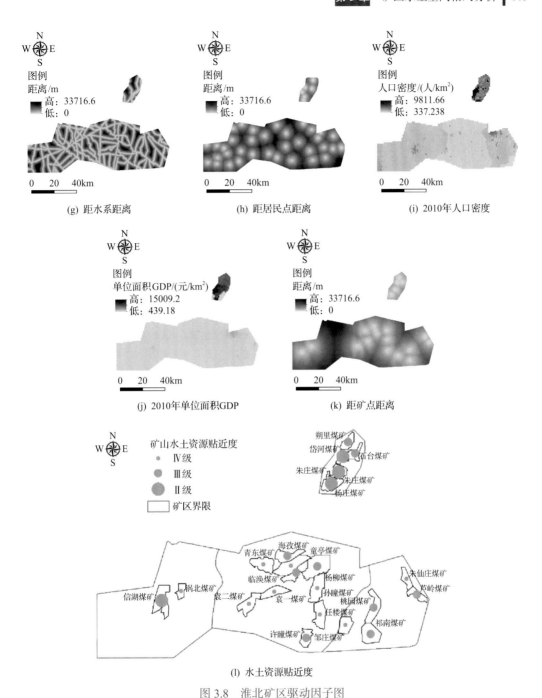

图 3.8　淮北矿区驱动因子图

2. FLUS 模型相关参数配置

FLUS 模型是用于模拟人类活动与自然影响下土地利用变化及未来土地利用情景的模型，耦合了自上而下的总量预测模型与自下而上的元胞自动机模型，从而得到较高模拟精度的未来土地利用趋势情况(图 3.9)。

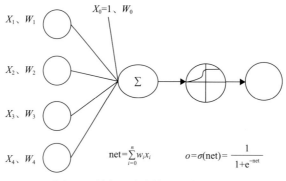

图 3.9 单个及多个神经网络示意图

1）基于神经网络的土地适宜性图集制作

通过输入土地利用数据，归一化处理驱动因子数据，采用随机采样的方式提取栅格数据的 10%像元作为训练样本对模型进行训练，最终得到淮北矿区 2010 年各土地利用类型适宜性概率栅格图集（图 3.10）。RMSE 为 0.1542，说明土地利用数据训练精度较高，模型可信度高。

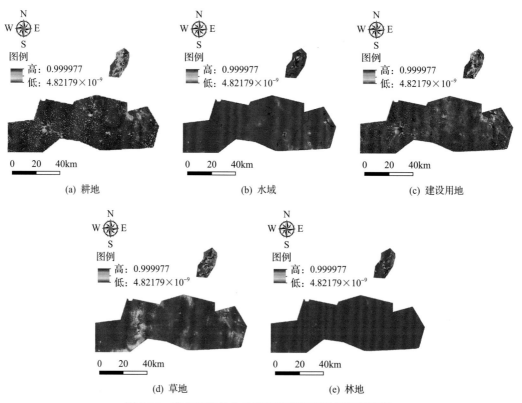

图 3.10 淮北矿区各土地利用类型适宜性概率栅格图

概率越大表示土地利用类型适宜性越强，概率越小则表示适宜性越弱。由图 3.10 可知，耕地在地势平坦、水源充足的区域具有较强的适宜性；水域在地势平坦、靠近矿井的地方有较强适宜性；建设用地适宜性较强的区域主要分布在地势平坦、坡度较小的区域；林草地适宜性较强的区域主要分布在水源充足的地方。

2) 土地利用限制区域设置

土地利用限制区域是根据研究区的政策因素设置的禁止土地利用类型发生转换的区域，用栅格二值图表示，禁止土地利用类型发生转换的区域设置为 0，允许土地利用类型发生转换的区域设置为 1。

3) 土地利用成本矩阵及邻域因子设置

土地利用成本矩阵用来表示各土地利用类型间相互转换的难易程度，范围为 0~1。其中，0 代表转换成本较高，不允许发生转换；1 表示转换成本低，易发生转换。由于建设用地向其他用地转换的成本较高，且考虑采矿活动以及城市化进展，建设用地设置为不向其他地类转换，成本矩阵见表 3.8。

表 3.8　土地利用成本矩阵(淮北矿区)

土地利用类型	耕地	水域	建设用地	林地	草地
耕地	1	1	1	1	1
水域	1	1	1	1	1
建设用地	0	0	1	0	0
林地	1	1	1	1	1
草地	1	1	1	1	1

邻域因子的参数范围为 0~1，越接近 1 表示土地利用类型的扩张能力越强，越不易转为其他地类，越接近 0 表示越易向其他地类转换，扩张能力越弱。根据 2010~2020 年土地利用的转移情况，经过反复调参进行模拟试验，最终确定了研究区各土地利用类型的邻域因子参数(表 3.9)。

表 3.9　各土地利用类型的邻域因子参数(淮北矿区)

土地利用类型	耕地	水域	建设用地	林地	草地
邻域因子参数	0.9	0.9	1	0.5	0.01

元胞自动机采用 3×3 莫尔邻域，迭代次数设置为 300，加速因子设置为 0.6，线程数设为 8。

4) 土地利用需求文件设置

选取 2010 年土地利用现状数据作为 FLUS 模型模拟起始年份(基年)数据，选取 2020 年土地利用现状数据作为 FLUS 模型目标年份数据，通过 Markov 链生成 2010~2020 年的土地利用转移概率矩阵(表 3.10)，进一步确定自然演变状态下 2020 年的土地利用数量结构(表 3.11)。2020 年实际土地利用像元个数与预测个数相差不大，水域和草地的实际与预测完全相同，故 Markov 链基本能够用于土地利用需求数量的预测。

表 3.10 2010～2020 年淮北矿区土地利用转移概率矩阵

土地利用类型	耕地	水域	建设用地	林地	草地
耕地	0.9311	0.0074	0.0594	0.0014	0.0006
水域	0.0968	0.8250	0.0445	0.0003	0.0333
建设用地	0.0906	0.0030	0.9061	0.0001	0.0001
林地	0.0000	0.3449	0.0348	0.5665	0.0538
草地	0.1800	0.2764	0.1198	0.0051	0.4188

表 3.11 Markov 链预测 2020 年土地利用像元个数

年份	耕地	水域	建设用地	林地	草地
2010 实际	4174115	53288	747859	316	2956
2020 实际	3960462	78108	928253	6258	5828
2020 预测	3961519	78108	928302	4777	5828

3. FLUS 模型模拟及精度验证

将以上相关参数及 2010 年土地利用数据导入 FLUS 模型的 Self Adaptive Inertia and Competition Mechanism CA 模块中,模拟淮北矿区 2020 年的土地利用空间格局变化情况,并将模拟结果图与 2020 年实际土地利用现状图进行叠加分析,提取栅格一致的区域赋值为 0,不一致的区域赋值为 1,结果如图 3.11 所示。

Kappa 系数是在综合了用户精度和制图精度两个参数上提出的一个最终指标,是检验模型模拟效果最好的方法,主要应用于精确性评价和图像的一致性判断,同时通过计算标准 Kappa 值检验分类结果的正确度和模拟效果。

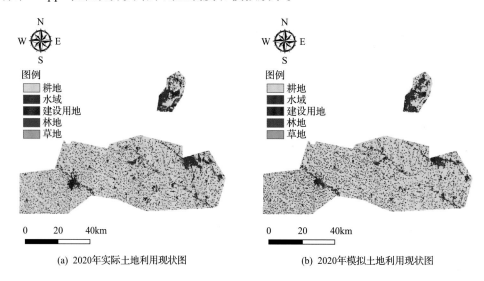

(a) 2020年实际土地利用现状图   (b) 2020年模拟土地利用现状图

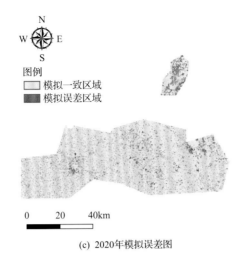

(c) 2020年模拟误差图

图 3.11 淮北矿区 2020 年土地利用对照及误差图

当两个诊断完全一致时，Kappa 为 1，Kappa 值越大，说明一致性越好。Kappa 的范围应在−1～1，当 Kappa≥0.75 时，两个土地利用图的一致性较高，变化较小；当 0.4<Kappa≤0.75 时，两者一致性一般，差异变化较为明显；当 Kappa≤0.4 时，两者一致性差，变化较大。

本节通过栅格计算器计算 2020 年土地利用现状图与模拟图的栅格差值，最终得到模拟正确的栅格数为 4514152，实际总栅格数为 4978909，经计算 Kappa 系数为 0.8834，大于 0.75，故模型满足精度要求，可用于未来土地利用模拟。

4. 不同情景下的土地利用空间格局模拟

根据土地利用变化特征，结合生态保护红线、永久基本农田和城镇开发边界三条红线，设置自然发展情景、耕地保护情景和生态保护情景等三种情景，基于已构建的 FLUS 模型开展不同情景下的土地利用空间格局模拟。

1) 自然发展情景

自然发展情景即按照当前发展趋势，不做任何限制或假设，以 2010～2020 年的土地利用转移概率矩阵为基础，确定自然演变状态下 2020～2040 年的土地利用需求数量，2030 年、2040 年研究区各土地利用类型需求数量见表 3.12。以 2020 年土地利用数据为初始年份数据，结合 FLUS 模型需要的参数模拟淮北矿区 2030 年、2040 年自然发展情景下的土地利用空间格局变化情况[图 3.12(a)、(b)]。

表 3.12 淮北矿区自然发展情景下 2020～2040 年土地利用需求数量

年份	耕地	水域	建设用地	林地	草地
2020 年实际	4174115	53288	747859	316	2956
2030 年预测	3960462	78108	928253	6258	5828
2040 年预测	3961519	78108	928302	4777	5828

2) 耕地保护情景

在耕地保护情景下，限制永久基本农田保护红线内的土地类型转换，基本农田不得转换为其他土地利用类型。土地利用成本矩阵见表 3.13。将模型参数及数据文件输入 FLUS 模型中，模拟得到 2030 年、2040 年淮北矿区在耕地保护情景下的土地利用空间格局分布图[图 3.12(c)、(d)]。

表 3.13　耕地保护情景下土地利用成本矩阵(淮北矿区)

土地利用类型	耕地	水域	建设用地	林地	草地
耕地	1	0	0	0	0
水域	1	1	1	1	1
建设用地	0	0	1	0	0
林地	1	1	1	1	1
草地	1	1	1	1	1

3) 生态保护情景

在生态保护情景下，限制生态红线区内的土地类型转换，耕地、林地和水域不得转换为其他土地利用类型。土地利用成本矩阵见表 3.14。将模型参数及数据文件输入 FLUS 模型中，模拟得到 2030 年、2040 年淮北矿区在生态保护情景下的土地利用空间格局分布图[图 3.12(e)、(f)]。

表 3.14　生态保护情景下土地利用成本矩阵(淮北矿区)

土地利用类型	耕地	水域	建设用地	林地	草地
耕地	1	0	0	0	0
水域	0	1	0	0	0
建设用地	0	0	1	0	0
林地	0	0	0	1	0
草地	1	1	1	1	1

由图 3.12、图 3.13 和表 3.15 可以看出，自然发展情景下，耕地持续减少，建设用地持续增加，水域面积有所增加；新增水域主要集中分布在濉萧矿区、临涣矿区和宿县矿区，新增建设用地分布在矿区东北部。受煤矿开采以及城市化进程的影响，淮北矿区耕地保护压力较大，耕地受到压占或损毁，塌陷水域面积增加，应该确保一定受损耕地再造再提升。耕地保护情景下，以耕地保护为前提，通过限制矿区整治修复方向，使得耕地面积增加，研究区域中塌陷水域面积较自然发展情景明显减少，建设用地的比例也有所降低。与其他两种情景相比，生态保护情景下的建设用地面积较小，主要因为建设用地扩张速度减慢，主要转为了耕地、林草水等生态用地。此情景有利于区域生态环境建设和保护。

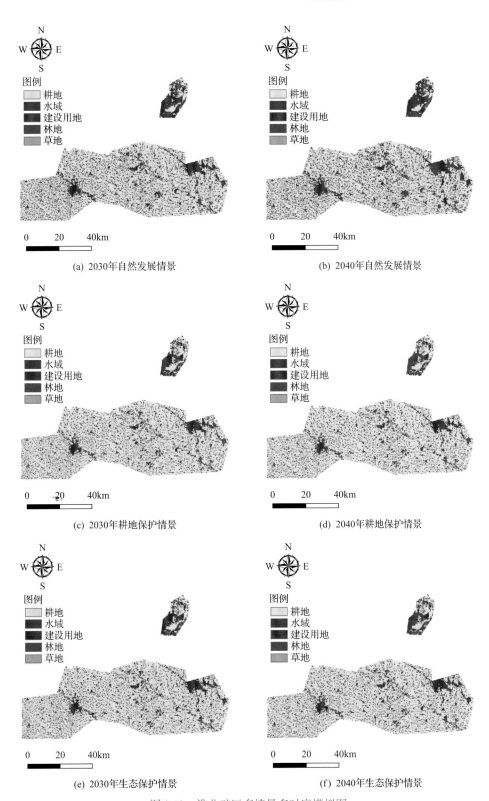

图 3.12　淮北矿区多情景多时序模拟图

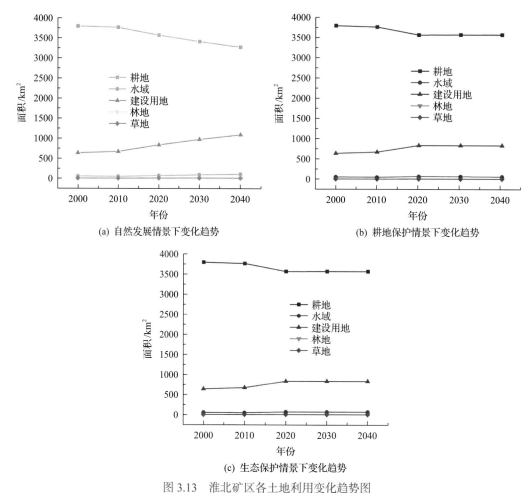

(a) 自然发展情景下变化趋势

(b) 耕地保护情景下变化趋势

(c) 生态保护情景下变化趋势

图 3.13 淮北矿区各土地利用变化趋势图

表 3.15 淮北矿区不同情景下 2030 年、2040 年各土地利用类型面积统计表（km²）

情景	年份	耕地	水域	建设用地	林地	草地
自然发展	2030	3403.99	90.23	971.16	8.37	7.10
	2040	3267.43	107.58	1087.43	9.77	8.64
耕地保护	2030	3570.67	66.98	832.99	5.41	4.82
	2040	3573.30	64.31	833.67	5.05	4.54
生态保护	2030	3567.87	70.16	832.41	5.63	4.81
	2040	3568.04	70.23	832.46	5.63	4.52

3.2 谢八关闭矿区水土空间格局分析

3.2.1 谢八关闭矿区水土空间格局演替

1. 土地利用解译

通过地理空间数据云平台，获取 1985～2020 年 5 期 Landsat（30m）数据。参照 3.1 节的研究方法，解译谢八关闭矿区 1985 年、2000 年、2014 年、2017 年、2020 年的土地利用类型图，采用 Kappa 系数进行精度评价，并验证分类结果的有效性。土地利用分类基于《土地利用现状分类》(GBT 21010—2017)，结合谢八关闭矿区的特点，将谢八关闭矿区土地利用整合分为耕地、林地、水域、建设用地四大类(图 3.14)。

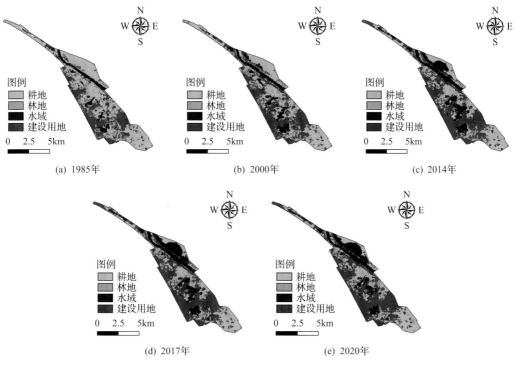

图 3.14　不同时序下谢八关闭矿区土地利用现状图

2. 土地利用分析

1)土地利用数量变化分析

A. 土地利用面积变化

无论在哪个时期，谢八关闭矿区都以耕地为主，林地面积占比始终位于 0.3%以下。就不同时期地类变化而言，耕地总体呈现减少趋势，水域和建设用地呈现不同程度的增加。耕地面积由 1985 年的 31.55km² 减少到 2020 年的 19.31km²，面积占比减少 23.33%；林地面积在 1985~2014 年呈现出先大幅减少再轻微增加的趋势，2014~2020 年又开始缓慢减少，面积总体呈现减少趋势，1985~2020 年面积减少了 0.11km²，面积占比减少了 0.20%；水域和建设用地的面积在 1985~2020 年总体呈现大幅增加的趋势，面积分别增加了 5.85km²、6.50km²，面积占比分别增加了 11.15%、12.38%(表 3.16)。

B. 土地利用动态变化

选择谢八关闭矿区所属矿山的投产关停以及塌陷稳沉时间节点，计算谢八关闭矿区的单一土地利用动态度和综合土地利用动态度，分析土地利用变化的速度和剧烈程度(表 3.17)。

表 3.16   1985～2020 年谢八关闭矿区土地利用变化表

年份	指标	耕地	林地	水域	建设用地
1985	面积/km²	31.55	0.14	4.99	15.78
2000		25.87	0.03	7.39	19.17
2014		20.39	0.04	10.22	21.81
2017		19.05	0.03	11.48	21.89
2020		19.31	0.03	10.84	22.28
1985～2000	面积变化/km²	−5.69	−0.11	2.40	3.39
	百分比变化/%	−10.84	−0.20	4.57	6.47
2000～2014	面积变化/km²	−5.47	0.01	2.82	2.64
	百分比变化/%	−10.44	0.02	5.38	5.03
2014～2017	面积变化/km²	−1.34	−0.01	1.26	0.08
	百分比变化/%	−2.55	−0.01	2.41	0.15
2017～2020	面积变化/km²	0.26	0.00	−0.64	0.38
	百分比变化/%	0.50	−0.01	−1.21	0.73
1985～2020	面积变化/km²	−12.24	−0.11	5.85	6.50
	百分比变化/%	−23.33	−0.20	11.15	12.38

表 3.17   不同时序下谢八关闭矿区土地利用动态度

年份	指标	耕地	林地	水域	建设用地	综合土地利用动态度/%
1985～2000	面积变化/km²	−5.69	−0.11	2.40	3.39	0.11
	动态度/%	−18.02	−78.67	48.04	21.51	
2000～2014	面积变化/km²	−5.47	0.01	2.82	2.64	0.1
	动态度/%	−21.16	37.50	38.19	13.77	
2014～2017	面积变化/km²	−1.34	−0.01	1.26	0.08	0.03
	动态度/%	−6.56	−13.64	12.36	0.37	
2017～2020	面积变化/km²	0.26	0.00	−0.64	0.38	0.01
	动态度/%	1.37	−13.16	−5.55	1.74	
1985～2020	面积变化/km²	−12.24	−0.11	5.85	6.50	0.24
	动态度/%	−38.79	−78.00	117.10	41.17	

随着时间的推移，在生产、沉陷、关停、稳沉和修复的共同作用下，谢八关闭矿区综合土地利用动态度逐渐变小，由 1985～2000 年的 0.11%，下降为 2017～2020 年的 0.01%。总体上，耕地和林地呈负增长，前期增加幅度较大，逐渐趋于缓慢，最后在土地

复垦与生态修复推动下，呈现一定程度的增加。水域、建设用地的变化规律与耕地和林地呈现相反趋势，增幅很大。

在 1985～2020 年的 36 年间，谢八关闭矿区的综合土地利用动态度为 0.24%。耕地和林地呈负增长，动态度分别为-38.79%、-78.00%；水域和建设用地呈正增长，动态度分别为 117.10%、41.17%。历史上谢八关闭矿区垂直上多水平开采，水平上大小矿重复开采导致采煤塌陷叠加，部分塌陷区已衔接成片、积水成湖。大规模的采煤沉陷带来了一系列的生态环境和社会问题，严重破坏了土地资源，谢八关闭矿区在 1985～2017 年塌陷水域面积也不断增加，耕地受到侵占、损毁而开始锐减，水域和建设用地的面积呈逐年增长趋势。2020 年底谢八关闭矿区地表移动已稳定，通过淮南市采煤塌陷区土地综合治理规划的实施，研究区土地利用类型的面积趋于稳定。

2）土地利用转移分析

综合谢八关闭矿区所属矿山的投产关停以及塌陷稳沉时间节点，借助 ArcGIS 10.5 软件，统计得到 1985～2000 年、2000～2014 年、2014～2017 年、2017～2020 年、1985～2020 年的土地利用转入、转出面积和转移矩阵（图 3.15 和表 3.18）。

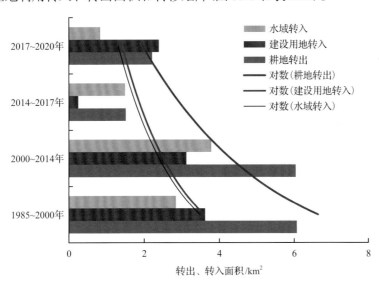

图 3.15　谢八关闭矿区主要地类转入、转出情况

表 3.18　不同时序下谢八关闭矿区土地利用转移矩阵（km²）

年份	地类	耕地	林地	水域	建设用地	总计
1985～2000	耕地	25.48	0.00	2.61	3.46	31.55
	林地	0.07	0.03	0.02	0.03	0.15
	水域	0.30	0.00	4.55	0.15	5.00
	建设用地	0.02	0.00	0.22	15.54	15.78
	总计	25.87	0.03	7.40	19.18	52.46

续表

年份	地类	耕地	林地	水域	建设用地	总计
2000~2014	耕地	19.83	0.02	3.35	2.66	25.86
	林地	0.00	0.02	0.00	0.00	0.02
	水域	0.51	0.00	6.44	0.45	7.40
	建设用地	0.05	0.00	0.43	18.69	19.17
	总计	20.39	0.04	10.22	21.81	52.46
2014~2017	耕地	18.88	0.00	1.31	0.20	20.39
	林地	0.01	0.03	0.00	0.00	0.04
	水域	0.17	0.00	10.00	0.06	10.23
	建设用地	0.00	0.00	0.17	21.64	21.81
	总计	19.06	0.03	11.48	21.90	52.46
2017~2020	耕地	16.84	0.00	0.50	1.72	19.06
	林地	0.01	0.02	0.00	0.00	0.03
	水域	0.79	0.01	10.01	0.67	11.48
	建设用地	1.67	0.00	0.34	19.89	21.90
	总计	19.31	0.03	10.85	22.28	52.45
1985~2020	耕地	17.74	0.01	6.29	7.51	31.55
	林地	0.06	0.01	0.01	0.05	0.13
	水域	0.44	0.00	3.95	0.60	4.99
	建设用地	1.08	0.00	0.60	14.10	15.78
	总计	19.32	0.02	10.85	22.26	52.45

1985~2020 年，谢八关闭矿区土地利用发生转移的面积达 16.65km^2。其中，耕地、建设用地、水域转出的面积分别为 13.81km^2、1.68km^2、1.04km^2，占转出总量的 82.94%、10.09%、6.25%；耕地、建设用地、水域转入面积分别为 1.57km^2、8.17km^2、6.89km^2，占转入总量的 9.49%、49.10%、41.36%；新增的水域、建设用地主要来自耕地，转入面积分别为 6.29km^2、7.51km^2。耕地以净转出为主，水域、建设用地以净转入为主。36 年间，耕地转出与水域、建设用地转入规律相同，粮煤复合型区域采矿活动是耕地减少、水域和建设用地增加的主要原因。

3）土地利用空间转移分析

谢八关闭矿区在 36 年间，新增的建设用地主要来源于耕地。采煤沉陷导致了研究区内地质灾害和水土流失发生频繁，耕地转移趋势反映了矿区经济发展造成了耕地大面积的侵占和损毁，建设用地转移趋势的原因是矿区采煤沉陷导致农村居民点搬迁，主要分布在新庄孜矿、谢一矿。新增的水域主要集中在新庄孜矿、谢一矿和李一矿，受煤矿开采影响，矿区地表出现沉陷并产生塌陷积水(图 3.16)。

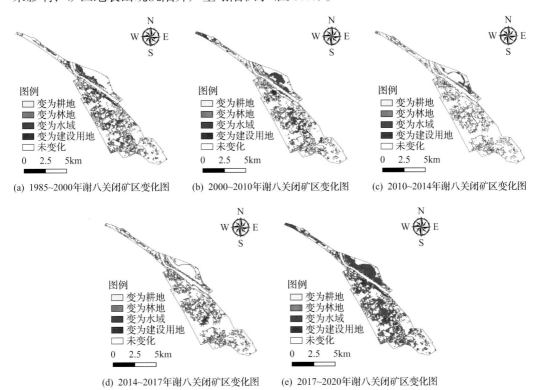

(a) 1985~2000年谢八关闭矿区变化图 (b) 2000~2010年谢八关闭矿区变化图 (c) 2010~2014年谢八关闭矿区变化图

(d) 2014~2017年谢八关闭矿区变化图 (e) 2017~2020年谢八关闭矿区变化图

图 3.16 不同时序下谢八关闭矿区土地利用变化图

3. 景观格局分析

1) 景观指数选择

参照 3.1 节的研究方法，根据前人的研究经验及项目的研究目的，从斑块类型水平和景观水平两方面选取斑块个数(NP)、斑块类型占景观面积比(PLAND)、斑块密度(PD)、景观形状指数(LSI)、周长面积分维数(PAFRAC)、聚合度指数(AI)、蔓延度指数(CONTAG)、香农多样性指数(SHDI)、香农均匀性指数(SHEI)、分割度指数(DIVISION)、内聚力指数(COHESION)来分析谢八关闭矿区景观格局的演变特征。

2) 最佳景观粒度分析

景观格局指数作为景观格局特征的量化指标具有尺度效应。尺度变化对景观指数具有显著的影响，而大部分景观指数统计软件以栅格数据为数据源，则造成了所谓"可塑性面积单元"问题，即景观格局指数的计算结果随栅格单元(粒度)的变化而有所差异。在景观格局分析中，既要根据研究区的景观结构选取合适的景观粒度，又要在分析中避免不必要的工作量。因此，在利用景观格局指数进行分析时选取适宜的景观粒度对分析结果的可信度起到关键作用。最佳景观粒度的选取方法主要包括定性分析和定量分析两大类。定性分析主要根据景观格局指数粒度效应图中的关键拐点选取分析粒度。定量分析法主要包括信息损失评价法、分维分析法、空间统计法。最佳景观粒度应具备如下条件：①数据重采样后有效信息丢失最少；②利用景观粒度可以有效地表达区域景观格局的特征。

参考已有研究成果，一般大区域比小区域设置的粒度步长更大，市域范围下粒度步长一般设置为10m，矿区范围下的粒度步长设置为5m，结合研究区的实际情况试验不同粒度范围下的景观格局指数变化情况，发现只有将矿区的粒度范围设置为10~50m时，景观格局指数变化明显。故将谢八关闭矿区粒度范围设置为10~50m，以5m为一个间隔，借助Fragstats软件计算不同粒度下的景观格局指数，以粒度为横坐标，景观格局指数为纵坐标，最终得到景观格局指数的粒度效应曲线（图3.17）。由图3.17可以看出，NP、

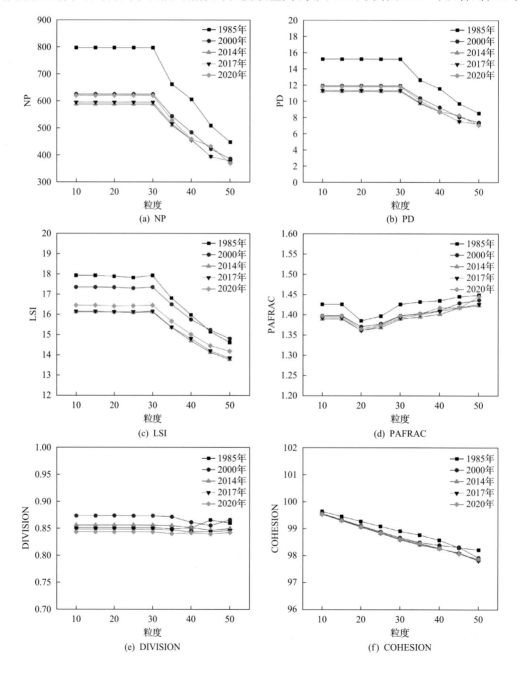

(a) NP

(b) PD

(c) LSI

(d) PAFRAC

(e) DIVISION

(f) COHESION

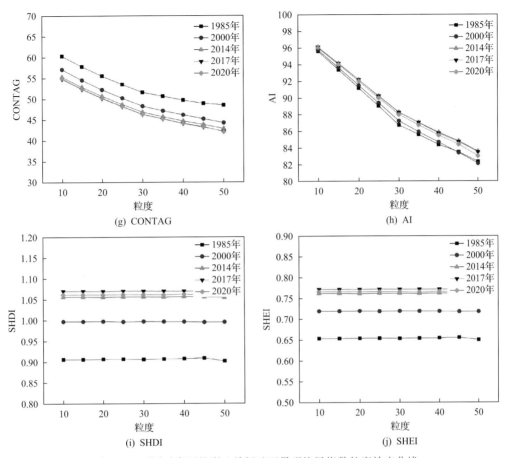

图 3.17 不同时序下的谢八关闭矿区景观格局指数粒度效应曲线

PD、LSI、PAFRAC、DIVISION 和 COHESION 均有明显拐点,第一尺度域多发生在 25～30m;CONTAG 和 AI 规律明显,但是无明显拐点;SHDI 和 SHEI 基本保持不变,无拐点。谢八关闭矿区景观格局分析最佳景观粒度为 30m。

3)斑块类型水平变化

从斑块类型水平上选取 NP、PD、PLAND、LSI、PAFRAC 共 5 个景观指数来分析谢八关闭矿区斑块类型水平上的景观格局变化情况(图 3.18,表 3.19)。

(1)1985～2014 年耕地的 NP 和 PD 不断增加,由于谢八关闭矿区属于高潜水位地区,随着煤炭资源的开采,造成耕地破碎,有效耕地占比降低,塌陷水域面积增加;1985～2014 年耕地的 NP 和 PD 增加速度明显大于 2014～2020 年的增加速度,2014 年谢八关闭矿区逐步关停矿区,导致其斑块数量的变化趋势减小;PLAND 在 1985～2017 年不断减少,在 2017～2020 年大幅增加,且远大于其他地类。究其原因发现,在 2017 年矿井全部关停后,实施的一系列复垦措施,耕地面积增加;LSI 总体呈增加趋势,PAFRAC 整体呈现减少趋势,耕地面积在 1985～2017 年不断减少,其优势度有所降低,耕地不断向破碎化程度发展,形状逐渐变得不规则,连通性变差。在 2017 年全部煤矿关停后,采取了针对废弃土地的一系列复垦措施,使耕地的面积增加,其优势度有所提升,耕地背离破碎化程度发展，形状逐渐变得规则，连通性变好。

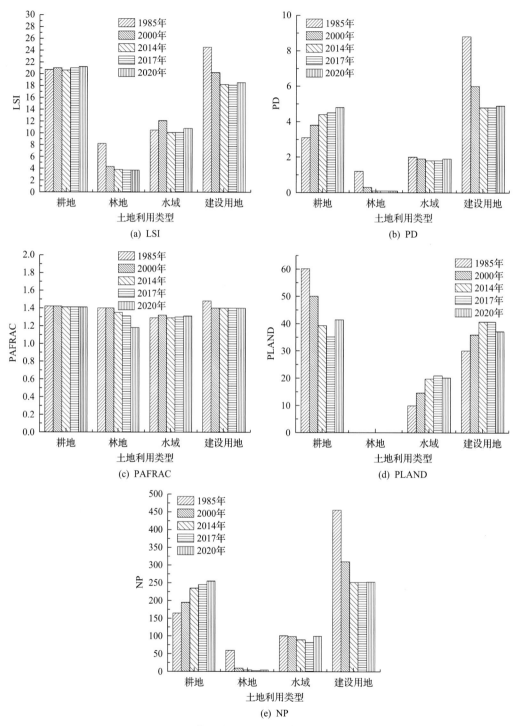

图 3.18　谢八关闭矿区斑块类型指数对照图

(2)1985～2014 年建设用地的 NP、PD、LSI 大幅下降，建设用地的优势度增加，斑块变化较小，由于受到煤矿开采等人为扰动的影响，矿区耕地遭到破坏，建设用地发生转移。2014～2020 年建设用地的 NP、PD、LSI 缓慢增加。由于 2014 年开始关停矿井后废弃工业广场的拆除和废弃工矿用地的复垦，PLAND 在 1985～2014 年不断增加，在 2014～2020 年呈减少趋势。PAFRAC 总体保持不变，1985～2020 年建设用地破碎化程度降低，斑块优势度增加且斑块形状变得简单，斑块之间的连通性较好。由于社会经济和人口数量的快速膨胀，建设用地不断扩张并开始侵占其他地类，从而使建设用地优势度、斑块聚集度增加，斑块之间连接紧密。建设用地逐渐由盲目扩张变为规律性扩张，斑块形状变得更加规则，受人为干扰程度减小。

(3) 水域的 NP、PD、LSI 在 1985～2017 年呈减少趋势，在 2017～2020 年呈增加趋势；PLAND 则与 NP、PD 的变化趋势相反，分析其原因得知在 1985～2017 年由于受采矿活动影响，塌陷水域面积开始增加，水域优势度增加，斑块破碎化程度降低，斑块形状变规则且连通性较好，受人为干扰程度大。在 2017 年开采矿井全部关停后，随着塌陷区治理工作的进行，一些塌陷水域就地改造为人工湿地景观，使得水域图斑呈连片规则分布，连通性好，究其原因是受到煤矿开采等人为扰动影响较小，所有指数大致保持不变。

表 3.19 谢八关闭矿区斑块类型水平变化

土地利用类型	年份	NP	PD	LSI	PAFRAC	PLAND
耕地	1985	170	3.2403	21.0907	1.4411	60.1444
	2000	194	3.6978	21.4559	1.4373	49.3044
	2014	233	4.4412	21.1258	1.43	38.8692
	2017	246	4.689	21.5685	1.4219	36.3183
	2020	259	4.9367	18.5619	1.4013	42.4596
建设用地	1985	457	8.7108	24.1811	1.477	30.0774
	2000	318	6.0613	20.5822	1.4086	36.5464
	2014	254	4.8414	18.3365	1.3978	41.5779
	2017	254	4.8414	18.2724	1.3972	41.7323
	2020	251	4.7843	21.7918	1.4245	36.814
水域	1985	104	1.9823	10.7248	1.2923	9.5209
	2000	97	1.8489	12.1978	1.3328	14.0943
	2014	90	1.7155	10.472	1.2941	19.4775
	2017	87	1.6583	10.5442	1.313	21.8843
	2020	100	1.9061	11.0727	1.3233	20.6697
林地	1985	66	1.258	8.48	1.3956	0.2573
	2000	16	0.305	4.0833	1.4007	0.0549
	2014	11	0.2097	3.2857	1.3474	0.0755
	2017	8	0.1525	3.0769	1.3113	0.0652
	2020	10	0.1906	3.0833	1.1299	0.0566

(4) 在 1985～2020 年，林地的 NP、PD、LSI、PAFRAC 整体呈下降趋势；PLAND

应呈现增加趋势，但由于林地的面积太小，无法看出 PLAND 指数的变化趋势。表明林地的优势度有所增加，斑块破碎化程度减弱，斑块形状变得更加规则且斑块之间的连通性较好，林地受人为干扰程度变大，主要原因是西部治理项目等政策的实施，林地范围小幅度增加，斑块聚集性和连通性变好。

4. 景观水平分析

从景观水平分析谢八关闭矿区景观格局变化情况，指标包括景观多样性(SHDI、SHEI)、景观蔓延度聚合度(CONTAG、AI)、景观内聚力分割度(COHESION、DIVISION)(图 3.19，表 3.20)。

谢八关闭矿区的 SHDI 和 SHEI 变化趋势几乎相同。在 1985～2017 年，两指标均呈现不断增加趋势；在 2017～2020 年，均转为减少，2014～2017 年的增加速度小于 1985～2014 年，造成这一现象的原因是谢八关闭矿区在 2014 年逐步开始关停，直到 2017 年全部关停，导致谢八关闭矿区各景观类型日渐丰富，并逐渐朝着均匀化方向发展。

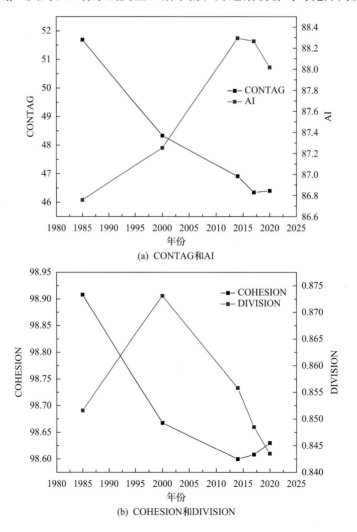

(a) CONTAG和AI

(b) COHESION和DIVISION

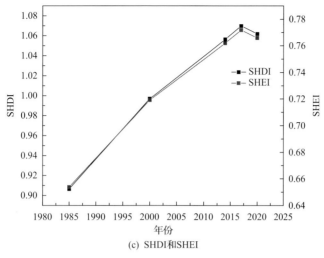

图 3.19 谢八关闭矿区景观水平对照图

1985～2020 年谢八关闭矿的 COHESION 整体呈先下降后上升趋势,其中 1985～2014 年下降明显,表明景观斑块面积增大,斑块之间离散的变化趋势有所减小,景观之间连通性降低的趋势有所变缓。2014～2020 年 COHESION 缓慢增加,表明景观斑块面积减小,斑块之间离散的变化趋势有所增加,景观之间连通性降低的趋势有所增加。1985～2000 年 DIVISION 持续增加,2000～2020 年 DIVISION 持续减少,进一步表明景观斑块的分离程度增大并逐渐向破碎化程度发展。这和采煤塌陷地的蔓延、城市化进程推进过程中土地利用结构加速变化的趋势相一致。1985～2020 年谢八关闭矿区的 CONIAG 呈下降趋势,2014～2020 年的下降速度小于 1985～2014 年的下降速度。究其原因,2014 年谢八关闭矿的逐步关停导致了景观类型空间分布较为分散,景观格局整体上呈破碎化发展。AI 在 1985～2014 年大幅上升,在 2014～2020 年逐渐下降,上升的趋势远大于下降的趋势,AI 在 2014～2020 年间下降变缓,正好与该期间矿区 COHESION 下降趋势减缓相呼应,表明矿区内的景观类型连接度降低,而景观斑块的细化程度增大,部分景观斑块呈破碎化趋势。

表 3.20 谢八关闭矿区景观指数水平变化

年份	CONTAG	COHESION	DIVISION	SHDI	SHEI	AI
1985	51.6875	98.9081	0.8516	0.9064	0.6538	86.7591
2000	48.3340	98.6675	0.8731	0.9968	0.7191	87.2539
2014	46.9076	98.5997	0.8558	1.0563	0.7619	88.2943
2017	46.3440	98.6082	0.8485	1.0698	0.7717	88.2659
2020	46.3991	98.6300	0.8435	1.0617	0.7658	88.0189

3.2.2 谢八关闭矿区不同情景下矿区水土空间格局模拟

开展水土空间格局模拟,揭示土地利用空间格局未来演变特征,为区域国土空间规划管理、生态环境建设、塌陷区治理等提供数据基础。以 2015 年谢八关闭矿区土地利用现状数据为初始年份数据,2020 年的土地利用数据为目标年份数据,从自然环境、空间约束、社会经济、矿产开采角度选取驱动因子,采用 Logistic 二元回归模型探究影响土地利用变化的驱动机制,并通过 ROC 曲线验证 Logistic 二元回归模型的拟合优度,以 30m 为最佳模拟尺度,借助 FLUS 模型进行模拟并验证模型有效性,在精度满足要求的前提下对谢八关闭矿区 2025 年、2030 年土地利用空间格局进行模拟分析。

1. 驱动因子的选取

结合研究区实际情况,选择高程、坡度、坡向、地形起伏度、年平均气温、年平均降水量、速效氮、速效磷、速效钾、有机质、距公路距离、距铁路距离、距水系距离、距城镇距离、距居民点距离、人口密度、单位面积 GDP、距矿点距离共计 18 个因素作为驱动因子。驱动因子含义和处理结果分别如表 3.21 和图 3.20 所示。

表 3.21 土地利用空间格局演变驱动因子选取(谢八关闭矿区)

驱动因素	驱动因子编号	驱动因子	因子描述
自然环境因素	a1	高程	矿区地形因素(m)
	a2	坡度	矿区地形因素(°)
	a3	坡向	矿区地形因素(°)
	a4	地形起伏度	矿区地形因素(°)
	a5	年平均气温	多年矿区平均气温(℃)
	a6	年平均降水量	多年矿区平均降水量(mm)
	a7	速效氮	矿区土壤理化性质(mg/kg)
	a8	速效磷	矿区土壤理化性质(mg/kg)
	a9	速效钾	矿区土壤理化性质(mg/kg)
	a10	有机质	矿区土壤理化性质(mg/kg)
空间约束因素	a11	距公路距离	每个像元中心距最近公路的距离(m)
	a12	距铁路距离	每个像元中心距最近铁路的距离(m)
	a13	距水系距离	每个像元中心距最近水系的距离(m)
	a14	距城镇距离	每个像元中心距最近城镇的距离(m)
	a15	距居民点距离	每个像元中心距最近居民点的距离(m)
社会经济因素	a16	人口密度	栅格格式,以克拉索夫斯基椭球为基准,投影方式为 Albers 投影,单位分别为人/km²、万元/km²
	a17	单位面积 GDP	
矿产开采因素	a18	距矿点距离	每个像元中心距最近矿点的距离(m)

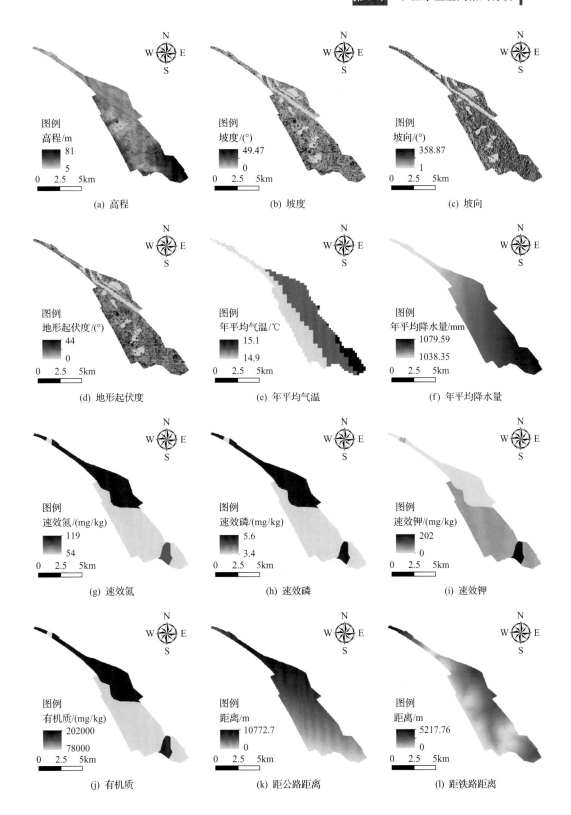

(a) 高程　　　　　　　(b) 坡度　　　　　　　(c) 坡向

(d) 地形起伏度　　　　(e) 年平均气温　　　　(f) 年平均降水量

(g) 速效氮　　　　　　(h) 速效磷　　　　　　(i) 速效钾

(j) 有机质　　　　　　(k) 距公路距离　　　　(l) 距铁路距离

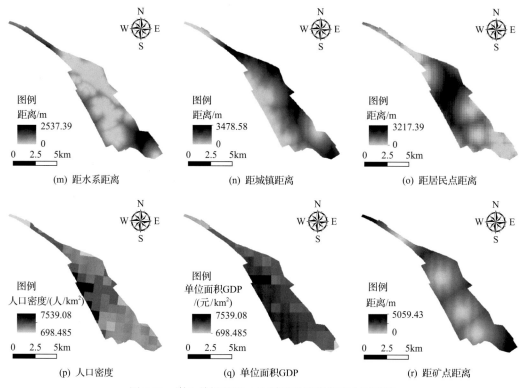

图 3.20 谢八关闭矿区土地利用格局演变驱动因子图

2. FLUS 模型相关参数配置

用随机采样的方式提取栅格数据的 10%像元作为训练样本对模型进行训练,最终得到谢八关闭矿区 2015 年各土地利用类型适宜性概率栅格图集(图 3.21)。RMSE 为 0.1475,说明土地利用数据训练精度较高,模型可信度高。

如图 3.21 所示,颜色越深代表适宜性越弱,颜色越浅代表适宜性越强。概率越大表示土地利用类型适宜性越强,概率越小则表示适宜性越弱。其中,耕地在地势平坦、水源充足的区域具有较强的适宜性;水域在地势平坦、靠近矿井周围的地方有较强适宜性;建设用地适宜性较强的区域主要分布在地势平坦、坡度较小的区域;林草地适宜性较强的区域主要分布在水源充足的地方。

(1)用地需求规模预测采用 Markov 模型对研究区未来各用地类型的需求规模进行预测。Markov 模型在土地利用变化研究中假设第 $t+1$ 时相土地利用格局只受 t 时相的影响,从而进行模拟预测。具体过程如下:

$$\boldsymbol{S}_{t+1} = \boldsymbol{P}_{ij} \times \boldsymbol{S}_t \tag{3.4}$$

式中,$\boldsymbol{S}_t$ 和 $\boldsymbol{S}_{t+1}$ 分别为 t 时相和 $t+1$ 时相土地的状态,t 为年;$\boldsymbol{P}_{ij}$ 为状态转移概率矩阵,表示 i 用地类型转移为 j 用地类型的概率。

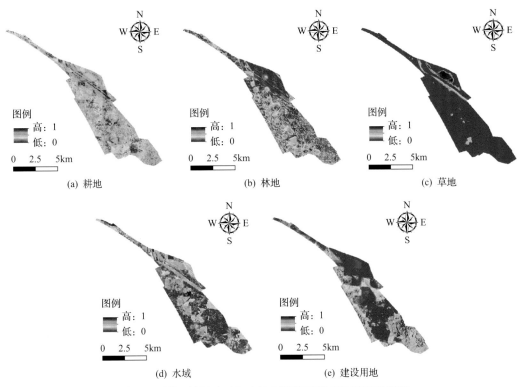

图 3.21 谢八关闭矿区各土地利用类型适宜性概率栅格图

　　禁止土地利用类型发生转换的区域设置为 0，允许土地利用类型发生转换的区域设置为 1。

　　(2)土地利用成本矩阵及邻域因子设置。土地利用成本矩阵是 $n \times n$ 矩阵，n 为研究区土地利用类型的个数，由于本书将土地利用类型分为 5 类，故研究区成本矩阵为 5×5 矩阵。成本矩阵中，行表示期年土地利用类型，列表示未来土地利用类型(表 3.22)。若地类 A 可以转换为地类 B，则为 1，否则为 0。

表 3.22 土地利用成本矩阵(谢八关闭矿区)

土地利用类型	耕地	水域	建设用地	林地	草地
耕地	1	1	1	1	1
水域	1	1	1	1	1
建设用地	0	0	1	0	0
林地	1	1	1	1	1
草地	1	1	1	1	1

　　邻域因子作为元胞自动机的重要参数之一，已在邻域作用可控性、扩展邻域效应等诸多角度开展了研究，但邻域因子的权重系数目前仍缺乏客观且简单的确定方法，相比基于主观判断的方法，本书从历史情景入手，通过对历史客观变化的分析来设定 FLUS

模型 Weight of Neighborhood(邻域权重),增强模拟的客观性和科学性。邻域因子的参数范围为0~1,越接近1表示土地利用类型的扩张能力越强,越不易转为其他地类,越接近0表示越易向其他地类转换,扩张能力越弱。根据《淮南矿业集团谢家集八公山地区开采影响稳沉评价报告》,谢八关闭矿区已于2020年底稳沉,开采影响区的地表移动变形将逐渐趋于稳定,故不会出现新的采煤沉陷区,因此水域的扩张能力变小,目前研究区已开展了生态修复工作,耕地、林地和草地的扩张能力会增大。根据2015~2020年土地利用的转移情况,经过反复调参进行模拟试验,最终确定研究区各土地利用类型的邻域因子参数(表3.23)。

表3.23　各土地利用类型的邻域因子参数(谢八关闭矿区)

土地利用类型	耕地	水域	建设用地	林地	草地
邻域因子参数	0.4	0.7	0.9	0.6	0.01

元胞自动机迭代次数,设置为200,模型到达迭代目标会提前停止;在元胞自动机中邻域值是奇数,按照软件默认邻域大小为3,即表示元胞自动机采用3×3莫尔邻域;加速因子设置为0.4,因为模拟的图像范围比较小,线程数设为3。

(3)土地利用需求文件设置。选取2015年土地利用现状数据作为FLUS模型模拟起始年份(基年)数据,选取2020年土地利用现状数据作为FLUS模型目标年份数据,通过Markov链生成2015~2020年的土地利用转移概率矩阵(表3.24),进一步确定自然演变状态下2020年的土地利用数量结构(表3.25)。2020年实际土地利用像元个数与预测个数相差不大,水域和草地的实际与预测完全相同,故Markov链基本能够用于土地利用需求数量的预测。

表3.24　2015~2020年谢八关闭矿区土地利用转移概率矩阵

土地利用类型	耕地	水域	建设用地	林地	草地
耕地	0.8754	0.0003	0.0163	0.0632	0.0448
水域	0.2984	0	0.4265	0.1523	0.1228
建设用地	0.5000	0.1304	0.0217	0.3478	0
林地	0.0647	0.0006	0.0140	0.9156	0.0051
草地	0.1362	0	0.0138	0.0065	0.8435

表3.25　Markov链预测2020年土地利用像元个数(谢八关闭矿区)

年份	耕地	水域	建设用地	林地	草地
2015实际	34388	11176	11567	46	1116
2020实际	32758	12669	11491	23	1352
2020预测	32758	12669	11491	23	1352

3. FLUS 模型模拟及精度验证

将以上相关参数及 2015 年土地利用数据导入 FLUS 模型的 Self Adaptive Inertia and Competition Mechanism CA 模块中，模拟谢八关闭矿区 2020 年的土地利用空间格局变化情况，并将模拟图与 2020 年实际土地利用现状图进行叠加分析，提取栅格一致的区域赋值为 0，不一致的区域赋值为 1，最终结果如图 3.22 所示。

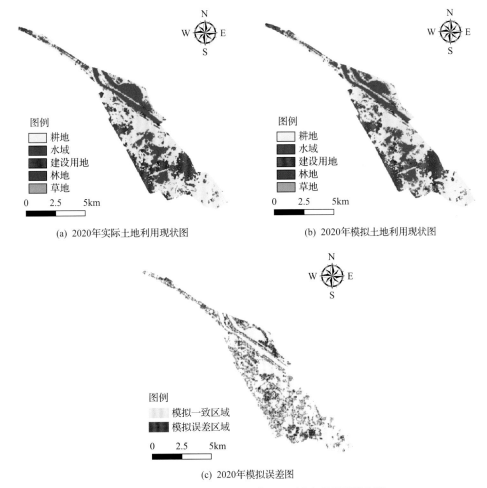

(a) 2020年实际土地利用现状图　　　　(b) 2020年模拟土地利用现状图

(c) 2020年模拟误差图

图 3.22　谢八关闭矿区 2020 年土地利用对照及误差图

参照前文，通过栅格计算器计算 2020 年土地利用现状图与模拟图的栅格差值，最终得到模拟正确的栅格数为 4514152，实际总栅格数为 4978909，经计算 Kappa 系数为 0.8834，大于 0.75，故模型满足精度要求，可用于未来土地利用模拟。

4. 不同情景下的土地利用空间格局模拟

根据土地利用变化特征，结合三条红线，设置自然发展情景、耕地保护情景和生态保护情景，基于已构建的 FLUS 模型开展不同情景下的土地利用空间格局模拟。

1）自然发展情景

自然发展情景即按照当前发展趋势，不做任何限制或假设，以 2010～2020 年的土地利用转移概率矩阵为基础确定自然发展情景下 2025 年、2030 年研究区各土地利用类型需求数量（表 3.26）。以 2020 年土地利用数据为初始年份数据，结合 FLUS 模型需要的参数模拟谢八关闭矿区在自然发展情景下 2025 年、2030 年的土地利用空间格局分布图［图 3.23（a）、（b）］。

表 3.26　谢八关闭矿区 2020～2030 年土地利用类型需求数量

年份	耕地	水域	建设用地	林地	草地
2020 实际	32758	12669	11491	23	1352
2025 预测	31476	13960	11390	20	1445
2030 预测	30451	15074	11266	21	1481

2）耕地保护情景

在耕地保护情景下，限制永久基本农田保护红线内土地类型转换，基本农田不得转换为其他土地利用类型。土地利用成本矩阵见表 3.27。将模型参数及数据文件输入 FLUS 模型中，模拟得到谢八关闭矿区在耕地保护情景下 2025 年、2030 年的土地利用空间格局分布图［图 3.23（c）、（d）］。

表 3.27　耕地保护情景土地利用成本矩阵（谢八关闭矿区）

土地利用类型	耕地	水域	建设用地	林地	草地
耕地	1	0	0	0	0
水域	1	1	1	1	1
建设用地	0	0	1	0	0
林地	1	1	1	1	1
草地	1	1	1	1	1

3）生态保护情景

生态保护情景下，限制生态红线区内土地类型转换，耕地、林地和水域不得转换为其他土地利用类型。土地利用成本矩阵见表 3.28。将模型参数及数据文件输入 FLUS 模型中，模拟得到谢八关闭矿区在生态保护情景下 2025 年、2030 年的土地利用空间格局分布图［图 3.23（e）、（f）］。

表 3.28　生态保护情景下土地利用成本矩阵（谢八关闭矿区）

土地利用类型	耕地	水域	建设用地	林地	草地
耕地	1	0	0	0	0
水域	0	1	0	0	0
建设用地	0	0	1	0	0
林地	0	0	0	1	0
草地	1	1	1	1	1

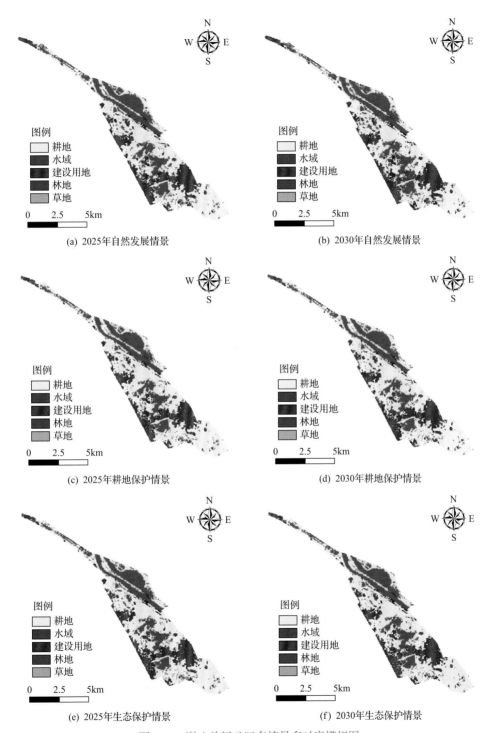

图 3.23 谢八关闭矿区多情景多时序模拟图

从图 3.23 和表 3.29 中可以看出，自然发展情景下，耕地持续减少，建设用地持续增加，水域面积有所增加，新增水域主要集中分布在新庄孜矿、李一矿和谢一矿内，新增建设用地分布在矿区南部。主要受煤矿开采影响，使耕地受到压占或损毁，塌陷水域面积增加。

表 3.29 谢八关闭矿区不同情景下 2025 年和 2030 年各土地利用类型栅格数量统计表

情景	年份	耕地	水域	建设用地	林地	草地
自然发展	2025	31278	13450	12035	21	1136
	2030	30253	13957	12312	21	1377
耕地保护	2025	32802	12481	11340	23	1274
	2030	33102	12210	11322	23	1263
生态保护	2025	32871	12341	11305	19	1384
	2030	32702	12474	11288	17	1439

耕地保护情景下，以耕地保护为前提，通过限制矿区整治修复方向，使得耕地面积增加，研究区域中塌陷水域面积较自然发展情景下明显减少，建设用地的比例也有所降低。与其他两种情景相比，生态保护情景下的建设用地面积较小，主要是因为建设用地扩张速度减慢，主要转为了耕地、林水等生态用地，此情景有利于区域生态环境建设和保护(图 3.24)。

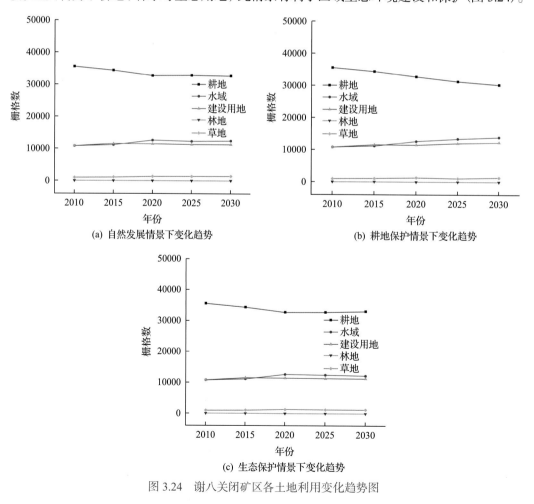

图 3.24 谢八关闭矿区各土地利用变化趋势图

　　谢八关闭矿区各情景下的土地利用类型面积都出现不同方向的增加和减少，但土地利用的变化发展是一个较稳定的长时间过程，所以各类土地利用的布局并没有很剧烈的变化，空间尺度上较为稳定，符合真实情况，并且出现变化的土地利用类型面积也根据自身的发展模式、特点，向着更适宜发展利用的地区增加，在不适宜利用的地区减少，使得该地区的土地利用布局在时间尺度上也较为科学合理。

第4章 矿区国土空间生态修复阻力识别与安全格局构建

从分析生产矿井(淮北矿区)与关闭矿井(淮南谢八关闭矿区)存在的生态环境问题入手,开展矿区国土空间生态修复阻力识别研究,识别生态环境问题,通过构建生态网络结构识别优先修复区,提出环境保护与综合治理工程措施和建议。

4.1 淮北矿区生态修复阻力识别与安全分区

4.1.1 淮北矿区国土空间生态修复阻力识别

综合识别生态环境问题就是一个医学上看病的过程,只有把病看准了,查明了原因,才能对症下药、动刀,确保疗效。

1. 阻力因子选取

结合淮北矿区自身特点,遵循可操作性和数据可获取性,分别从自然因素和社会经济活动两个方面选择因子,自然因素包括距河流距离、植被覆盖度和土地利用类型;社会经济活动考虑距道路距离、距矿点距离和由于长期矿业开采造成的塌陷损毁程度。塌陷损毁程度代表立地条件,将在一定程度上影响淮北矿区土地资源的分布及开发利用;距矿点和道路越近,越不利于生态源地的扩展;土地利用类型影响生态源地内外部物质与能量流通;植被覆盖度越高对物种多样性的恢复促进作用越强;土地利用类型、塌陷损毁程度反映矿区生产活动对生态环境的影响,是影响生态源地变化的主导因子。

距河流距离、土地利用类型、距道路距离、距矿点距离、塌陷损毁程度利用本书已取得的数据,植被覆盖度基于 Landsat-TM/ETM+(30m)数据解译,为消除部分辐射误差,利用多光谱遥感影像提取 NDVI。

$$\mathrm{NDVI} = \frac{\mathrm{NIR} - R}{\mathrm{NIR} + R} \tag{4.1}$$

式中,NIR 为红外光谱反射率;R 为红光反射率。

利用 NDVI,采用像元二分模型估算植被覆盖度(fractional vegetation cover, FVC)。

$$\mathrm{FVC} = \frac{\mathrm{NDVI} - \mathrm{NDVI}_{\mathrm{soil}}}{\mathrm{NDVI}_{\mathrm{veg}} - \mathrm{NDVI}_{\mathrm{soil}}} \tag{4.2}$$

$$\mathrm{NDVI}_{\mathrm{soil}} = \frac{\mathrm{FVC}_{\mathrm{max}} \cdot \mathrm{NDVI}_{\mathrm{min}} - \mathrm{FVC}_{\mathrm{min}} \cdot \mathrm{NDVI}_{\mathrm{max}}}{\mathrm{FVC}_{\mathrm{max}} - \mathrm{FVC}_{\mathrm{min}}} \tag{4.3}$$

$$\mathrm{NDVI}_{\mathrm{veg}} = \frac{(1 - \mathrm{FVC}_{\mathrm{min}}) \cdot \mathrm{NDVI}_{\mathrm{max}} - (1 - \mathrm{FVC}_{\mathrm{max}}) \cdot \mathrm{NDVI}_{\mathrm{min}}}{\mathrm{FVC}_{\mathrm{max}} - \mathrm{FVC}_{\mathrm{min}}} \tag{4.4}$$

式中，NDVI$_{soil}$、NDVI$_{veg}$ 分别为裸地或无植被覆盖和完全植被覆盖的 NDVI；NDVI$_{min}$、NDVI$_{max}$ 为 NDVI 的最小值和最大值；FVC$_{max}$、FVC$_{min}$ 分别为在一定置信范围内的最大值与最小值。

2. 阻力权重系数与阻力分级

将阻力因子划分为 1、2、3、4、5 等级，其中等级越高，阻力越大(陈竹安等，2017)。根据淮北矿区的实际情况以及各阻力指标对生态修复的影响程度，结合层次分析法得出各阻力层权重系数，结合专家打分，填写判断矩阵，构建主观评价矩阵，采用方根法计算得到各阻力因子的权重，并对权重结果进行一致性检验，分析主观评价矩阵是否符合逻辑要求。利用公式 CR=CI/RI 来判断一致性是否合理，其中 CR 是一致性比率，CI 是不一致程度指标，RI 是一致性指标，为固定的值，本次构建的为 6 阶矩阵，参照 RI 值表，其 RI 为 1.25；经过计算 CR 值为 0.075<0.1，所以一致性检验通过，各阻力因子阻力值及权重见表 4.1。

表 4.1　生态源阻力因子评价指标体系

阻力因子	1	2	3	4	5	权重
植被覆盖度	>0.8	0.7~0.8	0.6~0.7	0.4~0.6	<0.4	0.1418
土地利用类型	林地	水域	草地	耕地	建设用地	0.2673
距道路距离/m	>4400	2900~4400	1700~2900	800~1700	0~800	0.1235
距河流距离/m	<500	500~1100	1100~1800	1800~2700	>2700	0.0982
距矿点距离/m	>20000	15000~20000	10000~15000	5000~10000	0~5000	0.1019
塌陷损毁程度/m	0~0.01 (无影响)	0.01~0.5 (轻度塌陷)	0.5~2 (中度塌陷)	>2 (重度塌陷)	—	0.2673

①距矿点距离因子。距矿点越近的地方生态环境稳定性会越差，不利于物种和能量之间的交流，将其权重赋 0.1019。②距河流距离因子。淮北矿区河网密布，水体的生态功能较高，将距河流距离的权重赋为 0.0982。③植被覆盖度因子。植被覆盖度是反映区域生态环境质量的重要因子，将植被覆盖度因子权重赋为 0.1418。④土地利用类型因子。土地利用类型越接近研究区域中的保护源类型，它对物种之间的交流和扩散的阻力就越小。由于每一个研究区域自身的特殊性，土地利用类型都不尽相同，土地利用类型因子是所有因子中最重要的，将其权重赋为 0.2673。⑤距道路距离因子。交通越便利的地方，物种交流越困难，该地区对于生态保护会起到一定的制约作用，将其权重赋为 0.1235。⑥塌陷损毁程度因子。由于长期采矿造成生态环境稳定性变差，物种的迁徙与扩散阻力变低，是矿区生态环境的重要影响因素，将其权重赋为 0.2673。

3. 阻力面构建

根据不同阻力因子及阻力权重系数，采用 30m×30m 的栅格大小，经运算后获取土地利用类型、塌陷损毁程度和植被覆盖度等 6 个因子的阻力面数据，利用栅格计算器得到研究区综合阻力面(图 4.1、图 4.2)。

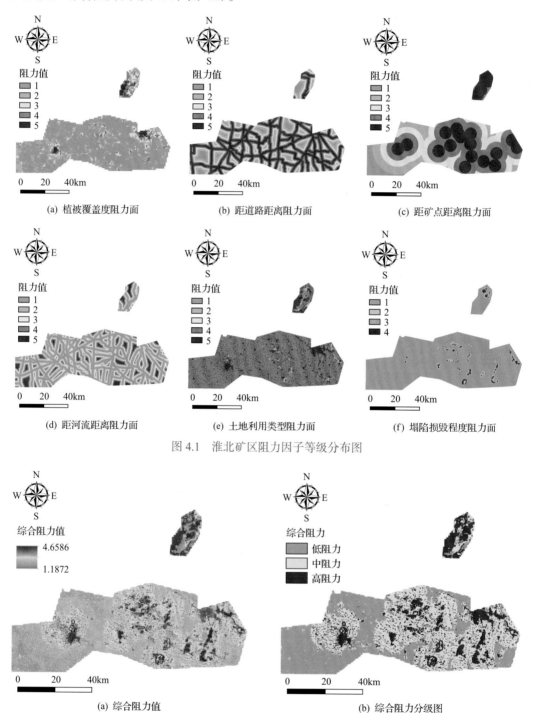

(a) 植被覆盖度阻力面 (b) 距道路距离阻力面 (c) 距矿点距离阻力面

(d) 距河流距离阻力面 (e) 土地利用类型阻力面 (f) 塌陷损毁程度阻力面

图 4.1 淮北矿区阻力因子等级分布图

(a) 综合阻力值 (b) 综合阻力分级图

图 4.2 淮北矿区 2020 年生态修复综合阻力值及分级图

由图 4.1 和图 4.2 得出,植被覆盖度越低的区域阻力等级越高,阻力高的区域呈现分散分布，面积较小；塌陷越严重的区域阻力等级越高，生态修复阻力越大，主要集中在各矿区范围内；矿山开采对淮北矿区生态环境带来的影响较大，距矿点越近的区域阻力越大；距河流越近的区域阻力等级越低，生态修复阻力越小；距道路越近的区域阻力等级越高；土地利用类型中建设用地的阻力等级较高，主要集中在各矿区范围内。

淮北矿区综合阻力值处于 1.1872～4.6586，并利用 Jenks 自然断点法将综合阻力面分为高阻力区、中阻力区和低阻力区，阻力值大小分布与采矿历史(塌陷损毁程度)具有一定的空间重叠性，濉萧矿区、临涣矿区及宿县矿区阻力值相对较大，涡北矿区阻力值相对较小。

4.1.2　淮北矿区国土空间生态网络构建

淮北矿区西部、东部和南部地区的生态源地数量较少，离散程度及破碎程度较大，生态源地间的相互作用力偏小，不利于矿区生态网络良性的发展。这些区域生态廊道的数量也较少，较为分散且连通性较低，应在这些地区规划新增廊道，使廊道分布更为均衡。受长期采矿的影响，淮北矿区大面积的土地塌陷，导致矿区阻力值较高，整体连通性较差，矿区整体生态结构出现断裂的现象。因此，需要对塌陷塘进行修复，作为新增的生态源地和踏脚石。通过新增生态源地和生态廊道，使得生态空白区与大型生态斑块之间的生态联系更加紧密。

1. 生态源地的确定

生态源地是生态用地保护的"源"(魏伟等，2017)，生态源地是现有物种的栖息地和物种交流与扩散的源点、物种扩散和维持的源泉。源地作为大型生态斑块，具有高连通性与生态服务价值，其选择应考虑斑块面积，一般选择生态功能较强、生物多样性较为丰富的区域。林草地对于防风固沙、水源涵养及生态安全格局建设具有重要作用；水域对水热循环、物质、能量及信息的流动和交换等有重要意义，故将林草地和自然水域等生态价值较高的地类作为淮北矿区的生态源地。利用 ArcGIS 软件中的重分类工具提取2020 年林地、草地及水域作为单一生态源，为消除细小图斑影响并结合研究区实际情况，把面积不小于 20hm^2 的区域作为生态源地。淮北矿区生态源地分布如图 4.3 所示。

生态源地在淮北矿区的北部分布较密集，生态源地面积较大，表明北部景观连通性较高；淮北矿区西部、东部和南部生态源地面积小且分布分散，斑块破碎化程度较高，需要加强生态环境建设，提升斑块完整性。淮北矿区整体景观连通性低，物种迁徙和物质流动存在很大阻隔，需要增加生态源地并加强生态建设。

2. 生态廊道的模拟

生态廊道作为不同生态源地之间阻力值较小的路线，是不同的生物物种选择迁徙的较优方式。通常情况下不同生态源地之间应有一条或多条生态廊道进行连接，一个区域的生态廊道数量越多，不同生物物种扩散路径选择就越多样，这能降低景观生态要素流动的风险。

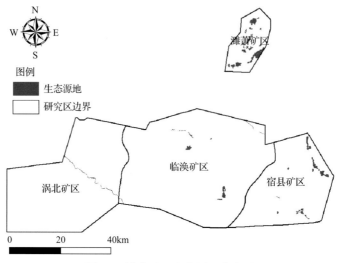

图 4.3　淮北矿区生态源地分布图

Linkage Mapper 工具能有效模拟生态源地之间潜在的生态廊道，其判别过程如下：①使用 ArcGIS 软件成本分配和欧几里得分配功能识别相邻核心区域；②使用源地距离数据构建核心区域网络；③计算成本加权距离和最低成本路径。在研究中，首先利用成本分配工具建立生态源地最小阻力面，然后基于最小阻力面，利用 Linkage Mapper 软件可以定量评价核心区之间联系的强弱，并推断核心区之间的生态廊道的重要程度，共得到94 条潜在生态廊道。

通过重力模型判别潜在生态廊道的重要程度，将相互作用强度大于临界值 300 的生态廊道作为重要生态廊道，其他为一般潜在廊道，得到淮北矿区的生态廊道分级。重要生态廊道主要分布于研究区的北部，即连接大型、连续的生态源地，是物质和能量流通的低阻力通道，而一般潜在廊道连接生态源地需穿越累积阻力值较大的区域，不利于物质和能量的流通。

重力模型公式如下：

$$G_{ab} = \frac{N_a N_b}{D_{ab}^2} = \frac{\dfrac{\ln S_a}{P_a} \cdot \dfrac{\ln S_b}{P_b}}{\left(\dfrac{L_{ab}}{L_{\max}}\right)^2} = \frac{L_{\max}^2 \ln S_a \ln S_b}{L_{ab}^2 P_a P_b} \tag{4.5}$$

式中，G_{ab} 为斑块 a、b 之间的相互作用力；N_a、N_b 为斑块 a、b 的权重值；D_{ab} 为斑块 a、b 间潜在廊道的阻力值；S_a 和 S_b 为斑块 a、b 的面积；P_a 和 P_b 为斑块 a、b 的平均阻力值；L_{ab} 为斑块 a、b 之间廊道累积阻力值；$L_{\max}$ 为所有廊道累积阻力的最大值。

基于重力模型判断生态廊道的相对重要性，得到重要生态廊道 46 条，一般潜在廊道 48 条(图 4.4)。研究区的重要生态廊道主要集中分布在北部地区。重要生态廊道 12-14(指 12 号生态源地和 14 号生态源地之间的生态廊道，下同)的相互作用强度最强，且两源地距离近，生态源地间景观阻力小，生境质量较高，物种在这两源地间的迁徙交流可能性较大，生态源地 12 号与 14 号间的生态廊道需要着重维护管理；一般潜在廊道 38-39 相互作用强度最小，两源地分别位于研究区的东西两侧，彼此相距较远，景观阻力值较大，生物交流迁徙较为困难。重要生态廊道 7-12、12-13、12-14、25-26 及 28-30 连接的生态源地的相互作用强度远远大于其他源地之间的相互作用强度，表明这 5 条生态廊道的重要性最高，但由于这 5 条生态廊道长度较短、稳定性较高，未来应注意对周边林地的保护。整体上看，与源地 12 号相连的大部分都是重要生态廊道。在生态网络规划建设中应该重点对生态源地 7 号、生态源地 8 号、生态源地 10 号、生态源地 12 号和生态源地 13 号以及周边环境进行保护，周围建设用地面积占比较大，其连接的生态源地相互作用强度较高，因此在未来发展规划中，应留有一定的缓冲区抵抗人类活动干扰，保证在整个生态网络中既能提高南北两地生态源地间的连通性，又能为生物东西向迁徙提供临时栖息环境，达到增强整个生态网络稳定性的目的。

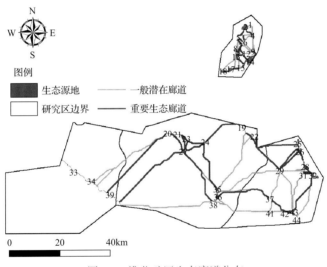

图 4.4　淮北矿区生态廊道分布

3. 生态网络的优化

淮北矿区的西部、东部和南部生态源地连接的廊道较少、较为分散、连通性较低且生态网络不够完善，需在中部和南部规划新增生态源地和生态廊道，进一步完善生态网络。结合淮北矿区实际和生态网络构建结果，在原有的生态源地基础上，需要增加生态源地。矿区因采矿造成的塌陷塘，应该采取修复措施，保留水面实施岸线整治、水土保持、植树造林等工程，进行生态环境建设，保护提升生境质量，扩大生态斑块面积，使其作为新增生态源地。通过将修复后的塌陷塘作为新增生态源地，使淮北矿区廊道分布更为均衡，生态网络的完整性和连通性大大增强，生态环境更为稳定。

4.1.3　淮北矿区生态安全分区

1. 矿区生态安全分区的确定

根据综合阻力值与栅格数目突变点，采用阻力阈值法划定淮北矿区生态安全分区。

像元值对应于 MCR 模型的最小累积阻力值,突变点为相应生态安全分区临界值(蔡成瑞等,2020)。淮北矿区综合阻力值分别在 2.24904、2.76634、3.01139 附近有一个突变。当空间拓展穿越突变点时,所在地块的阻力发生骤变,突变点前后的土地可归为不同空间类型(图 4.5,表 4.2),根据以上方法,按照阻力大小,淮北矿区划分为低风险区、中风险区、较高风险区和高风险区四类。

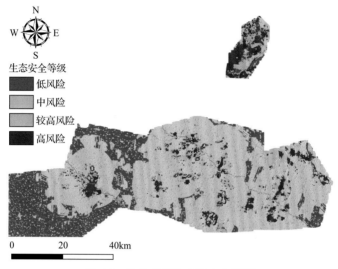

图 4.5 淮北矿区生态安全分区图

表 4.2 生态安全分区统计表

生态安全分区	综合阻力值范围	面积/km²	占比/%
低风险区	1.1872~2.24904	1267.04	28.54
中风险区	2.24904~2.76634	2234.13	50.32
较高风险区	2.76634~3.01139	757.74	17.07
高风险区	3.01139~4.6586	180.74	4.07

淮北矿区低风险区的面积为 1267.04km²,占全区总面积的 28.54%,主要以林草地和水域为基底,集中分布在地势低洼的区域,海拔较低,地形起伏度较缓,植被覆盖度高,土地类型以耕地为主,距道路、矿点较远,距河流较近,不易受到人类活动干扰,生态环境维持得较好;中风险区的面积为 2234.13km²,占全区总面积的 50.32%,处于生态缓冲区,是重要的自然保护屏障,与自然山水和矿山接壤;较高风险区的面积为 757.74km²,占全区总面积的 17.07%,以耕地为主,生态扩张阻力较大;高风险区的面积为 180.74km²,占全区总面积的 4.07%,高风险区主要集中在矿山及周边区域等,受交通路网、矿点及其他建设用地的影响较大。北部地区海拔较高,地形起伏度较陡,植被覆盖度较低,土地类型以耕地和建设用地为主,距道路、居民点和矿点较近,距河流较远,极易受到人类活动影响,生态环境易遭受破坏,生态扩张阻力较大,生态环境脆弱且敏感。

2. 不同投产时间的矿山生态安全分区

为使分区更有指导性，结合矿山投产年份，对不同矿山生态安全分区统计（表4.3）。

表 4.3 不同投产年份的矿山生态安全分区统计表

矿山	投产年份	高风险区		较高风险区		中风险区		低风险区	
		面积/km²	占比/%	面积/km²	占比/%	面积/km²	占比/%	面积/km²	占比/%
岱河煤矿	1965	6.27	34.54	9.36	51.59	0.24	1.33	2.27	12.53
杨庄煤矿	1966	11.24	35.19	14.79	46.32	1.06	3.31	4.85	15.18
芦岭煤矿	1969	7.37	38.91	6.15	32.47	5.15	27.22	0.27	1.40
朔里煤矿	1971	10.98	57.89	6.23	32.88	1.33	7.00	0.42	2.22
石台煤矿	1975	12.2	68.39	4.9	27.45	0.61	3.41	0.13	0.75
朱仙庄煤矿	1983	6.06	32.33	5.13	27.39	5.22	27.86	2.33	12.42
临涣煤矿	1985	10.42	20.82	17	33.96	22.19	44.32	0.45	0.90
童亭煤矿	1989	1.98	7.57	6.55	25.03	16.75	64.05	0.87	3.34
朱庄煤矿	1992	10.46	40.92	8.2	32.09	2.52	9.86	4.38	17.13
桃园煤矿	1995	12.87	34.21	13.14	34.92	11.36	30.20	0.25	0.67
任楼煤矿	1997	7.39	19.59	10.12	26.83	20.08	53.22	0.14	0.37
祁南煤矿	2000	14.09	31.98	12.48	28.32	16.85	38.25	0.63	1.44
海孜煤矿	2001	7.72	25.19	10.45	34.10	11.62	37.89	0.86	2.82
许瞳煤矿	2001	0.04	0.17	7.425	31.69	5.51	23.54	10.45	44.60
涡北煤矿	2004	4.25	29.97	3.41	24.04	6.17	43.48	0.36	2.52
孙瞳煤矿	2008	10.9	24.96	14.24	32.60	17.97	41.12	0.58	1.32
青东煤矿	2011	5.89	16.06	11.5	31.34	19.14	52.14	0.17	0.46
袁一煤矿	2011	3.18	10.90	8.68	29.78	16.66	57.15	0.63	2.16
袁二煤矿	2011	7.91	22.13	9.93	27.77	17.8	49.79	0.11	0.31
杨柳煤矿	2011	4.48	6.81	13.81	20.98	47.28	71.80	0.27	0.41
邹庄煤矿	2014	10.31	36.99	7.11	25.53	10.44	37.48	—	—
信湖煤矿	2021	2.64	5.27	16.48	32.86	30.58	60.99	0.44	0.88

注：由于占比计算四舍五入，会出现总和不等于100%的情况。

由表 4.3 可知，矿山高风险区面积的占比随着投产时间由远到近总体呈下降趋势，投产越早，生态风险越高；随着预防措施逐步应用于矿山生态修复，近年开采矿山的高风险区域的占比明显降低。根据不同生态安全等级面积占比情况，芦岭煤矿、朔里煤矿、石台煤矿、朱仙庄煤矿和朱庄煤矿属于高风险矿山。岱河煤矿、杨庄煤矿和桃园煤矿为较高风险矿山。临涣煤矿、童亭煤矿、任楼煤矿、祁南煤矿、海孜煤矿、涡北煤矿、孙瞳煤矿、青东煤矿、袁一煤矿、袁二煤矿、杨柳煤矿、邹庄煤矿和信湖煤矿属于中风险矿山。许瞳煤矿为低风险矿山。

3. 分区规划与修复对策

针对不同生态安全等级以及风险源等情况，提出分区规划与修复对策。

(1)低风险区。采用保护保育修复模式，采取措施包括：建立保护区，去除胁迫因素，建设生态廊道，以及就地和迁地保护等。

(2)中风险区。以自然恢复为主，适当人为干预修复矿山损伤源，对于轻度受损、恢复力强的生态系统，主要采取切断风险源、禁止过度捕捞、封山育林、保证生态流量等消除胁迫因子的方式，加强保护措施，促进生态系统自然恢复。

(3)较高风险区。以辅助再生为主，修复治理为辅，重点关注并通过一定的工程技术措施对塌陷损毁严重的区域进行修复治理，结合自然恢复，在消除胁迫因子的基础上，采取整治污染，改善物理环境，引导和促进生态系统逐步恢复。

(4)高风险区。采用生态重建模式，在消除胁迫因子的基础上，按地貌重塑、生境重构、恢复植被和动物区系、生物多样性重组等路径开展生态重建。生境重构关键要消除植被(动物)生长的限制性因子，针对淮北矿区，特别是矿山内受损土地，考虑到其属于典型的粮煤复合区，地表水系发展，生境重构应以基本农田保护、生态保护两条红线为准绳，依"势"和"废"造地，最大限度地恢复耕地；因势利导，构建生态源地，打通生态廊道，提高区域生物多样性。植被重建要首先构建适宜的先锋植物群落，在此基础上不断优化群落结构。生物多样性重组关键是引进关键动物及微生物实现生态系统完整食物网构建。

4.2 谢八关闭矿区生态修复阻力识别与安全分区

4.2.1 谢八关闭矿区国土空间生态修复阻力识别

1. 阻力因子选取

结合谢八关闭矿区自身特点，从自然条件和社会经济影响两个方面选取植被覆盖度、土地利用类型、距河流距离和生态风险等作为生态修复阻力因子。其中，生态风险是一定区域内由外界自然变化或人类活动引起的生态系统结构、功能与生态过程甚至生态系统稳定性和可持续性的可能损伤，用于描述一个研究区内景观所承受的生态风险，通过相对生态风险的比较来判断其生境的变化，其能够清晰地、定量化地描述各种景观类型所代表的生态系统受到的危害性，利用景观组分的面积比重，描述一个样地内综合生态损失的相对大小。

2. 因子赋权与阻力分级

参照相关文献(李航鹤等，2020)，将各参评因子的阻力值划分为1、2、3、4、5等级，等级越高，阻力越大；结合谢八关闭矿区的实际情况以及各阻力指标对生态修复的影响程度，使用层次分析法得出各阻力层权重系数，结合专家打分，填写判断矩阵，构建主观评价矩阵，经过计算，RI 为 1.25，CR 为 0.075＜0.1，一致性检验通过，各阻力因子阻力值及权重见表 4.4。

表 4.4　生态修复阻力因子评价指标体系

阻力因子	1	2	3	4	5	权重
植被覆盖度	＞0.8	0.7～0.8	0.6～0.7	0.4～0.6	＜0.4	0.0575
土地利用类型	林地、草地	耕地	裸地	建设用地	水域	0.3371
高程/m	＜10	10～20	20～30	30～40	＞40	0.0772
地形起伏度/(°)	＜10	10～30	30～50	50～70	＞70	0.1138
距道路距离/m	＞1500	1000～1500	500～1000	200～500	0～200	0.0224
距河流距离/m	＞100	100～200	200～300	300～500	＞500	0.0337
距矿点距离/m	＞300	300～400	200～300	100～200	＜100	0.1373
生态风险	低风险	较低风险	中风险	较高风险	高风险	0.219

3. 阻力面构建

根据各因子分级标准，基于 ArcGIS 平台重分类，获取谢八关闭矿区阻力因子等级分布图(图 4.6)。

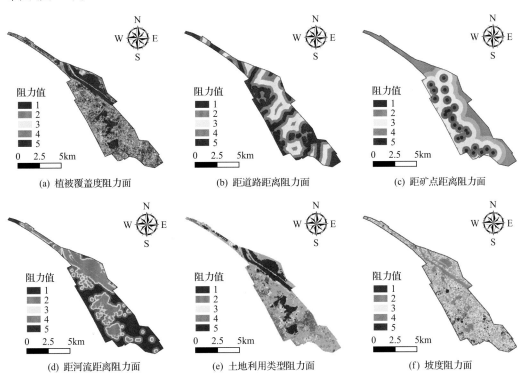

(a) 植被覆盖度阻力面　　(b) 距道路距离阻力面　　(c) 距矿点距离阻力面

(d) 距河距离阻力面　　(e) 土地利用类型阻力面　　(f) 坡度阻力面

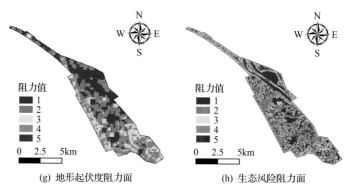

(g) 地形起伏度阻力面   (h) 生态风险阻力面

图 4.6   谢八关闭矿区阻力因子等级分布图

根据表 4.4 各阻力因子权重，并运用 ArcGIS10.2 中的栅格计算器(raster caculator)工具，按照权重将单因子阻力面综合叠加得到景观生态安全的综合阻力面，采用自然间断法将综合阻力面划分为 5 个等级，综合阻力面及综合阻力面分级结果如图 4.7 所示。

由图 4.6 和图 4.7 看出，矿山开采对谢八关闭矿区生态环境带来影响较大。植被覆盖度越低的区域阻力等级越高，阻力高的区域呈现分散分布，面积较小；坡度和高程越大，生态修复阻力越大；景观生态风险越大的区域生态修复阻力越大；距矿点越近的区域生态修复阻力越大；距河流越近的区域阻力等级越低，生态修复阻力越小；距道路越近的区域阻力等级越高；土地利用类型中建设用地的阻力等级较高。

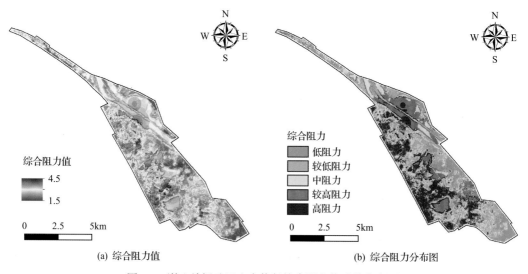

(a) 综合阻力值   (b) 综合阻力分布图

图 4.7   谢八关闭矿区生态修复综合阻力值及其分布图

谢八关闭矿区综合阻力值处于 1.5～4.5，综合阻力面呈现出高阻力值与低阻力值相互交错的分布态势，阻力值呈现一定的规律分布。生态修复综合阻力值高的区域主要分布在钱家湖塌陷区、周郢子和老鳖塘。阻力值大小分布与采矿历史(塌陷损毁程度)具有一定的空间重叠性，新庄孜矿、李一矿和谢一矿阻力值较大，李嘴孜矿阻力值较小。

4.2.2 谢八关闭矿区国土空间生态网络构建

1. 基于 MSPA 方法的景观格局分析

截至 2020 年底，谢八关闭矿区完全稳沉，因此不会产生新的地质灾害，也不会对含水层、地形地貌景观、水土环境和土地资源造成新的影响和破坏，研究区内塌陷积水区经自然修复与人工修复后具有较高的生态潜力，依据现状生态质量与修复后的生态潜力，适宜绿色植物和其他物种生存。故选取林地、草地和水域作为生态斑块，并作为生态核心区，通过 MSPA 方法识别出研究区的景观类型(图 4.8)。

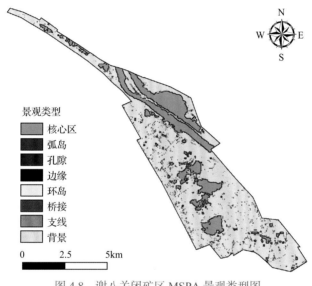

景观类型
- 核心区
- 弧岛
- 孔隙
- 边缘
- 环岛
- 桥接
- 支线
- 背景

0   2.5   5km

图 4.8 谢八关闭矿区 MSPA 景观类型图

研究区的核心区分布较为均匀，核心区的面积为 855.9hm²，占生态景观总面积的 65.09%，破碎化程度较高，且分布较分散。景观类型多为水体，其次为林地和草地，整体连通性较好，在生态用地 MSPA 分类中所占面积比其他类型大。除了核心区外，其他的 MSPA 景观类型都有分布。弧岛是孤立的景观斑块，与外界有机质交换流动较小，是生态景观总面积的小型场地，在谢八关闭矿区中呈零碎分布，可以作为生物迁徙扩散过程中的暂息地，占生态景观总面积的 12.89%。孔隙是核心区内部受人为或自然侵害，退化后的边缘绿化地带，孔隙越大表明核心区遭受破坏越严重。核心区孔隙在所有的分类中也属于面积较小的类型，边缘是核心区的外围林带，受人为干扰严重，核心区内外部边缘的孔隙和边缘是核心区的保护屏障，面积较大，分别占生态景观总面积的 12.89% 和 0.19%，说明谢八关闭矿区核心区斑块稳定性较高，能很好地抵抗外界因素干扰带来的冲击。环岛是物种在核心区内部能量交换与流通的捷径，占生态景观总面积的 2.24%。桥接是连接核心区的"桥梁"，是生态重要廊道，对物种迁徙扩散和物质流动循环起重要作用，对谢八关闭矿区景观连通性有重要意义，其面积为 13.77hm²，谢八关闭矿区桥接较少，只占生态景观总面积的 1.05%，且分布较分散。支线是廊道的中断，具有一定的连通作用，一般围绕在核心区周围分布，占生态景观总面积的 5.65%(表 4.5)。

表 4.5　谢八关闭矿区 MSPA 景观类型统计表

景观类型	景观类型面积/hm²	占生态景观总面积的比值/%
核心区	855.9	65.09
孤岛	169.47	12.89
边缘	2.52	0.19
孔隙	169.47	12.89
环岛	29.52	2.24
桥接	13.77	1.05
支线	74.34	5.65
总计	1314.99	100

2. 生态源地的构建

采用 ArcGIS 软件中的重分类工具提取 2020 年林地、草地及水域作为单一生态源，为消除细小图斑影响，结合研究区实际情况，按照分布密度将空间聚集、斑块内部生境相似的图斑合并为相对完整成片的斑块。

景观连通性是指物质流在源地斑块之间的交流程度，可以作为评价生态过程的指标（陈昕等，2017）。对研究区域内具有重要生态作用的 5hm² 以上的核心区斑块开展景观连通性分析。以整体连通性指数（dIIC）和可能连通性指数（dPC）为评价指数，当对斑块间的连接性进行研究时，首先需要确定一个距离阈值参数，距离阈值反映了景观连接的最大距离，可以理解为在景观阻力面上，某特定生态斑块与其他斑块连接而向外搜索的范围。距离阈值还可以作为评价景观格局的参数（齐珂和樊正球，2016）。连通性概率为 0.5，距离阈值为 200m，利用 Conefor 分析软件计算各核心区斑块的 dIIC 和 dPC，以 dIIC 和 dPC 排名均在前 20 位的斑块作为生态源地，共提取了 12 个生态源地。谢八关闭矿区生态源地分布如图 4.9 所示。

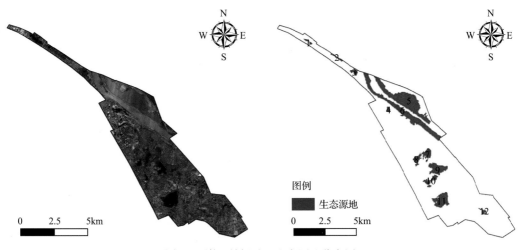

图 4.9　谢八关闭矿区生态源地分布图

3. 生态廊道的模拟

基于 Linkage Mapper 识别谢八关闭矿区生态廊道，具体识别步骤详见 4.1.2 节。谢八关闭矿区生态廊道分布如图 4.10 所示。

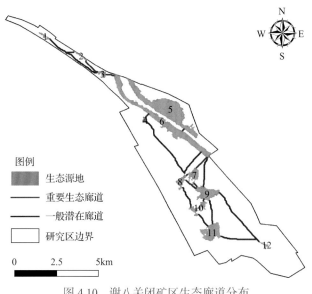

图 4.10 谢八关闭矿区生态廊道分布

谢八关闭矿区共 19 条生态廊道，总长度为 26.16km，其中重要生态廊道 9 条，一般潜在廊道 10 条(图 4.10)，研究区的生态廊道分布比较均匀。重要生态廊道 5-6(指 5 号生态源地和 6 号生态源地之间的生态廊道，下同)的相互作用强度最强，且两源地距离近，生态源地间景观阻力小，生境质量较高，物种在这两源地间的迁徙交流可能性较大，重要生态廊道 2-3、3-6、7-8、7-9 及 9-10 连接的生态源地的相互作用强度远远大于其他源地之间的相互作用强度，但由于这 5 条重要生态廊道长度较短、稳定性较高，需要着重维护管理；整体上看，与 9 号生态源地相连的大部分都是重要生态廊道。一般潜在廊道 4-7 的相互作用强度最小，两源地分别位于研究区的东西两侧，彼此距离较远，景观阻力值较大，生物交流迁徙较为困难，需要对其重点修复。由于生态源地 2 号、生态源地 3 号、生态源地 5 号、生态源地 6 号、生态源地 7 号和生态源地 9 号在生态网络中承担的作用较大，在生态网络规划建设中应该优先对这些生态源地及周边环境进行保护，部分生态源地周围建设用地面积占比较大，其连接的生态源地的相互作用强度较高，所以在未来发展规划中，应留有一定的缓冲区抵抗人类活动干扰，保证在整个生态网络中既能提高南北两地生态源地间的连通性，又能为生物东西向迁徙提供临时栖息环境，达到增强整个生态网络稳定性的目的。

4. 生态节点提取

生态节点是在景观空间中容易受外界干扰的生态脆弱的环节，一般位于相邻生态源地之间生态功能最为薄弱的地方，对物质交换和能量流动起关键作用。识别整合生态夹点、障碍点，并提取修复节点。

生态夹点则是生态廊道中最为重要的区域，表明物种在生态源地间迁徙有极高的可能性要通过该区域，具有不可替代性。将生态廊道抽象成电阻表面，将景观中一个生态源地接地，其他生态源地各注入 1A 的电流，利用 Linkage Mapper 中的 PinchPoint Mapper 工具调用 Circuitscape 软件生成电流密度图(图 4.11)，该方法融合了成本最低的通道和电流理论方法，显示出最有效的运动路径和其中的生态夹点。电流越大，说明该区域不可替代性越明显，该区域对物种的迁徙越重要。

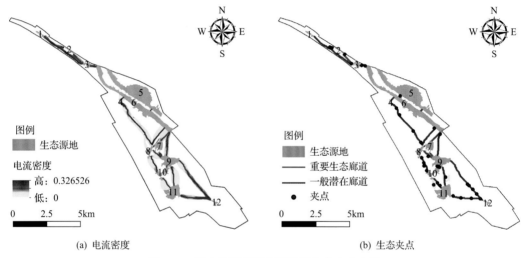

图 4.11 谢八关闭矿区电流密度和生态夹点图

基于图 4.11，利用自然断点法将电流值划分为 3 个级别，提取最大级别电流值斑块，并由面转为生态夹点。基于 Linkage Mapper 中的 PinchPoint Mapper 共提取出生态夹点 33 个，这些夹点是生态廊道建设的关键地区，需要优先对生态夹点区域进行改善和保护。

生态障碍点是指能够对不同生态源地斑块间的连通起到重要作用的关键节点，在生态廊道中成本值较高，对生态廊道的连通和质量起到负面作用的生态区域。障碍点的识别能给决策者提供决策帮助，帮助决策者决定是对障碍点进行生态修复还是重新规划生态廊道。Barrier Mapper 工具基于一定的搜索半径，采用移动搜索窗口的方法，通过假设移除某一区域后对整个连通性提升或整体成本减少量来识别障碍点，LCD 改进值越大，说明该区域移除后对生态源地连通性改善越明显，生成研究区 LCD 改进值。整体上谢一矿的生态廊道障碍值较大，且呈片状分布，阻力值较高。

基于图 4.12，利用自然断点法将电流值划分为 3 个级别，提取最大级别 LCD 改进值斑块，并转为生态障碍点，基于 Linkage Mapper 共提取生态障碍点 36 个，通过采取生态恢复措施，优先对生态障碍点进行修复，障碍区内的累积阻力值会降低，该区域的最低成本距离累积电阻值也得到相应的下降，大大提升了生态廊道的连接性。

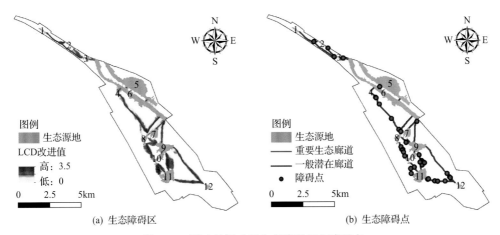

(a) 生态障碍区   (b) 生态障碍点

图 4.12 谢八关闭矿区生态障碍区和障碍点

4.2.3 谢八关闭矿区生态安全分区

1. 分区阈值的确定

按照 4.1 节的研究方法,谢八关闭矿区综合阻力值分别在 2.39411、2.9、3.39411 附近有一个突变过程。按以上临界点,将谢八关闭矿区生态安全划分为低风险区、中风险区、较高风险区和高风险区(表 4.6,图 4.13)。

表 4.6 谢八关闭矿区生态安全分级统计表

生态安全分级	面积/km^2	占比/%
低风险区	5.90	12.23
中风险区	12.79	26.51
较高风险区	17.98	37.26
高风险区	11.58	24.00

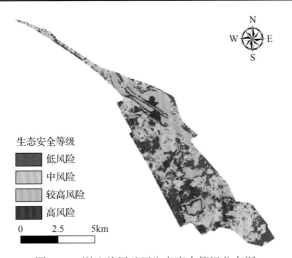

图 4.13 谢八关闭矿区生态安全等级分布图

谢八关闭矿区低风险区的面积为 5.90km²，占全区总面积的 12.23%，这部分区域主要以林草地和水域为基底，集中分布在地势低洼、地形起伏度较缓的区域，且这部分区域植被覆盖度高，土地类型以耕地为主，距道路、矿点较远，距河流较近，不易受人类活动干扰，景观生态风险较低，生态环境维持得较好；中风险区的面积为 12.79km²，占全区总面积的 26.51%，这部分区域处于生态缓冲区，是重要的自然保护屏障，与自然山水和矿山接壤。较高风险区的面积为 17.98km²，占全区总面积的 37.26%，这部分区域以耕地为主，生态扩张阻力较大；高风险区的面积为 11.58km²，占全区总面积的 24.00%，谢八关闭矿区北部风险值较高，该地区受交通路网、矿点及其他建设用地的影响较大，且北部地区海拔较高，地形起伏度较陡，植被覆盖度较低，土地类型以耕地和建设用地为主，距道路、居民点和矿点较近，距河流较远，极易受人类活动影响，生态环境易遭受破坏，生态扩张阻力较大，生态环境脆弱且敏感。

2. 生态安全分区规划与修复对策

现有的生态修复大都只重视复垦的数量和农业目标的土地整治工程实施，关注的重点仅是对土地、土壤和水生态环境要素的单要素恢复利用，并没有从整体的角度出发，结合生态安全格局分区的目标预设，加强谢八关闭矿生态环境保护和恢复治理，恢复和改善不利干扰造成的生态系统受损关键部位。从整体性、系统性的角度关注矿产资源开发引发的整个区域的生态环境问题，针对不同生态安全等级以及风险源等情况，提出修复对策。

(1)低风险区。以保护生态用地为主，通过建立保护区，建设生态廊道，采用保护和保育修复的方式，禁止任何性质的建设与人为活动，严禁可能导致生态污染、破坏生态功能的经营活动，最大限度地保护林草地和湿地景观不受破坏。

(2)中风险区。以自然修复为主，采用切断风险源，积极响应荒山绿化、封山育林等生态环保政策，降低低风险区向中风险区转变的风险，将中风险区作为严格保护区的外围缓冲区。

(3)较高风险区。适当修复矿山污染源，将人工修复与自然修复相结合。以辅助再生为主，修复治理为辅，重点关注并通过一定的工程、技术措施对塌陷损毁严重的区域进行修复治理并保持生态廊道的完整性，通过对矿区遗留矸石、废渣等固体废弃物进行清理，并严禁进行高污染、高排放、破坏农田环境的经营活动，并在开发活动中采取适当的生态修复措施，包括边坡生态修复、水系整治等。

(4)高风险区。应采取生态重建方式，根据地貌重塑、栖息地重建、生物多样性重组等途径，对胁迫因素进行消除，根据"生态优先、安全可靠、技术可行、经济合理"的原则，在充分保留现状环境的基础上，通过对区域地面沉陷、地裂缝等问题进行治理，消除地质灾害隐患，以恢复耕地、疏通水系、修复道路为主，辅以景观、水体治理，同时治理沉陷区污染水体，消除环境污染，加强区域绿化系统、公园、交通及市政设施、旅游景点等建设，保障区域生态安全及经济的可持续发展，从而达到增强整个生态系统稳定性的目的。

3. 生态安全格局构建与优化

通过阻力识别，基于生态网络构建谢八关闭矿区生态安全格局(图4.14)。

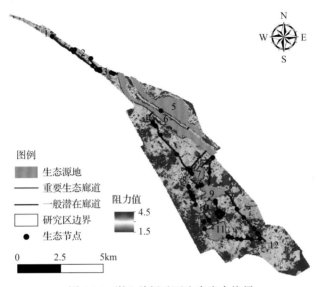

图4.14 谢八关闭矿区生态安全格局

生态安全格局下修复工作强调治理理念的整体性、治理方法的耦合性和治理策略的实用性，即以整个区域空间为修复对象，通过对生态系统破坏和功能退化问题的识别，采用现代空间信息技术和定性与定量分析相结合，制定有针对性的修复策略，既要统筹兼顾全局，又要结合实际、突出重点，集中有限资金，采取科学、经济、合理的方法，分轻、重、缓、急，逐步完成，最大限度地修复因矿山工程建设和采矿活动对矿山地质环境的影响和破坏，实现闭矿后矿山生态环境的有效恢复。根据生态安全格局中生态源地、新增生态源地、重要生态廊道、生态节点，布置修复治理工程，在优化生态安全格局时，首先保护重要生态源地，保护生态源地生态系统稳定性，发挥区域本底优势；其次，建设与生态源地协调的生态廊道，清除障碍点、增添"踏脚石"斑块，以提高生态廊道数量与质量，推进生态廊道网络化、系统化结构转变。

(1)保护生态源地，提升源地质量。谢八关闭矿区属高潜水位矿区，井下采煤形成大面积的地表塌陷积水区，在损毁耕地的同时也为矿区生态环境建设提供了潜在的水资源条件，但是地表塌陷形成的积水湖与天然湖泊或人工湖有显著不同，积水区周边生态环境依然存在着一定的风险，因此，塌陷积水区形成后，必须通过土地复垦与生态恢复工程措施，严格依照自然的发展规律，对已遭到破坏的生态系统进行一定的良性干涉，在充分利用现有源地功能的条件下，建立缓冲区保护核心源地，减少人类活动对源地的影响，全力推进谢八关闭矿区生态保护及恢复工程，保护好动植物资源，提升水土涵养能力。

(2)加强生态廊道建设，完善流域廊道网络。"生态源地-廊道"是生态安全格局的基本框架，廊道是斑块间空间联系的必要通道，是实现生态源地间物质、能量与信息流动的重要载体。进行格局构建时要注重源地间的联系，避免形成生态孤岛，才能更好地发挥整体保护效果。在源地间合理建设廊道，是维护源地生态稳定、区域生态平衡的有力措施。谢八关闭矿区前期大量开采煤矿，造成植被破坏、生态恶化，存在大气污染、水污染、土壤污染、地面沉陷等一系列问题，导致现有生态廊道阻力较大、连接度不够，无法实现生态流的良好流通。为提高谢八关闭矿区的生态廊道连通性，应加强廊道建设，在廊道外围设置缓冲区，拓宽廊道以提高其对连通性的贡献率；加大塌陷区的治理力度，逐步提高植被覆盖度，减小廊道阻力；在保护自然生态廊道的基础上人为建设生态廊道，增加廊道冗余度，提高廊道连通性及闭合性，廊道结构越复杂，越有利于生态流的迁徙和扩散。

(3)清除障碍点，提高生态廊道质量。障碍点是影响生态走廊分布、数量和质量的重要因素。可根据斑块内部、斑块之间、斑块周边的顺序，依据障碍点的改善得分对障碍点进行逐一清除，同时要因地制宜，不同类型障碍点制定不同清除方案。对于居民区类障碍点，可合理利用空间增加绿地面积，改善人居环境；对于道路障碍点，可扩宽两侧绿化带、增加绿化植被群落层次；对于河道两侧障碍点，可扩展绿地、护岸林面积，打造滨河景观；对于塌陷造成的水域障碍点，治理坑塘，在治理的同时要扩大蓄水面积，使区域内水系得到有效保护。

(4)建立"踏脚石"，增强斑块连通性。若两斑块间距离较远且阻力较大，且没有生境斑块可以充当"踏脚石"，斑块间将失去联系。在难以连接成廊道或廊道阻力较大的区域，应合理增加充当"踏脚石"的点状斑块数量，小而散乱的生态斑块多被地表塌陷导致的地质灾害侵蚀、破坏，或被矿区与生活空间侵占，若不加以干预将会使生态系统进一步恶化，因此应将若干邻近的斑块整合，调整其形态并将其作为生态修复节点融入周边环境。对研究区小型的塌陷积水区进行生态修复，可以通过自然修复与人工修复相结合的方法，达到不治而治，修复后的节点作为高质量生境斑块，在维持生态网络结构稳定的基础上，还可作为物种扩散与维持的源点，减少了斑块间的距离，提升区域斑块的连通性。

第5章 矿区国土空间生态伤损与修复成效分析

5.1 淮北矿区不同复垦年限与利用方式下土壤 肥力与微生物群落特征分析

选择淮北矿区挖深垫浅、粉煤灰充填等典型复垦模式，开展不同复垦年限、利用方式下的样品采集、室内化验，并以空白区(塌陷未复垦、未塌陷)作为对照，分析不同复垦模式下的修复效果，以期为关键模式和技术选择提供依据。

5.1.1 不同复垦年限对土壤肥力与微生物群落的影响

以挖深垫浅复垦模式为对象，复垦利用方式为耕地，种植小麦和玉米，选择复垦后1a、8a和13a开展不同年限下复垦土壤肥力以及微生物多样性情况分析；以塌陷未复垦地为对照，记作0a(图5.1，表5.1、表5.2)。

1. 不同复垦年限对土壤肥力的影响

1)不同复垦年限土壤理化性质变化

A. 土壤pH变化特征

土壤pH的范围在7.50～8.63，其最小值7.50出现在未复垦区域表层土，土壤pH异常的原因可能是化肥的施用或者秸秆还田等。许多研究发现氮肥的施用会导致农田土壤酸化，并且在秸秆还田过程中，秸秆在降解时产生的酸性物质也可能会导致表层土 pH降低。其他各区域和分层间土壤pH没有显著差异，土壤总体呈现碱性。

B. 土壤含水量变化特征

0～20cm土层中，土壤含水量由复垦1a的15.49%顺次变化为21.53%、21.52%，复垦 13a 土壤含水量较复垦前增加 35.49 个百分点。20～40cm 土层的土壤含水量范围在15.85%～21.68%，变化幅度较小，复垦地土壤含水量呈现先降低后增加的规律，复垦13a 土壤含水量较复垦 1a 增加 33.95 个百分点，较未复垦区域增加 23.51 个百分点。40～60cm土层的土壤含水量也呈现相似的规律，复垦 13a 后的土壤含水量显著高于复垦前和复垦初始阶段。

C. 土壤全磷含量变化特征

0～20cm土层中，土壤全磷含量在 0.71～0.76g/kg，各处理间未出现显著差异，参照表 5.2 分级标准，均达到Ⅲ级标准，全磷含量处于中上水平。20～40cm 土层土壤全磷含量在 0.80～0.83g/kg，变化幅度较小，总体达到Ⅱ级标准。40～60cm 土层土壤全磷含量变化无明显规律，均达到Ⅲ级标准。总体来看，20～40cm 土层土壤全磷含量高于 0～20cm土层和 40～60cm 土层，土壤中的全磷大多数来自土壤母质，复垦过程导致土壤剖面结构重新分布，会引起各土层全磷含量分布不均。

D. 土壤有效磷含量变化特征

0~20cm 土层中，土壤有效磷含量随复垦年限的增加呈现上升趋势，其中，复垦 13a 表层土壤有效磷含量显著高于塌陷未复垦地。塌陷未复垦地表层土处于高水平，复垦 1a 土壤有效磷含量为中下水平，在复垦 8a 和 13a 后恢复到高水平。20~40cm 土层土壤有效磷含量也呈现递增的趋势，但增速较缓，复垦 8a 和 13a 后显著高于塌陷未复垦地和复垦初期。塌陷未复垦地土壤有效磷含量处于低水平，复垦 1a 后土壤有效磷为中下水平，复垦 8a 和 13 增长至中上水平。40~60cm 土层中，塌陷未复垦地土壤有效磷低于Ⅵ级标准，复垦地土壤有效磷含量高于塌陷未复垦地，均能达到Ⅳ级标准。

E. 土壤全钾含量变化特征

0~20cm 土层中，土壤全钾含量在 13.99~17.95g/kg，塌陷未复垦地土壤全钾含量最低，仅达到Ⅳ级标准，复垦地土壤全钾含量比塌陷未复垦地增加 15.38%~28.31%，均达到Ⅲ级标准，全钾含量处于中上水平。20~40cm 土层塌陷未复垦地土壤全钾含量最低，处于Ⅳ级标准，复垦地土壤全钾含量提高至Ⅲ级标准。40~60cm 土层也呈现相同的规律，塌陷未复垦地土壤全钾含量处于Ⅳ级标准，复垦地土壤全钾含量提高至Ⅲ级标准。

F. 土壤有效钾含量变化特征

0~20cm 土层中，土壤有效钾含量在 251.60~328.23mg/kg，超过Ⅰ级标准，总体处于很高水平。20~40cm 土层中，塌陷未复垦地土壤有效钾含量超过Ⅰ级标准，复垦地土壤有效钾含量呈现递增的趋势，复垦 1a 时土壤有效钾含量稍低，达到Ⅱ级标准，复垦 8a 和 13a 后显著高于复垦初期，超过Ⅰ级标准。40~60cm 土层规律与 20~40cm 土层相同，塌陷未复垦地土壤有效钾含量超过Ⅰ级标准，复垦 1a 时土壤有效钾含量达到Ⅱ级标准，复垦 8a 和 13a 后显著高于复垦初期，超过Ⅰ级标准。总体来看，0~20cm 土层土壤有效钾含量高于 20~40cm 土层和 40~60cm 土层。

G. 土壤全氮含量变化特征

0~20cm 土层中，塌陷未复垦地土壤全氮含量处于中上水平，复垦后其含量随复垦年限增加而增加，复垦 1a 时土壤全氮含量低于Ⅵ级标准，而后顺次提高至Ⅴ级、Ⅲ级，和复垦前同一水平。20~40cm 土层中，塌陷未复垦地土壤全氮含量低于Ⅵ级标准，复垦 1a 时土壤全氮含量依然低于Ⅵ级标准，复垦 8a 和 13a 后达到Ⅴ级标准。复垦地 40~60cm 土层土壤全氮含量也呈现逐年递增的趋势，但其含量偏低，均处于Ⅵ级标准以下。

H. 土壤碱解氮含量变化特征

0~20cm 土层中，塌陷未复垦地土壤碱解氮含量较高，高于Ⅰ级标准，复垦初期土壤碱解氮含量较低，复垦 1a 处于低水平，随着复垦年份增加顺次提高至中下和高水平。20~40cm 土层中，塌陷未复垦地土壤碱解氮含量达到Ⅳ级标准，处于中下水平，复垦 1a 土壤碱解氮含量最低，处于低水平，复垦 8a 后增长至中下水平，复垦 13a 与 8a 含量无差异，维持在中下水平。不同复垦情况的 40~60cm 土层土壤碱解氮含量未见显著差异，都处于低水平。

I. 土壤有机质含量变化特征

0~20cm 土层中，塌陷未复垦地土壤有机质含量为中上水平，复垦初期土壤有机质含量水平较低，复垦 1a 仅达到Ⅴ级标准，复垦 8a 增长至Ⅳ级标准，复垦 13a 显著增长至Ⅲ级标准，与复垦前同一水平。20～40cm 土层中，塌陷未复垦地土壤有机质含量达到Ⅳ级标准，处于中下水平，复垦 1a 土壤有机质含量最低，处于低水平，复垦 8a 后恢复至复垦前水平，复垦 13a 与 8a 有机质含量无显著差异，维持在中下水平。40～60cm 土层中，各处理组土壤有机质含量未见显著差异，都处于低水平。

J. 土壤全碳含量变化特征

0～20cm 土层中，复垦地土壤全碳含量由复垦 1a 的 10.90g/kg 依次变化为 9.69g/kg、

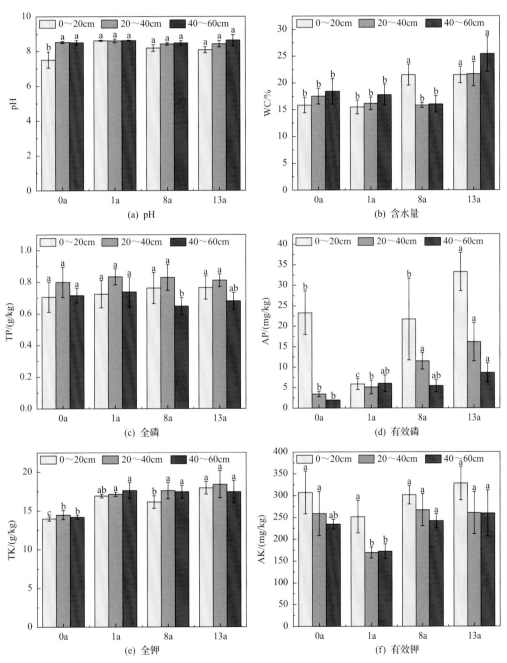

(a) pH

(b) 含水量

(c) 全磷

(d) 有效磷

(e) 全钾

(f) 有效钾

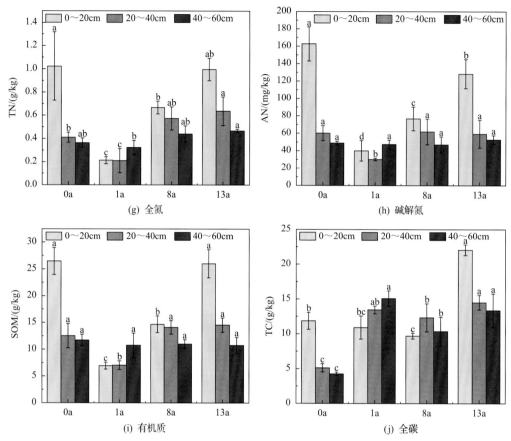

图 5.1 不同复垦年限土壤理化性质变化

表 5.1 不同复垦年限土壤理化性质

分层	样地	pH	WC/%	TP /(g/kg)	AP /(mg/kg)	TK /(g/kg)	TN /(g/kg)	AK /(mg/kg)	AN /(mg/kg)	SOM /(g/kg)	TC /(g/kg)
0~20cm	0a	7.50± 0.46b	15.88± 1.45b	0.71± 0.09a	23.30± 5.35b	13.99± 0.27c	1.02± 0.29a	307.33± 48.82a	162.67± 19.66a	26.47± 2.51a	11.85± 1.21b
	1a	8.61± 0.03a	15.49± 1.29b	0.72± 0.09a	5.85± 1.35c	16.92± 0.24ab	0.21± 0.03c	251.60± 37.47a	39.97± 11.69d	6.95± 0.64c	10.90± 1.65bc
	8a	8.18± 0.19a	21.53± 1.96a	0.76± 0.10a	21.70± 9.96b	16.14± 0.81b	0.67± 0.06b	301.77± 21.19a	76.77± 13.59c	14.68± 1.54b	9.69± 0.41c
	13a	8.08± 0.17a	21.52± 1.53a	0.76± 0.07a	33.27± 4.65a	17.95± 0.81a	1.00± 0.10ab	328.23± 38.56a	128.33± 16.62b	26.01± 2.62a	22.04± 0.77a
20~40cm	0a	8.52± 0.06a	17.55± 1.46b	0.80± 0.09a	3.42± 0.64b	14.48± 0.57b	0.41± 0.04b	259.03± 50.76a	60.13± 8.59a	12.53± 2.26a	5.12± 0.59c
	1a	8.60± 0.11a	16.18± 1.17b	0.83± 0.05a	5.12± 1.70b	17.14± 0.27a	0.21± 0.10c	169.33± 12.60b	30.13± 1.44b	7.05± 0.81b	13.44± 0.56ab
	8a	8.42± 0.07a	15.85± 0.47b	0.83± 0.08a	11.49± 2.01a	17.60± 1.06a	0.57± 0.10ab	267.20± 36.80a	61.83± 14.68a	14.11± 1.25a	12.33± 2.02b
	13a	8.42± 0.18a	21.68± 2.24a	0.81± 0.04a	16.16± 4.68a	18.40± 1.76a	0.64± 0.12a	260.60± 48.62a	59.33± 15.91a	14.55± 1.32a	14.51± 1.06a

续表

分层	样地	pH	WC/%	TP /(g/kg)	AP /(mg/kg)	TK /(g/kg)	TN /(g/kg)	AK /(mg/kg)	AN /(mg/kg)	SOM /(g/kg)	TC /(g/kg)
40~60cm	0a	8.50± 0.13a	18.45± 2.37b	0.72± 0.05a	1.97± 0.00b	14.19± 0.24b	0.36± 0.04ab	234.47± 11.25ab	48.80± 2.10a	11.73± 1.08a	4.27± 0.25c
	1a	8.62± 0.02a	17.79± 1.97b	0.74± 0.09a	6.01± 2.07ab	17.62± 1.03a	0.32± 0.06b	172.13± 16.94b	47.40± 4.90a	10.76± 2.27a	15.09± 1.09a
	8a	8.47± 0.12a	16.06± 1.54b	0.65± 0.05b	5.43± 1.50ab	17.45± 0.81a	0.44± 0.07ab	241.93± 16.37a	46.97± 9.28a	11.02± 0.08a	10.35± 2.05b
	13a	8.63± 0.32a	25.42± 3.26a	0.68± 0.05ab	8.65± 2.34a	17.44± 1.44a	0.47± 0.02a	259.60± 52.91a	52.63± 4.96a	10.77± 1.48a	13.36± 2.42a

注：不同字母代表相同土层不同处理间差异显著（$P<0.05$）。

表 5.2　全国第二次土壤普查养分分级标准

指标	Ⅰ级（很高）	Ⅱ级（高）	Ⅲ级（中上）	Ⅳ级（中下）	Ⅴ级（低）	Ⅵ级（很低）
全氮/(g/kg)	>2	1.5~2	1~1.5	0.75~1	0.5~0.75	<0.5
全磷/(g/kg)	>1	0.8~1	0.6~0.8	0.4~0.6	0.2~0.4	<0.2
全钾/(g/kg)	>25	20~25	15~20	10~15	5~10	<5
碱解氮/(mg/kg)	>150	120~150	90~120	60~90	30~60	<30
有效磷/(mg/kg)	>40	20~40	10~20	5~10	3~5	<3
有效钾/(mg/kg)	>200	150~200	100~150	50~100	30~50	<30
有机质/(g/kg)	>40	30~40	20~30	10~20	6~10	<6
分级	强酸	酸性	微酸	中性	碱性	

22.04g/kg，呈现先减少后增加的趋势，复垦 13a 土壤全碳含量较复垦前增加 86.02%。20~40cm 土层和 40~60cm 土层也呈现相同的趋势，塌陷未复垦地土壤全碳含量较低，复垦后其含量显著高于塌陷未复垦地。

2）土壤肥力综合评价

选用的评价参数为 pH、TP、AP、TK、AK、TN、AN、SOM。从土壤理化性质分析结果来看，0~20cm 土层土壤更容易受人为扰动的影响，其变化比深层土壤更加强烈，并且 0~20cm 是作物的主要耕作层，因此重点关注 0~20cm 土层土壤肥力变化情况，用主成分分析法计算各指标权重和土壤肥力指数。

主成分分析结果显示：在 0~20cm 土层中，提取到特征值≥1 的主成分有 2 个，累计贡献率达到 82.044%，因此提取前 2 个主成分能够较好地反映原始变量的变异信息。在主成分 1 中 TN、AN、SOM 的载荷量较大，载荷量>0.9，表明这些因子在复垦土壤肥力变化中起着重要作用；而 pH、AP 的载荷量>0.8，表明 pH、AP 与土壤肥力变化也有较强的相关性。在主成分 2 中 TK 载荷量最大。根据因子的载荷量，计算各因子的公因子方差和权重。公因子方差的大小反映其在所选择主成分中的重要程度，结果显示权重较大的因子有 TN、AN、SOM，其次是 AP、pH、TK，表明这些肥力因子对 0~20cm

土层的土壤肥力影响较大(表 5.3)。

表 5.3　土壤肥力主成分因子载荷矩阵、公因子方差、因子权重

分层	评价参数	主成分		公因子方差	权重
		主成分 1	主成分 2		
0~20cm	pH	0.887	−0.245	0.847	0.129
	TP	0.212	0.739	0.591	0.090
	AP	0.809	0.436	0.846	0.129
	AK	0.774	0.249	0.661	0.101
	TK	−0.286	0.870	0.839	0.128
	TN	0.982	0.040	0.967	0.147
	AN	0.936	−0.225	0.928	0.141
	SOM	0.939	−0.070	0.886	0.135
	主成分的特征值	4.891	1.672		
	主成分贡献率/%	61.140	20.904		
	累计贡献率/%	61.140	82.044		

通过加权法计算土壤肥力指数(soil quality index, SQI),复垦前土壤肥力指数为 0.643,复垦 1a 土壤肥力指数为 0.168,随着复垦年限增加,复垦地土壤肥力指数呈现增长趋势,复垦 13a 土壤肥力指数是复垦初期的 3.34 倍,比复垦前土壤肥力指数增加 13.25%(图 5.2)。

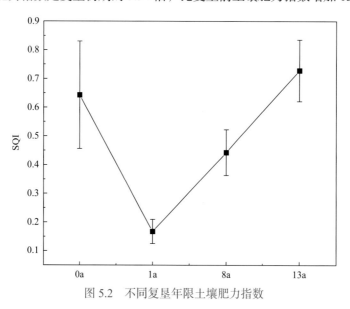

图 5.2　不同复垦年限土壤肥力指数

2. 不同复垦年限对土壤微生物群落的影响

1)土壤微生物 OTU 分析

采用 97%相似水平对测序获得的序列进行运算分类单元(operational taxonomic unit,

OTU)聚类，共得到 9139 个 OTU，进一步进行生物信息统计分析，结果表明：在不同土层呈现的规律相似，复垦地 OTU 数目随复垦时间推移增加，复垦 1a 土壤 OTU 数目最低，复垦 13a 土壤 OTU 数目与复垦前 OTU 数目相近。同样，复垦初期土壤检测到的各分类水平物种数均处于较低水平，随着年份增加物种数目也在增加，在 0～20cm 土层、20～40cm 土层，复垦 8a 和 13a 的土壤中检测到属水平的物种数高于复垦前土壤（表 5.4）。

不同处理间共有 OTU 数目范围在 2659～2359，且各土层间差距不大。0～20cm 土层中，共有 OTU 占 35.5%，复垦 1a 土壤特有 OTU 数目最少，复垦 13a 土壤特有 OTU 数目最多，20～40cm 土层呈现相同的规律。但是在 40～60cm 土层中，复垦地的特有 OTU 数目比复垦前土壤多（图 5.3）。

表 5.4 各土层 OTU 数目及各分类水平物种数目

分层及代码	样地	OTU 数目	门	纲	目	科	属
0～20cm（Ⅰ）	0a	5529	33	101	197	288	451
	1a	3770	30	92	178	254	422
	8a	5164	31	96	192	286	458
	13a	5393	33	103	208	313	508
20～40cm（Ⅱ）	0a	5152	34	104	202	280	429
	1a	3758	32	95	186	263	427
	8a	5309	31	98	188	279	455
	13a	5475	36	111	223	320	509
40～60cm（Ⅲ）	0a	5125	31	102	203	286	435
	1a	4315	35	102	203	302	470
	8a	5496	32	99	201	287	456
	13a	5286	33	107	216	306	470

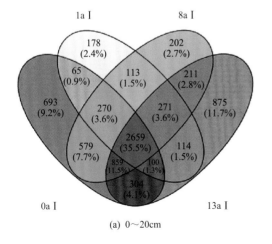

(a) 0～20cm

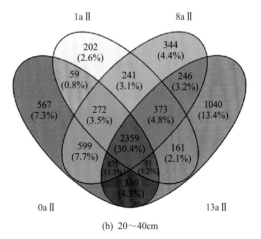

(b) 20～40cm

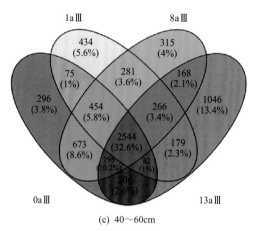

(c) 40～60cm

图5.3 各土层OTU及各分类水平物种数目

2) 土壤微生物群落 α 多样性分析

采用 Chao1 指数、ACE 指数、Shannon 指数、Simpson 指数表征土壤微生物群落 α 多样性，Chao1 指数和 ACE 指数反映群落丰富度，指数值越高说明群落物种越丰富；Shannon 指数和 Simpson 指数反映群落均匀度，指数值越高说明群落物种数越高。研究结果表明：复垦 1a 各土层 Chao1 指数、ACE 指数、Shannon 指数显著低于复垦前土壤。随着复垦年份的增加，Chao1 指数、ACE 指数、Shannon 指数总体呈现上升趋势，各土层变化趋势相似，而 Simpson 指数未见显著差异。复垦 13a 的表层土壤微生物群落 α 多样性总体上高于复垦前土壤。说明在复垦初期，土壤微生物群落的丰富度和均匀度处于较低水平，随着微生物的发育繁殖，在复垦 8a 基本恢复至复垦前水平，复垦 13a 土壤微生物群落 α 多样性反超塌陷未复垦地(图 5.4)。

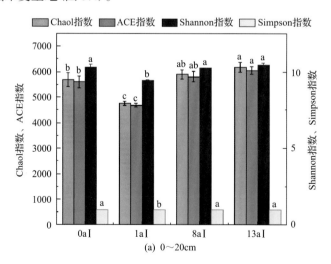

(a) 0～20cm

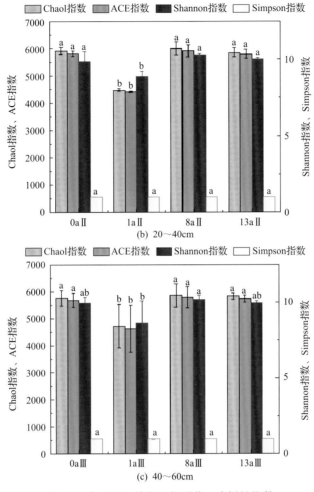

图 5.4 各土层土壤微生物群落 α 多样性指数

3）基于分类地位的土壤微生物群落多样性分析

在门分类水平上对微生物群落组成和相对丰度进行分析，结果表明：所有样品共检测到 37 个菌门，其中变形菌门（Proteobacteria）、放线菌门（Actinobacteria）、酸杆菌门（Acidobacteria）、拟杆菌门（Bacteroidetes）、绿弯菌门（Chloroflexi）、浮霉菌门（Planctomycetes）占据主导地位，总相对丰度占 80%左右，是当地土壤微生物的主要菌门（图 5.5）。其中相对丰度最高的是变形菌门，相对丰度在 22.77%以上。变形菌门、放线菌门、拟杆菌门均为可培养微生物，环境适应性强，具有耐低温、耐高盐、抗辐射等特点。可以利用传统的研究方法培养土壤优势菌群，再运回到复垦土壤中，以促进土壤微生物环境的恢复和复垦土壤质量的提高。

在属水平上，复垦 1a 0～20cm 土层、20～40cm 土层土壤微生物群落组成高度相似，而与其他土壤微生物群落组成存在显著差异，这可能是因为复垦过程中人为扰动和机械碾压使得土壤微生物群落组成发生改变，但随着复垦时间的推移，土壤微生物不断繁殖发育，最终恢复到与复垦前相似的水平（图 5.6）。

4) 土壤微生物群落 β 多样性分析

为了更清晰地了解不同样本间土壤微生物群落组成结构的特征，对样地的土壤微生物群落数据进行非度量多维尺度分析(NMDS)和主成分分析(PCoA)，考察不同环境间的样本表现出分散或聚集的分布情况，结果如图 5.7 所示。NMDS 分析结果显示，胁强系数为 0.0821，具有一定的代表性。各复垦区域与塌陷未复垦地土壤微生物形成鲜明的分组，不同复垦年份的土壤微生物群落组成差异较大，复垦 1a、复垦 13a 与塌陷未复垦地土壤有一定差异，但复垦 8a 与塌陷未复垦地土壤微生物群落组成存在部分相交关系。PCoA 分析结果显示，PCoA1 贡献率为 29.96%，PCoA2 的贡献率为 19.7%，累计贡献率达 49.66%，可以用于表达数据的主要信息。样本距离越近，微生物群落的相似性程度越高，反之，差异性较大。复垦 1a、复垦 13a 与塌陷未复垦地土壤微生物群落差异明显，复垦 8a 与塌陷未复垦地土壤样本在空间上距离较近，说明复垦地会形成新的独立的微生物群落结构，但与复垦前的群落有相似的地方。

5) 土壤理化性质与微生物群落的关系

计算门水平的微生物群落与土壤理化性质的相关性，选取相关性排名前 15 的微生物菌门绘制成热图(图 5.8)，结果表明：蝴蝶菌门(Patescibacteria)与 pH 呈极显著正相关关系，与 TN、SOM 呈极显著负相关，与 AN、AK 呈显著负相关。迷踪菌门(Elusimicrobia)、Acidobacteria、内脏虫门(Entotheoneliaeota)、Proteobacteria、异常球菌-栖热菌门(Deinococcus-Thermus)、纤维杆菌门(Fibrobacteres)与碳氮比(C/N)存在较高的相关性。在用主成分

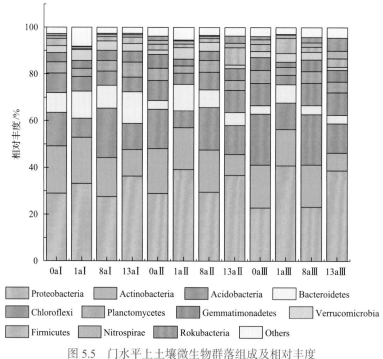

图 5.5 门水平上土壤微生物群落组成及相对丰度

以上图例依次为：蛋白质细菌，放线细菌，酸性细菌，拟杆菌属，氯仿细菌，浮霉状菌，金刚石细菌，疣状真菌，硬枝孢属，硝基螺旋菌，罗卡菌属，其他细菌

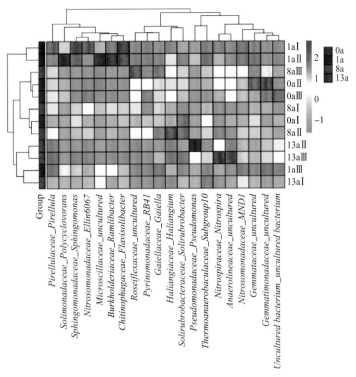

图 5.6 属水平上土壤微生物相对丰度聚类热图

Group 为群；*Pirellulaceae_Pirellula* 为梨形花科_梨形花属植物；*Solimonadaceae_Polycyclovorans* 为华杆菌科_多环孢子菌属；*Sphingomonadaceae_Sphingomonas* 为鞘脂单胞菌科_鞘脂单胞菌属；*Nitrosomonadaceae_Ellin6067* 为亚硝化单胞菌科_*Ellin6067*；*Microscillaceae_uncultured* 无中文翻译；*Burkholderiaceae_Ramlibacter* 为伯克氏菌_拉姆利杆菌；*Chitinophagaceae_Flavisolibacter* 为黄杆菌属；*Roseiflexaceae_uncultured* 为蔷薇科植物_未培养的植物；*Pyrinomonadaceae_RB41* 为吡啁单胞菌科_*RB41*；*Gaiellaceae_Gaiella* 为放线菌科_放线菌属；*Haliangiaceae_Haliangium* 为亚硝化单胞菌科_亚硝化单胞菌科；*Solirubrobacteraceae_Solirubrobacter* 为土壤红杆菌科_土壤红杆菌属；*Pseudomonadaceae_Pseudomonas* 为假单胞菌科_假单胞菌属；*Thermoanaerobaculaceae_Subgroup10* 为嗜热厌氧菌_第 10 亚群；*Nitrospiraceae_Nitrospira* 为硝化螺旋菌科_硝化螺旋菌属；*Anaerolineaceae_uncultured* 为厌氧菌科_未培养的；*Nitrosomonadaceae_MND1* 为亚硝酸盐单胞菌科_*MND1*；*Gemmataceae_uncultured* 无中文翻译；*Gemmatimonadaceae_uncultured* 为芽单胞菌科_未培养的；*Uncultured bacterium_uncultured bacterium* 为未培养的细菌_未培养的

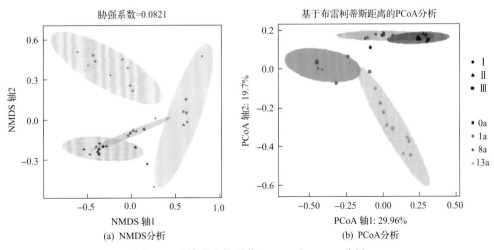

图 5.7 土壤微生物群落 NMDS 和 PCoA 分析

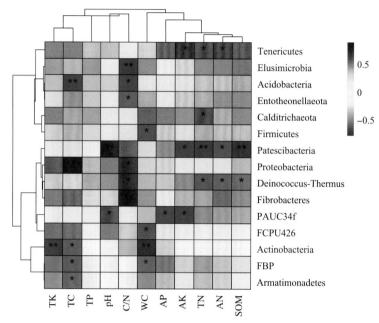

图 5.8　土壤微生物与土壤理化性质相关性热图

Armatimonadetes 为装甲菌门

分析进行土壤肥力评价时发现土壤氮素、有机质权重较大，Proteobacteria 与 TC 呈极显著正相关（$P<0.001$），与 C/N 呈显著正相关（$P<0.05$），可能是因为 Proteobacteria 中的固氮菌与豆科植物共生形成根瘤，会增加土壤氮元素的积累。同时，厚壁菌门（Tenericutes）与土壤 TN、AN 均呈显著正相关，Calditrichaeota 与 TN 呈显著正相关。可以通过传统的方式培养这些菌群，再应用到复垦土壤中，以促进土壤微生物环境的恢复和复垦土壤质量的提高。

5.1.2　不同复垦利用方式对土壤肥力与微生物群落的影响

以复垦年限均为 20a 的粉煤灰充填复垦地为对象，开展不同复垦利用方式（复垦方向与种植类型）下土壤肥力以及微生物多样性情况分析。

1. 不同复垦利用方式下土壤肥力变化

植被恢复 20 年后，不同植被恢复区的土壤理化性质都发生了变化，但 TP 和 AP 之间并没有显著差异。总的来说，所有地区均呈碱性，pH 平均值在 8.05～8.69 之间，pH 随着土壤深度的增加而升高，其中 FG 地区涨幅最高（0.5 左右）。与 F0 相比，各复垦地区表层土和底层土的 pH 均有所提升，并且各复垦地区底层土的 pH 均已接近 FCK 水平，这表明复垦有助于改善土壤环境。值得注意的是，对于表层土而言，FS、FT 和 FC 地区的 pH 均大于 FCK、F0 和 FG 地区（均种植小麦），这表明植被类型对表层土影响更为显著，而且优势物种在调控土壤 pH 上占主导作用。有趣的是，无论是表层土还是底层土，FT 地区的 pH 一直维持在同一水平，这可能是由于桃树为该地区的唯一作物，地表被落叶覆盖，桃树种植较为紧凑，很少有杂草，此外，桃树根系较深且庞大，对表层土和底层土的 pH 调控效果一致（表 5.5～表 5.7）。

表 5.5　不同复垦利用方式下土壤理化性质

分层	地区	pH	WC/%	TP /(g/kg)	AP /(mg/kg)	AK /(mg/kg)	TK /(g/kg)	TN /(g/kg)	AN /(mg/kg)	SOM /(g/kg)	TC /(g/kg)
0～20cm	FCK	8.38± 0.04b	16.53± 0.86a	0.71± 0.06b	9.5± 0.78b	328.9± 10.77a	22.57± 0.58a	1.09± 0.13b	253.67± 9.07a	29.79± 1.08b	25.58± 2.04b
	F0	8.05± 0.17c	13.08± 1.47b	0.82± 0.05a	8.99± 2.02b	293.27± 15.92ab	24.41± 1.79a	1.44± 0.07a	137± 27.07b	37.32± 3.24a	34.22± 1.02a
	FS	8.49± 0.07ab	8.36± 2.18cd	0.67± 0.04b	9.07± 2.15b	292.6± 22.45ab	24.3± 0.78a	0.66± 0.1d	116.67± 16.5b	18.12± 2.91cd	18± 0.87cd
	FT	8.57± 0.03a	7.3± 1.1d	0.71± 0.1b	9.15± 1.14b	254.13± 25.82b	17.3± 0.36b	0.47± 0.05e	68.33± 5.39c	15.03± 2.27d	15.72± 1.21d
	FC	8.5± 0.12ab	14.73± 1.46ab	0.7± 0.04b	6.89± 0.81b	309.6± 33.69a	19.25± 1.46b	0.63± 0.09d	110.7± 16.14b	14.68± 0.71d	17.92± 0.47cd
	FG	8.14± 0.08c	10.21± 1.29c	0.76± 0.02ab	14.62± 0.28a	290.83± 12.72ab	18.02± 0.59b	0.82± 0.02c	125.67± 5.13b	21.07± 2.81c	19.74± 1.55c
20～40cm	FCK	8.69± 0.02a	19.67± 0.6a	0.72± 0.1a	10.41± 3.04a	281.9± 13.07a	24.15± 0.32a	0.55± 0.06b	126.33± 27.54a	17.67± 0.21b	20.56± 0.2b
	F0	8.35± 0.03d	17.51± 1.35a	0.72± 0.1a	8.06± 0.25a	222.07± 15.11bc	24.86± 0.33a	0.86± 0.08a	121.67± 16.44a	27.1± 1.25a	26.37± 0.62a
	FS	8.62± 0.06ab	9.74± 1.83b	0.76± 0.06a	10.25± 0.15a	226.77± 24.47bc	18.17± 0.68bc	0.48± 0.08bc	70± 1bc	13.7± 2.62c	17.61± 1.68c
	FT	8.55± 0.06c	10.19± 1.69b	0.76± 0.08a	8.65± 0.29a	217.53± 21.45bc	18.1± 0.27bc	0.48± 0.04bc	56± 7c	10.93± 2.1c	17.71± 0.42c
	FC	8.66± 0.06a	19.18± 1.15a	0.68± 0.04a	7.64± 0.95a	248.27± 25.04b	18.45± 0.69b	0.41± 0.08c	92.33± 4.16b	10.37± 0.38c	17.47± 1.54c
	FG	8.63± 0.05ab	17.73± 2.41a	0.76± 0.05a	9.53± 2.02a	201.73± 7.32c	17.29± 0.68c	0.42± 0.04c	67.33± 4.16bc	11.77± 2.32c	16.38± 0.69c

注：数值为平均值±标准差（$n=3$），同列内不同字母表示不同土壤样品显著差异（$P<0.05$）。

表 5.6　不同复垦方式采样点基本情况

地区	坐标	土地利用方式	种植作物
FCK	116.8914°E 33.9827°N	未塌陷	小麦
F0	116.8926°E 33.9846°N	塌陷未复垦	小麦
FS	116.8599°E 33.9734°N	粉煤灰充填，覆土 40cm，2000 年左右复垦	槐树
FT	116.8603°E 33.9735°N	粉煤灰充填，覆土 40cm，2000 年复垦	桃树
FC	116.8624°E 33.9735°N	粉煤灰充填，覆土 40cm，2000 年复垦	辣椒、萝卜、青菜等
FG	116.8623°E 33.9751°N	粉煤灰充填，覆土 40cm，2000 年复垦	小麦

表 5.7 挖深垫浅复垦模式下不同复垦年限采样点基本信息

样地	采样编号	经纬度	基本信息	种植模式
不同复垦年限	0a	116.5822°E 33.6386°N	塌陷未复垦	耕地，小麦
	1a	116.5830°E 33.6400°N	2019 年复垦	
	8a	116.5823°E 33.6385°N	2012 年复垦	
	13a	116.8640°E 34.0297°N	2007 年复垦	

注：以 2020 年为基准年。

总体上，FCK、F0 的土壤养分(包括 AP、AK、AN)含量显著高于其他地区，这表明塌陷改变了土壤结构，造成了水分流失，并且在一定程度上影响了土壤养分循环，虽然经过 20 年的修复，但其整体肥力水平仍然未达到原地区水平。值得注意的是，F0 地区的 TP、TK、TN、SOM 和 TC 比不同地区的表层土和底层土都高，这可能是由于塌陷造成了土地下沉，其海拔低于周围地区，在多年降雨的影响下，土壤间隙水带动部分土壤养分流向塌陷区，长时间影响下，导致其部分土壤养分(TP、TK、TN、SOM 和 TC)高于未塌陷地区。与此同时，F0 地区的 AP、AK 和 AN 却显著低于 FCK 地区，这可能是由于塌陷改变了土壤环境，造成土壤水分流失，在一定程度上影响了微生物的生存环境和群落结构，使其与植物根系的互作网络发生变化，影响其相互间的互作关系和养分循环(图 5.9)。

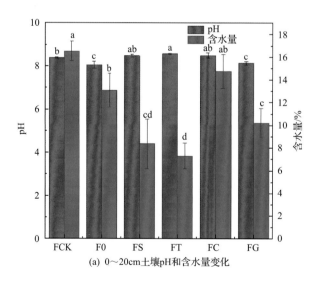

(a) 0～20cm土壤pH和含水量变化

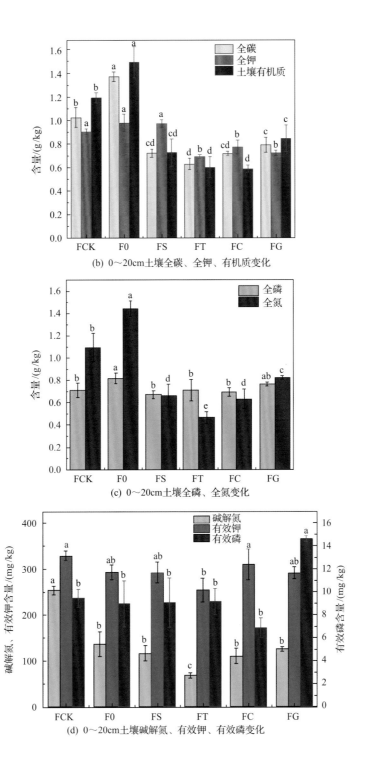

(b) 0～20cm土壤全碳、全钾、有机质变化

(c) 0～20cm土壤全磷、全氮变化

(d) 0～20cm土壤碱解氮、有效钾、有效磷变化

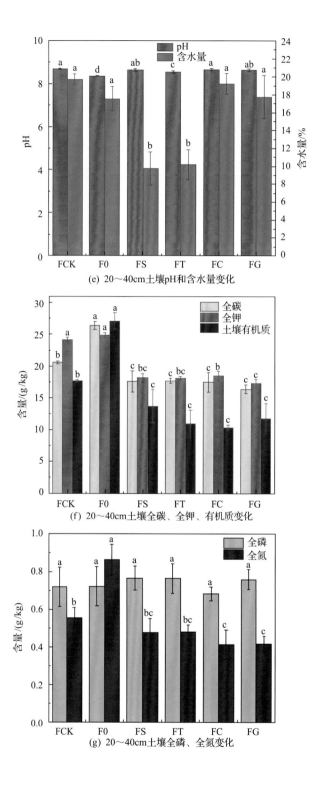

(e) 20～40cm土壤pH和含水量变化

(f) 20～40cm土壤全碳、全钾、有机质变化

(g) 20～40cm土壤全磷、全氮变化

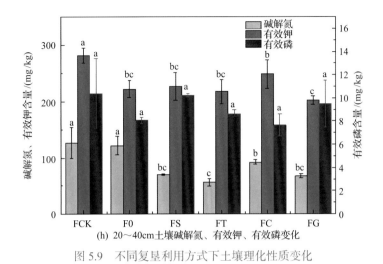

(h) 20~40cm土壤碱解氮、有效钾、有效磷变化

图 5.9 不同复垦利用方式下土壤理化性质变化

2. 不同复垦利用方式下土壤肥力综合评价

从整体水平上看，FCK、F0 地区表层土和底层土的土壤理化性质和肥力水平最高，FG、FC 和 FS 次之，FT 最低，这可能是由于 FCK、F0、FG 和 FC 为耕地和菜园，受人为因素影响较大，其经常季节性施肥，定期灌溉，并且 FT 种植桃树，其种植密度较大，树木间养分吸收竞争较大，同时缺乏一定的管理，导致其理化性质和肥力水平较差。

与表 5.2 相比较，土壤样品 pH 均大于 7.5，为碱性土壤。在 0~20cm 土层中，土壤有机质含量在 14.68~37.32g/kg，各处理量之间变化具有微小差异，总体达到土壤养分标准Ⅰ、Ⅲ级别之间，其中样品 F0 有机质含量最高为 37.32g/kg，达到Ⅰ级别；土壤碱解氮含量在 68.33~253.67mg/kg，变化幅度较大，部分可达到Ⅰ级标准；土壤有效钾含量在 254.13~328.9mg/kg，变化幅度较小，均达到Ⅰ级别以上；土壤有效磷含量在 6.89~14.62mg/kg，达到土壤养分Ⅲ、Ⅳ级别，其中 FG 土壤有效磷含量最高，为 14.62mg/kg，达到Ⅲ级别，FC 含量最低，达到Ⅳ级别；土壤全氮含量在 0.44~1.44g/kg，其变化幅度较大，在Ⅲ与Ⅵ级别之间，总体全氮含量较低；土壤全磷含量在 0.67~0.82g/kg，达到Ⅱ、Ⅲ级别，土壤含磷总量较高，且变化不大；土壤全钾含量在 17.3~24.41g/kg，达到Ⅲ级别以上，无明显变化规律；土壤含水量在 7.3%~16.53%，全碳含量在 15.72~34.22g/kg。在 20~40cm 土层中，土壤有机质含量在 10.37~27.1g/kg，各处理量之间变化较小，达到土壤养分标准Ⅲ、Ⅳ级别，其中 FC 有机质含量最低，为 10.37g/kg，达到Ⅳ级别，F0 含量最高，为 27.1g/kg，达到Ⅲ级别；土壤碱解氮含量在 56~126.33mg/kg，部分可达到Ⅱ级标准；土壤有效钾含量在 201.73~281.9mg/kg，均达到Ⅰ级别以上；土壤有效磷含量在 7.64~10.41mg/kg，总体达到Ⅳ级别；土壤全氮含量在 0.41~0.86g/kg，其变化幅度不大，达到Ⅳ、Ⅴ级别，总体全氮含量较低；土壤全磷含量在 0.68~0.76g/kg，达到Ⅲ级别，土壤含磷总量较高，且变化不大；土壤全钾含量在 17.29~24.86g/kg，达到Ⅱ、Ⅲ级别，处于中等偏高状态，无明显变化规律；土壤含水量在 9.74%~19.67%，较表层土壤含水量略有增加，全碳含量在 16.38~26.37g/kg。

选用的评价参数为 pH、TP、AP、TK、AK、TN、AN、SOM，从土壤理化性质分析结果来看，0~20cm 土层土壤更容易受到人为扰动的影响，其变化比深层土壤更加强烈，并且 0~20cm 是作物的主要耕作层，因此重点关注 0~20cm 土层肥力变化情况，用主成分分析法计算各指标权重和土壤肥力指数。

主成分分析结果(表 5.8)显示：在 0~20cm 土层中，提取到特征值≥1 的主成分有 3 个，累计贡献率达到 82.969%，因此提取前 3 个主成分能够较好地反映原始变量的变异信息。在主成分 1 中 TN、SOM 的载荷量较大，载荷量>0.9，表明这些因子在复垦土壤肥力变化中起着重要作用；而 pH 的载荷量>0.7，表明 pH 与土壤肥力变化也有较强的相关性。在主成分 2 中 AP 载荷量最大，在主成分 3 中 AP、AK 载荷量较大。根据因子的载荷量，计算各因子的公因子方差和权重。公因子方差的大小反映其在所选择的主成分的重要程度，结果显示权重较大的因子有 TN、AN、SOM，其次是 AP、pH、AK，表明这些肥力因子对 0~20cm 土层的肥力值影响较大。

通过加权法计算 SQI，未塌陷原始地貌土壤和塌陷未复垦土壤综合肥力指数分别为 0.592 和 0.668，数值间无显著差异。复垦地中耕地土壤肥力指数最高，为 0.465。其次是复垦为林地，复垦为果园和菜地的土壤肥力指数最低，这是因为采样时间为 11 月初，果园和菜地的产出较大，尤其是果园刚收获，因此其土壤肥力处于较低水平(图 5.10)。结果说明：复垦为耕地的土壤肥力水平较高，但复垦地土壤肥力均低于复垦前土壤，说明粉煤灰充填后即使经过长时间的自然恢复仍难以达到原水平。

表 5.8　不同复垦利用方式下土壤肥力主成分因子载荷矩阵、公因子方差、因子权重

分层	评价参数	主成分			公因子方差	权重
		主成分 1	主成分 2	主成分 3		
0~20cm	pH	0.754	0.488	−0.065	0.810	0.122
	TP	0.532	0.577	−0.106	0.627	0.095
	AP	0.148	0.710	0.565	0.846	0.127
	AK	0.521	−0.524	0.518	0.814	0.123
	TK	0.643	−0.462	−0.393	0.780	0.118
	TN	0.968	0.038	−0.163	0.964	0.145
	AN	0.695	−0.445	0.453	0.886	0.133
	SOM	0.938	0.066	−0.162	0.910	0.137
	主成分的特征值	3.856	1.767	1.015		
	主成分贡献率/%	48.198	22.082	12.689		
	累计贡献率/%	48.198	70.280	82.969		

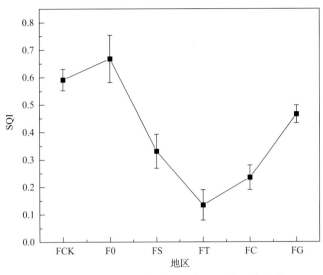

图 5.10　不同复垦利用方式下复垦土壤肥力指数

3. 不同复垦利用方式下土壤微生物群落组成结构分析

1) 不同复垦利用方式对土壤微生物生物量及多样性的影响

通过对 α 多样性指数的组间差异性分析，不同复垦地区表层土和底层土的 α 多样性指数存在一定变化，但无显著性变化，并且部分复垦地区的 α 多样性指数接近甚至高于 FCK(表 5.9)，此外，根据 Simpson 指数更受物种均匀度影响的特性可以得出结论：经过 20 年的复垦，不同地区土壤的微生物已根据复垦后的土壤环境和复垦植被类型形成了相关优势菌种，构建了稳定的群落结构，从整体水平上看土壤微生物群落和生物量已趋于稳定。

表 5.9　不同复垦利用方式下土壤微生物群落 α 多样性指数

地层和地区		Richness	Shannon	Simpson	Chao1	ACE	Goods coverage
0～20cm	FCK	4542±41a	10.4068±0.0758a	0.9982±0.0001a	5150±164a	5050±72a	0.9938±0.0004ab
	F0	4608±86a	10.2605±0.0703ab	0.9975±0.0004ab	5172±24a	5086±37a	0.9938±0.0004ab
	FS	4523±145a	10.0418±0.1090b	0.9963±0.0013b	5102±166a	5011±154a	0.9937±0.0002ab
	FT	4580±81a	10.2717±0.0799ab	0.9974±0.0002ab	5090±57a	5008±81a	0.9942±0.0003ab
	FC	4690±130a	10.3206±0.0832ab	0.9973±0.0003ab	5197±143a	5098±135a	0.9943±0.0001a
	FG	4601±91a	10.1764±0.1350b	0.9966±0.0006ab	5122±137a	5056±117a	0.9941±0.0003ab
20～40cm	FCK	4410±298b	10.150±0.206a	0.9974±0.0006a	5038±285a	4934±271b	0.9935±0.0002d
	F0	4426±86b	10.143±0.019a	0.9975±0.0006a	5018±72a	4975±86ab	0.9934±0.0001d
	FS	4608±183ab	10.107±0.112a	0.9965±0.0006a	5100±189a	5036±163ab	0.9941±0.0000bc
	FT	4580±74ab	10.082±0.025a	0.9961±0.0003a	5153±6a	5021±44ab	0.9940±0.0002c
	FC	4878±41a	10.414±0.130a	0.9977±0.0004a	5296±43a	5225±27a	0.9947±0.0002a
	FG	4810±102a	10.303±0.112a	0.9972±0.0002a	5255±106a	5195±104a	0.9944±0.0001ab

注：数值为平均值±标准差($n=3$)，同列内不同字母表示不同土壤样品显著差异($P<0.05$)。

在所有地区的α多样性指数中，FCK和FC均处于较高水平，FT处于最低水平。对于FCK而言，因为其土壤环境未受到塌陷影响，并且其理化性质和肥力水平相对较高，其土壤更利于微生物的生存。对于FC而言，由于其为菜园(种植辣椒、萝卜和青菜等)，相对于其他地区有较为丰富的物种组成，不同的植物和根系网络更利于多种微生物的生存和富集。对于FT而言，一方面可能是其较低的理化性质和肥力水平，造成微生物生存环境较差，另一方面可能是由于该地区种植桃树，并且桃树为唯一优势物种，种植较密，无明显杂草等其他物种，物种组成单一，相对其他微生物群落和根系形成的伴生互作关系，桃树根系与微生物群落可能存在更多养分竞争关系，未能形成良性循环，导致这种现象(图5.11)。

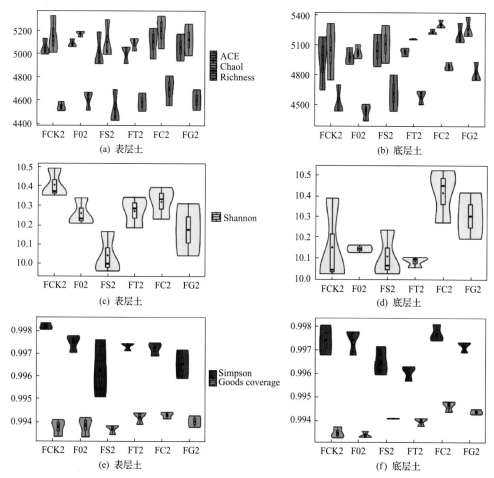

图5.11 不同复垦利用方式下土壤微生物群落α多样性指数

注：地区名后的数字2代表20~40cm土层

通过对不同深度土层进行分析发现，FCK、F0表层土的α多样性指数显著高于底层土，而FS、FT、FC和FG却与之相反。这可能是由于FCK和F0地区为未采用粉煤灰填充复垦地区，土壤环境未发生剧烈变化，表层土的土壤肥力水平和含氧量更高，更适合微生物生存，更符合自然演替规律。FS、FT、FC和FG地区可能是由于塌陷后采用粉煤灰进行填充，改变了土壤原有结构特征，并且粉煤灰自身带有一定的营养元素，可以缓慢改善土壤环境，并且在粉煤灰填充过程中，从外界引入了大量的微生物，其中部分微生物适应了新的土壤环境，与微生物群落结构生存下来，随着时间推移，逐渐向上扩散迁移，从而导致底层土微生物多样性和生物量大于表层土。同时为验证这一规律，对 OUT 聚类结果进行统计分析，筛选排除未识别出菌属等级的 OUT，并通过雷达图进行可视化处理，结果表明不同复垦地区展现出来的规律与 α 多样性指数规律一致，进一步证明了之前的猜想(图 5.12)。

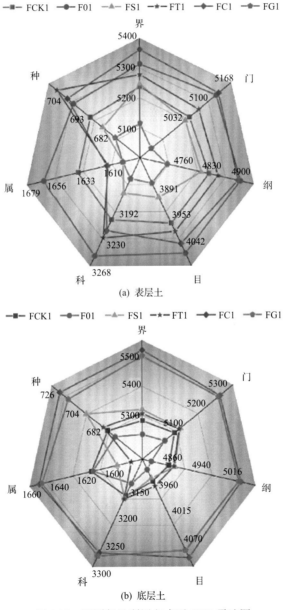

(a) 表层土

(b) 底层土

图 5.12　不同复垦利用方式下 OUT 雷达图

注：地区名后的数字 1 代表 0～20cm 土层

2) 不同复垦利用方式对微生物群落组成和结构的影响

不同复垦利用方式下土壤微生物共检测出 33 个菌门, 其中相对丰度超过 1% 的菌门共有 21 个, 前 10 的菌门分别为 Proteobacteria、Acidobacteria、Actinobacteria、Chloroflexi、Gemmatimonadetes、Planctomycetes、Bacteroidetes、Verrucomicrobia、Firmicutes 和 Rokubacteria。其中 Proteobacteria 为相对丰度最高的菌门,在每个地区的占比均超过 23%,在 FG 地区的表层土中更是高达 40%,为最主要的菌门。对所有复垦地区土壤微生物的门水平进行分析,发现表层土中的 Bacteroidetes 和 Verrucomicrobia 相对丰度高于底层土,而对于 Chloroflexi 来说,却恰恰相反。有意思的是, FG 地区表层土的 Proteobacteria、Firmicutes 相对丰度大于底层土,与其他地区规律截然相反,这可能是由于粉煤灰填充复垦后,改变了土壤环境,使得微生物群落相对丰度发生了变化。

分别对表层土和底层土土壤微生物相对丰度进行分析,发现底层土展现出的规律更符合不同地区所种植的植物和理化性质,这也进一步验证了前文的猜想:底层土更能代表土壤修复效果和肥力水平。通过观察不同地区底层土的门水平微生物相对丰度变化,发现 Proteobacteria、Rokubacteria、Nitrospirae 为 FCK、F0、FG 地区的优势菌群,这可能与该地区种植小麦有关,和小麦根系形成互作网络,相互影响;Actinobacteria、Gemmatimonadetes 为 FS、FT 地区的优势菌群,该地区的种植植物为槐树和桃树,表明这两种细菌可能与乔木显著相关(图 5.13、图 5.14)。

对不同复垦地区的微生物群落结构进行分析(图 5.15), NMDS 分析结果表明粉煤灰复垦前后,土壤微生物群落显著不同,主要分为两部分,分别为 FCK、F0 地区和 FC、

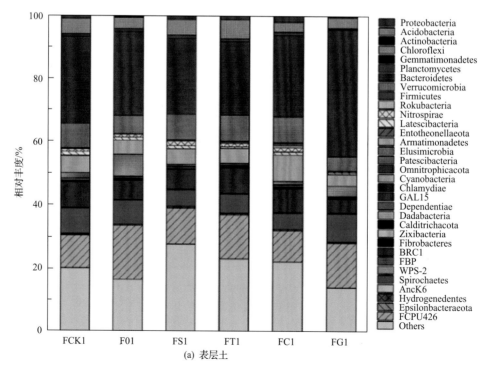

(a) 表层土

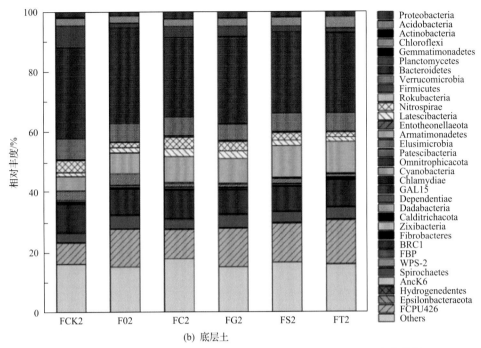

(b) 底层土

图 5.13 不同复垦利用方式下表层土和底层土土壤微生物相对丰度分析

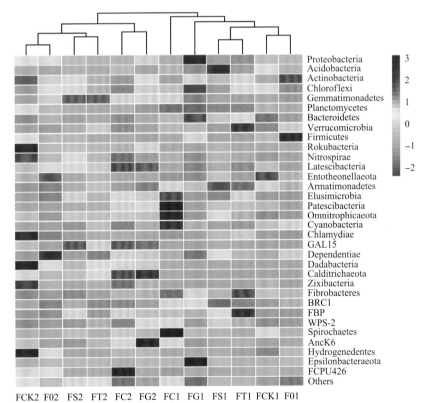

图 5.14 不同复垦利用方式下土壤微生物群落结构分布图

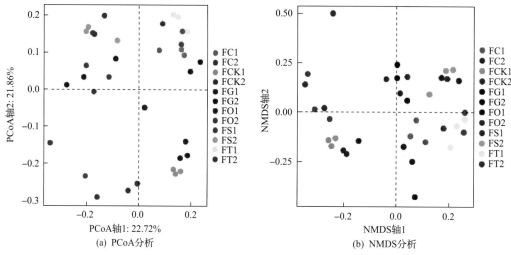

图 5.15 土壤微生物群落 PCoA 和 NMDS 分析

FG、FS、FT 地区，这表明复垦改变了土壤环境，在一定程度上影响了土壤微生物群落结构，同时这与前文不同复垦地区土壤理化性质和肥力水平的规律一致，这也从侧面证明土壤理化性质和肥力水平与土壤微生物群落有着密切的联系。并且 NMDS 的轴 1 和轴 2 在前面的基础上将两部分分为四部分，将不同植物复垦地区的表层土和底层土分开，这一结果在 PCoA 分析中展示得更为明显，表明表层土和底层土的微生物群落存在一定差异，这也与土壤理化性质不同有关，从而不难推断出土壤理化性质和肥力水平等环境因子对微生物群落影响显著，同时微生物群落也会在一定程度上影响土壤的理化性质和肥力水平。

3) 不同复垦利用方式下土壤理化性质、微生物群落与土壤微生物功能基因关系

采用 RDA 评估微生物群落的分类结构，并将其与环境因子进行关联，展现了门水平丰度上前 10 的菌种。表层土中 RDA 的第一轴和第二轴分别解释了 OTU 水平微生物群落组成变异的 67.88% 和 5.53%，在底层土中分别解释了 59.46% 和 20.35%（图 5.16），无论在表层土还是底层土中，前两个轴解释的微生物群落结构总变异程度均超过了 80%。在表层土中，FCK、FS、FT、FC 地区的 Acidobacteria 与 pH 是正相关的，F0、FG 地区的 Firmicutes、Bacteroidetes 与 SOM、TN、TC、TP、AP、AN、AK 是正相关的，Verrucomicrobia 与 TK 是正相关的，Proteobacteria 与 WC 也是正相关的。在底层土中，FG、FC 地区的 Rokubacteria 与 pH 是正相关的，FCK、F0 地区的 Chloroflexi、Bacteroidetes、Acidobacteria、Proteobacteria 与 SOM、TN、TC、TP、AP、AN、AK 是正相关的，Verrucomicrobia 与 TK 是正相关的，Proteobacteria 与 WC 也是正相关的。并且发现无论在表层土还是底层土中，pH 与 SOM、TN、TC、TP、AP、AN、AK 皆呈负相关，这可能与土壤本身呈碱性环境有关，随着 pH 的持续升高，可能抑制了与植物根系互作微生物的活性，从而导致部分营养元素的降低。

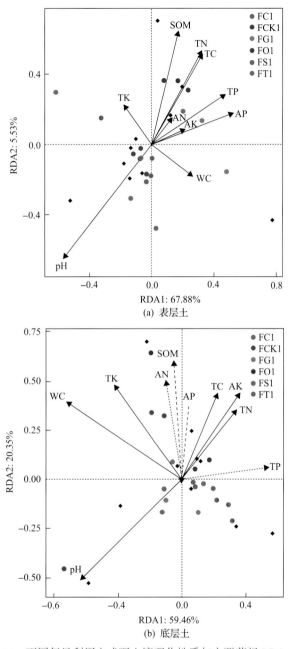

图 5.16　不同复垦利用方式下土壤理化性质与主要菌门 RDA 分析

5.2　淮南矿区不同复垦利用方式下土壤肥力 与微生物群落特征分析

　　淮南矿区位于安徽省两淮采煤塌陷区，属暖温带半湿润季风气候，是中国重要的煤炭生产基地之一。煤炭开采带来的地面沉降、地表裂缝及熔岩塌陷等现象，对土壤造成了严重损伤。基于两淮矿区实际情况，采取了煤矸石充填复垦模式，以此缓解塌陷带来的各种影响。复垦工艺为：首先用推土机将原地表土推至工作面，然后填充煤矸石，用振动碾压机进行振动碾压，再用推土机将堆放的地表土覆盖煤矸石。煤矸石充填至标高+13.40m，再覆土60cm左右，农田平均标高为+14.00m，复垦年限为15a，复垦面积23hm²，土壤 pH 整体呈弱碱性。覆土层土壤质地为砂质黏壤土，煤矸石质地为沙壤土，颗粒间差异较大，化学成分以 SiO_2 为主，土壤孔隙较小。在分层回填过程中，为保证回填土地的保水性能，将粒径大的煤矸石回填到塌陷区的底部，然后依次回填小粒径煤矸石，在将煤矸石倒入塌陷坑的同时，人工将黄土铲入煤矸石中混合。复垦区主要分为三种复垦利用方式：一是复垦为草地，主要种植大滨菊草本植物；二是复垦为耕地，常年采取小麦-玉米轮作模式；三是复垦为林地，主要种植池杉等杉科、落羽杉属植物。本书在复垦区内主要选取草地、耕地和林地三种不同复垦利用方式土壤进行分析，分别记为 C、G和 L，具体情况和布置如图 5.17 所示。

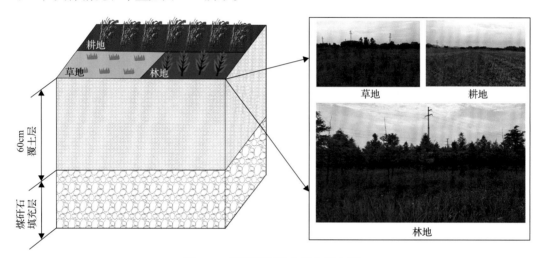

图 5.17 研究区试验布置与样点图

5.2.1 不同复垦利用方式下土壤微生物多样性分析

1. 微生物群落组成

为明确煤矸石充填复垦土壤的微生物优势群落信息，对不同复垦利用方式下(L,林地；C,草地；G,耕地)土壤微生物群落在门、纲分类水平获得的 OTU 序列进行划分，相对丰度＞0.01%的主要微生物种类有 10 种，相对丰度＜0.01%的微生物种类合并为其他(others)，结果如图 5.18 所示。门分类水平上，不同复垦利用方式下土壤微生物相对丰度前5 的优势群落为变形菌(37.72%)、酸杆菌(12.66%)、放线菌(12.63%)、绿弯菌(8.26%)、拟杆菌(7.41%)，共占细菌总数的 78.68%。C2 相比 C1、G2，变形菌的相对丰度分别增加 5.32%、3.67%($P<0.05$)；L3 较 G3 变形菌相对丰度增加 8.06%($P<0.05$)；与 L2 相比，L1 酸杆菌相对丰度增加 2.49%($P<0.05$)；G2 较 G1 放线菌相对丰度增加 0.31%($P<0.05$)；L3 相比 L1 绿弯菌相对丰度增加 61.10%($P<0.05$)。

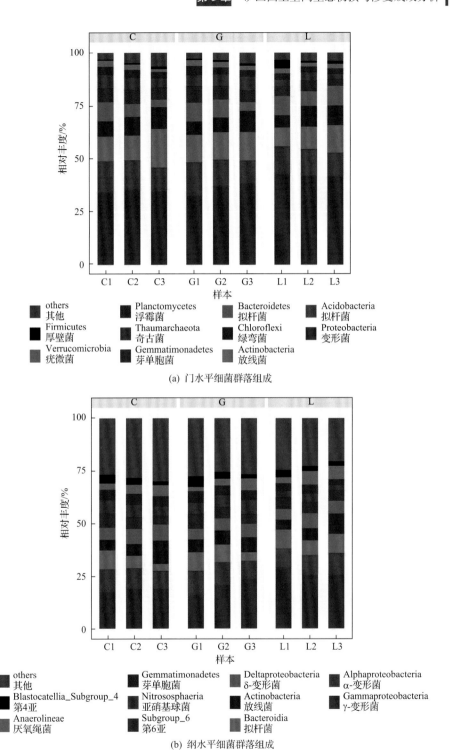

(a) 门水平细菌群落组成

(b) 纲水平细菌群落组成

图 5.18　不同复垦利用方式下土壤微生物群落组成

注：C1 为草地 0～20cm；C2 为草地 20～40cm；C3 为草地 40～60cm；G1 为耕地 0～20cm；G2 为耕地 20～40cm；
G3 为耕地 40～60cm；L1 为林地 0～20cm；L2 为林地 20～40cm；L3 为林地 40～60cm。下同

纲分类水平上[图5.18(b)]相对丰度前5的微生物优势群落自高向低依次为γ-变形杆菌(Gammaproteobacteria)(29.30%)、α-变形杆菌(Alphaproteobacteria)(13.07%)、拟杆菌(Bacteroidia)(9.76%)、放线菌(Actinobacteria)(9.23%)、δ-变形杆菌(Deltaproteobacteria)(8.51%)。G1较L1 α-变形杆菌的相对丰度增加27.90%($P<0.05$);与C3相比,C2拟杆菌的相对丰度增加71.77%($P<0.05$);C2较C1放线菌的相对丰度增加10.95%($P<0.05$)。

2. 微生物 α 多样性

为明晰煤矸石充填复垦土壤微生物群落丰富度、均匀度的差异性,本书基于单因素方差分析,以Chao1指数、Shannon_Wiener指数、Pielou指数及Coverage指数衡量煤矸石充填土壤微生物α多样性的变化(表5.10)。

表5.10 不同复垦利用方式下土壤微生物 α 多样性比较

分层	复垦利用方式	Chao1 指数	Shannon_Wiener 指数	Pielou 指数	Coverage 指数
0~20cm	C	4938.37Aa	6.72Aa	0.79Aa	0.98Aa
	G	4075.87Aa	6.71Aa	0.81Aa	0.97Ab
	L	4800.20Aa	6.19Aa	0.73Ab	0.98Aa
20~40cm	C	4917.07Aa	6.85Aa	0.81Aa	0.98Aa
	G	4169.27Aa	6.72Aa	0.81Aa	0.97Aa
	L	4095.23Aa	6.57Aa	0.79Aa	0.97Aa
40~60cm	C	3131.97Aa	6.50Aa	0.84Aa	0.97Aa
	G	3746.43Aa	6.55Ba	0.80Aa	0.97Aa
	L	4258.93Aa	6.57Aa	0.79Aa	0.97Aa

注:不同小写字母表示同一土层中不同复垦利用方式之间的差异显著($P<0.05$),不同大写字母表示同一复垦利用方式不同土层间的差异显著($P<0.05$)。

结果显示,0~20cm土层和20~40cm土层,草地Chao1指数和Shannon_Wiener指数大于耕地和林地。随着土层深度的逐渐增加,微生物丰富度逐渐降低,这可能是由于深层土壤缺乏通透性,其土壤温度、氧气、活性碳库等状况变差。在不同土层深度下,多样性指数波动并不大,耕地深层土壤与表土层存在显著性差异($P<0.05$)。表层土壤Pielou指数在不同复垦利用方式上存在差异性,耕地显著大于林地($P<0.05$),林草地表层土壤均匀度低于深层,这可能是因为植物根系分泌物中富含有机酸、维生素、氨基酸等多种物质,影响土壤微生物群落组成,而不同植物的根系分泌物不同,从而有选择地影响着土壤微生物群落。由反映测序深度的Coverage指数可知,本次测序各样本均在97%以上,样品检测到的样本覆盖率高,说明可以直接检验到土壤环境中的绝大多数土壤微生物物种,充分反映了样品中各种微生物的真实情况。

3. 微生物 β 多样性

为了更加清晰地反映不同复垦利用方式下微生物群落结构存在的差异性,本书基于

bray_curis 距离矩阵对 OTU 分类水平的微生物群落进行 NMDS 分析，通过二维排序图描述微生物群落组成之间的差异性(图 5.19)。每个点代表 1 个土壤样本，不同颜色的点属于不同组，两点之间的空间距离越接近，表明两样本之间的微生物群落组成相似度越高，差异越小。图 5.19 显示，NMDS 分析图的胁强系数为 0.10(＜0.2)，认为 NMDS 二维空间的拟合结果可以准确反映不同复垦利用方式下微生物群落的真实情况。对比同一方向不同土壤样本微生物群落组成之间的差异性小，对比不同方向的土壤微生物样本，微生物群落之间距离较近，相似性大。C1、C2 之间差异性小，相似性大，都与 C3 具有差异性。G1、G2 和 G3 之间，微生物群落组成相似程度较近，各样本间差异性小，相似性大。L1、L2 和 L3 之间，L1 与 L2 差异性小，相似性大，同 L3 具有差异性。由以上可知，各土壤样本在空间距离上较近，表层土和中层土的土壤微生物群落相似性大，差异性小，表层土、中层土同深层土壤的细菌群落具有差异性，这是由于表中层土壤与深层土壤水分、通气性、温度、养分等土壤微生物生存状况不同，导致土壤微生物组成产生差异。

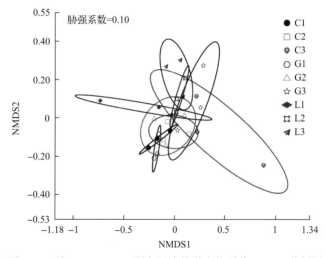

图 5.19　基于 bray_curis 距离矩阵的微生物群落 NMDS 分析图

5.2.2　不同复垦利用方式下土壤肥力特征分析

1. 土壤肥力指标差异性

综合考虑土壤肥力的影响因素并结合试验条件，以方差分析为手段，选取全氮、有效磷、有效钾、有机质、pH 对土壤肥力影响较大的肥力指标，明晰不同复垦利用方式下土壤肥力特征，结果见表 5.11。

表 5.11　不同复垦利用方式下土壤肥力指标统计特征值

土层	复垦利用方式	全氮/(g/kg)	有效磷/(mg/kg)	有效钾/(mg/kg)	有机质/(g/kg)	pH
0~20cm	C	1.17±0.01ab	14.40±0.00a	325.67±10.40a	16.27±2.16ab	8.15±0.16a
	G	1.48±0.11a	6.38±2.02b	315.67±10.17a	20.80±2.37a	8.03±0.04a
	L	1.10±0.13b	4.90±1.85b	306.00±29.70a	13.60±0.80b	8.20±0.23a

续表

土层	复垦利用方式	全氮/(g/kg)	有效磷/(mg/kg)	有效钾/(mg/kg)	有机质/(g/kg)	pH
20~40cm	C	0.88±0.12a	5.30±1.05b	249.33±42.14a	12.23±1.58a	8.30±0.76a
	G	1.10±0.20a	8.00±0.15a	310.67±41.20a	14.60±3.03a	8.02±0.07a
	L	0.99±0.08a	7.10±0.78ab	229.00±7.33a	10.62±0.29a	7.98±0.28a
40~60cm	C	0.85±0.04a	8.07±0.80a	252.67±13.05a	10.41±0.63a	7.78±0.19a
	G	0.78±0.15a	6.33±0.09a	246.00±41.63a	7.49±0.87b	7.91±0.32a
	L	0.91±0.06a	3.50±0.80b	217.00±13.05a	9.23±0.53ab	8.07±0.64a

注：同列数据后不同小写字母表示 $P<0.05$ 水平存在显著性差异。

表层(0~20cm)土壤，有效钾在 3 种复垦利用方式上变化波动不大，在 306.00~325.67mg/kg，并不存在显著性差异；耕地全氮、有机质含量为 1.48g/kg、20.80g/kg，分别是林地的 1.35 倍、1.53 倍；草地有效磷含量最高，相比林地，增加了 1.94 倍；草地显著高于耕地、林地($P<0.05$)。中层(20~40cm)土壤，除有效磷外，不同复垦利用方式波动不大，并无显著性差异；耕地有效磷含量最高，为 8.00mg/kg，是草地(5.30mg/kg)的 1.51 倍，各样地之间存在显著性差异($P<0.05$)。深层(40~60cm)土壤，有效磷、有机质含量在 3 种复垦利用方式上均呈现不同类型的差异性，草地最高，分别为 8.07mg/kg、10.41g/kg，约为林地的 1.31 倍，耕地的 0.39 倍，各样地之间存在显著性差异($P<0.05$)。样本 pH 介于 7.78~8.30，呈弱碱性，在不同复垦利用方式上并不存在显著性差异。

对照全国土壤养分含量分级标准表，研究区内土壤全氮含量介于 0.78~1.47g/kg，属中等水平；有效磷含量介于 3.50~14.40mg/kg，大部分处于中等水平，林地深层土壤较为缺乏；有效钾含量介于 217~325.67mg/kg，处于极高水平，含量较为丰富；有机质含量介于 7.49~20.80g/kg，大部分处于中等水平，耕地深层土壤较为缺乏。

2. 土壤肥力指数

依据全国土壤养分含量分级标准表，选取全氮、有效磷、有效钾、有机质作为肥力评价因子，进行隶属度计算，消除量纲影响。查阅相关文献，选择 S 型隶属度函数，同时参照《全国第二次土壤普查技术规程》，确定各指标隶属度函数转折点。采用变异系数法确定指标权重，根据各指标的隶属度和权重，然后将两者相乘并进行累加，即可得到复垦土壤肥力指数(integrated fertility index, IFI)，指数越大，表明区域土壤肥力越好。

图 5.20 显示，土壤肥力指数在不同复垦利用方式间并不存在显著性差异。耕地 IFI 最高，为 0.45，高于草地和林地，变异系数最低，为 18.22%，说明在 3 种复垦利用方式中，耕地不同土层深度的土壤肥力相差较小，接近于平均水平，表明该地区最佳复垦利用方式为耕地。草地局部区域 IFI 最大，标准差最高，变异系数偏高，说明草地不同土层深度土壤肥力存在差异性，偏差较大。林地 IFI 最低，变异系数却最高，说明林地土壤肥力最差，不同土层深度土壤肥力不均衡且偏低。

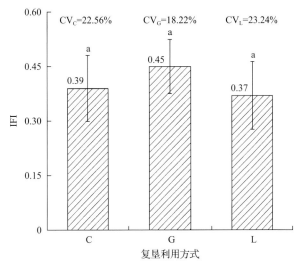

图 5.20 不同复垦利用方式下土壤肥力指数比较分析

5.2.3 微生物多样性对土壤肥力响应作用

本书将煤矸石充填复垦土壤微生物相对丰度视为衡量微生物多样性的测度指标，土壤肥力指数作为土壤肥力的评价指标，以此探讨微生物多样性对土壤肥力的响应作用。以土壤微生物相对丰度为响应变量，肥力因子为解释变量，基于 RDA 开展复垦土壤微生物相对丰度与肥力因子的冗余分析。

图 5.21 显示，第一排序轴(RDA1)解释了 75.23%，第二排序轴(RDA2)解释了 12.66%。前两个轴土壤肥力因子解释量达到了 85%以上，说明轴 1 和轴 2 能解释绝大部分土壤微生物的分布情况。图中肥力因子各自所在射线与各土壤微生物群落相对丰度所在射线之间的夹角大小及其射线长度说明了土壤肥力因子对煤矸石充填复垦土壤微生物的影响程度：全氮(TN)与酸杆菌门(Acidobacteria)、鞘脂单胞菌属(Sphingomonas)、RB41 呈显著正相关($P<0.05$)，与绿弯菌门(Chloroflexi)、固氮弓菌属(Azoarcus)呈极显著负相关($P<0.01$)；有效磷(AP)与变形菌门(Proteobacteria)、固氮弓菌属、Ramlibacter 呈显著负相关($P<0.05$)；有效钾(AK)与酸杆菌门(Acidobacteria)、芽单胞菌门(Gemmatimonadetes)、RB41 呈极显著负相关($P<0.01$)，与绿弯菌门、固氮弓菌属呈极显著负相关($P<0.01$)，与假单胞菌属(Pseudomonas)、Ramlibacter、链霉菌属(Streptomyces)呈显著负相关($P<0.05$)；土壤有机质(SOM)与酸杆菌门呈显著正相关($P<0.05$)，与拟杆菌门(Bacteroidetes)、芽单胞菌门(Gemmatimonadetes)呈极显著正相关($P<0.01$)，与绿弯菌门、固氮弓菌属、链霉菌属极显著负相关($P<0.01$)；IFI 作为土壤肥力指标的综合反映，与奇古菌门(Thaumarchaeota)呈极显著正相关($P<0.01$)，与链霉菌属呈显著负相关($P<0.05$)，说明在土壤肥力的影响因子中，微生物相对丰度较低的菌群对土壤也有不可忽视的作用。

基于冗余分析结果，为进一步优选出对 IFI 具有响应作用的细菌，利用皮尔逊相关分析和线性回归模型探究主要微生物群落同 IFI 之间的关系，结果如图 5.22 所示。

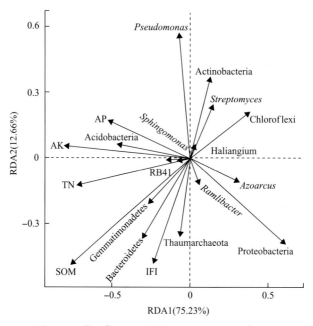

图 5.21　微生物相对丰度与肥力因子的冗余分析

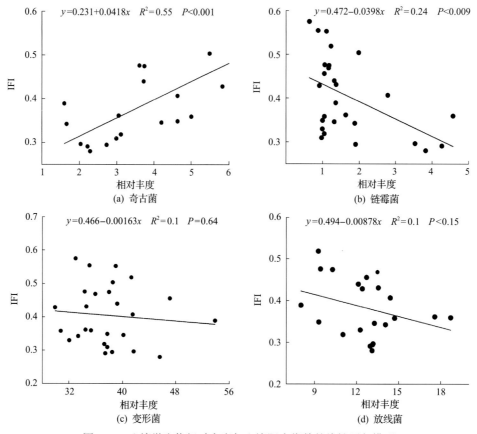

图 5.22　土壤微生物相对丰度与土壤肥力指数的线性回归模型

图 5.22 显示，IFI 与奇古菌门相对丰度呈极显著正相关[$P<0.001$，$R^2=0.55$，图 5.22(a)]，与链霉菌属相对丰度呈显著负相关[$P=0.009$，$R^2=0.24$，图 5.22(b)]，表明奇古菌、链霉菌可以在一定程度上影响研究区复垦土壤肥力。马静等(2021)研究发现，奇古菌可以参与硝化作用，氧化铵可以解决采矿沉陷导致的土壤养分贫瘠，可改善采煤沉陷区的土壤肥力。链霉菌属在微生物学上从属于放线菌门，何文(2017)认为放线菌抗逆性强，产生的抗生素及次生代谢产物，可以大量地进行人工繁殖，喷施或者施入土壤，调节土壤微环境，并能长时间定殖，部分菌株还具有一定的促生作用等。这表明奇古菌、链霉菌可以改善土壤环境，增强土壤肥力。图 5.22(c)、(d)表明变形菌门、放线菌门等主要优势菌群同 IFI 的相关性并不显著，解释量为 $R^2 \leqslant 0.1$，$P>0.05$，这可能与土壤环境的复杂性及煤矸石充填覆土的特殊性等相关。

综合考虑 P 值、R^2 因素，煤矸石充填不同复垦利用方式下 IFI 与奇古菌、链霉菌的相对丰度具有强相关性，对 IFI 有一定响应作用，在研究区可通过二者的相对丰度变化表征土壤肥力的优劣，可采取措施合理人工干预，改善复垦土壤肥力，提高土地生产力。

细菌是土壤微生物中占比最大，数量最多的种群，对于森林、草原及农田等的生态系统环境具有重要的影响，是一种驱动和保护地球的生物化学过程的关键因素。本书发现，不同复垦利用方式中相对丰度最高的菌种保持一致，优势门类群(相对丰度前 3)均为变形菌门(32.42%～42.97%)、酸杆菌门(10.47%～15.87%)、放线菌门(8.90%～18.28%)，与孙瑞波等(2015)和 Liu 等(2014)在不同类型土壤中得到的细菌优势菌群相似。已有研究发现，变形菌以善于利用各种有机物的独特性而在营养丰富的环境中更易受到青睐，变形菌的相对丰度最高，这与一些研究结果相一致，证实了煤矸石充填复垦土壤微生物群落结构中变形菌占绝对优势，仅是在不同复垦利用方式上土壤微生物群落比例存在差异。纲分类水平下的优势菌种 γ-变形杆菌(29.30%)、α-变形杆菌(13.07%)在细菌分类上从属于变形菌门，也证实了变形菌在矸石充填复垦土壤中占据主导地位。变形菌作为土壤微生物中最丰富的种群之一，在农田、矿区等均属于优势群落，是土壤中最主要的细菌类群，其代谢活动是土壤中最主要的细菌活动。酸杆菌门广泛分布于各种恶劣的自然环境中，可以改变土壤的酸性条件，对矿山土壤酸化生态起着重要作用。放线菌门具有降解和利用有机物的潜在能力，是土壤养分供给的主要来源，在矿山恶劣环境中分布广泛。α 多样性分析表明，表中层草地土壤细菌 Shannon_Wiener 指数高于耕地、林地，Huang 等(2020)认为土壤表面的残渣、土壤有机物等创造了有利于微生物的栖息地。研究区草地种植大滨菊等草本植物，具备了较为丰富的植物群落，土壤养分供给充足，有利于土壤微生物的活动，与 Huang 等(2020)的发现类似；Chao1 指数，总体趋势为林地＞草地＞耕地，这与蔡进军等的研究结果一致。β 多样性分析结果显示，煤矸石充填复垦土壤在不同复垦利用方式上土壤微生物群落并无明显差异性，土壤微生物群落组成与土层深度呈负相关，是因为随着土壤深度的增加，能被土壤微生物分解利用的动植物残体逐渐减少，这与焦赫和李新举(2021)的研究结果比较一致。本书研究发现，pH 同 Chao1 指数的变化一致，在一定程度上影响着复垦土壤微生物种群分布，但在不同复垦利用方式上差异不显著，可能是由于 pH 变化较为平缓(7.78＜pH＜8.30)，对微生物的生长影响不明显。

土壤微生物不仅能快速有效地分解和转化养分，影响植物对土壤肥力的获取，而且微生物群落结构的差异和变化规律还可以反映土壤的现状和演变，可以用来反映土壤肥力的质量。本书采取因子加权综合法对不同复垦方向上的土壤肥力进行综合评价，并依据肥力评价结果，基于冗余分析、线性回归模型揭示土壤微生物群落同 IFI 之间的关系。冗余分析阐明了 RDA 模型的解释量超过了 85%，说明本书所选取的肥力指标囊括了大部分对微生物群落做出贡献的因子。奇古菌门、链霉菌属对 IFI 具有显著的相关性，说明二者对土壤肥力的提升有着重要的作用。肖玉娜等(2020)研究发现奇古菌属于有氧氨氧化功能群和硝化功能群，可以氧化极低浓度的铵以应对采矿沉陷导致的土壤养分贫瘠环境。Brochier-Armanet 等(2008)认为奇古菌类微生物属于化能自养型微生物，在氮代谢循环中起着非常重要的作用，其分类下的 Nitrosopumilus maritimus 氧化氨可以生成硝酸盐，以化能自养的方式生活。以上研究结果证实奇古菌可以通过硝化作用促进氮代谢循环，间接改善土壤肥力。链霉菌作为放线菌的主要构成类群，在自然界分布广泛，具有代谢多样性，能够产生细胞外水解酶代谢糖、氨基酸和芳香族等化合物，其产生的抗生素、多氧霉素等在现代农业中应用广泛。Dias 等(2017)研究发现施用链霉菌菌肥对干旱胁迫下种植的玉米产量有显著影响，将耐旱的链霉菌 Streptomyces pactum Act12 接种到 Cd 千穗谷(Amaranthus hypochondriacus)，通过增加谷胱甘肽，提高过氧化氢酶活性及减少叶片中的丙二醛含量，以此增强植物对 Cd 的耐受性。文一等(2013)认为链霉菌具有较强的抗砷毒害能力，可作为强化蜈蚣草修复砷污染土壤的材料。这些研究结果表明，尽管链霉菌是产生各种抗生素的主要来源，但其产生的抗生素类物质可以特异性地作用于某些病原菌，降低其生长和繁殖速度，优化土壤微生物生存环境，间接促进土壤肥力的提升。

复垦土壤微生物多样性和群落结构不仅受到复垦利用方式的影响，复垦年限、充填基质同样会对其产生影响。李金融等(2018)发现随着时间的推移，复垦土壤的微生物群落组成会逐渐发生变化。煤矸石充填复垦 0～6a 的微生物群落多样性较低，复垦 15a 后土壤各种性质、微生物群落均已接近正常农田土壤的水平。Dangi 等(2012)分析了不同复垦阶段土壤微生物群落结构的变化特征，发现微生物群落结构在复垦 14a 基本恢复为正常土壤水平。Dimitriu 等(2010)的研究表明，尾矿砂充填复垦土壤中微生物量较自然土壤明显降低，不适宜土壤微生物结构和功能的改善。董梦阳等(2021)发现在以蛭石、粉煤灰为充填基质的土壤微生物中，代谢产酸能力较强的酸杆菌、放线菌等细菌成为优势种群。目前的研究证实，复垦土壤微生物群落结构及其多样性受到诸多因素共同影响，而多因素影响下的土壤微生物环境较为复杂。本书采取控制变量法，旨在揭示同一年限(15a)、同种充填基质(煤矸石)条件下不同复垦利用方式(草地、耕地、林地)对微生物多样性及种群结构的影响，对复垦年限、充填基质及其相互影响下的微生物研究将作为下一步研究的重点。

5.2.4 结论

(1)变形菌门、酸杆菌门、放线菌门为所有样本中的主要优势菌门，其中变形菌门占据绝对优势，在不同复垦方向上的占比均高达 30%以上，优势菌门在不同样本间变动不大，但比例会随着土层深度增加而产生变化。

（2）土壤微生物群落多样性与丰富度整体上随土层深度增加呈下降趋势，40～60cm 土层微生物群落多样性与丰富度明显低于其他土层，在不同复垦利用方式上不存在显著差异性。0～20cm 土层和 20～40cm 土层，草地 Chao1 指数和 Shannon_Wiener 指数大于耕地和林地，但差异不显著。深层土壤微生物群落组成明显不同于其他土层。

（3）冗余分析表明，TN、SOM、AP 和 AK 是影响土壤微生物群落组成的主要肥力因子，但部分优势菌群对肥力因子的响应并不明显，可能与土壤微生物群落的高度复杂性以及煤矸石充填的特殊性等多方面因素相关。基于回归模型，IFI 与奇古菌门相对丰度呈极显著正相关（$P<0.01$），同链霉菌属呈显著负相关（$P<0.05$），二者可作为复垦土壤肥力的响应细菌，通过其相对丰度的变化衡量土壤肥力状况，助力于两淮矿区采煤沉陷地复垦土壤生产力的提高。

5.3　采复关键带土壤水分和养分变化分析

研究区位于海孜煤矿，地形以平原为主，由于长期的地下开采造成土地塌陷与土地损毁，因此地势呈现向中心塌陷区逐步下降。复垦前研究区地表最大塌陷深度约为 7.0m，积水区面积约为 7.9hm^2，积水深度为 5.0m，复垦模式采用客土回填方式，土源来自周围未塌陷地块土壤，其土壤类型以砂姜黑土为主，研究区内客土覆土厚度约为 1.0m，并于 2019 年完成复垦，复垦后标高为+22.38～+23.38m，研究区作物种植方式主要为小麦-玉米轮作（图 5.23）。

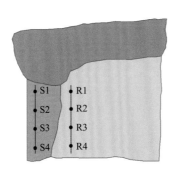

（a）采样及布点示意图　　　　　　　　（b）野外定点监测仪器布置

图 5.23　定点监测试验布设图

在复垦土壤的剖面上，以未经修复的土壤为对照，分别选择 4 个下沉距离不同的研究区（对应不同干预程度的复垦方式：简单干预、挖深垫浅、消落带、沉积区），采集土壤表层到离表层 60cm 的土壤剖面样品，分析不同人为干扰程度下土壤理化性质的差异；

在不同土层设置土壤水分传感器和径流收集装置，收集饱和降雨下不同土壤剖面的土壤水，根据土壤水势大小、实验室所测得的取样点水分特征参数，得到不同土层土壤体积含水率，分析不同人为干扰程度下土壤水分(养分)分布特征和运动规律。

以海孜煤矿不同人为干扰程度下的采煤塌陷区为研究对象，结合相关资料影像与研究区的土地利用情况，以耕地旁路道为分界，将研究区分为两部分，即露天开采塌陷区(S区)和复垦区(R区)，按照塌陷深度将塌陷区进行编号，S1～S4塌陷深度依次减小，其中S1塌陷深度为60cm，S2塌陷深度为40cm，S3塌陷深度为20cm，S4塌陷深度为0cm，而相对应的复垦区也充填相应厚度的客土进行不同程度的人为干扰[图5.23(a)]。分不同土层(0～20cm、20～40cm、40～60cm)安装土壤水分传感器，实时监测土壤水分变化，以此分析复垦土壤与塌陷未复垦土壤之间的差异性，揭示由采煤塌陷而形成的边坡水分变化规律。在玉米收获之后小麦播种之前采取所选样点0～20cm、20～40cm、40～60cm土层的土壤样品，对其营养盐成分进行实验室分析。

5.3.1 采煤塌陷复垦区降雨变化特征

降雨数据来源于中国气象数据网安徽省淮北市濉溪县濉溪监测站(58113)，经度为116°46′48″，纬度为33°55′48″，收集时段为2020年12月1日至2021年11月30日。利用Excel进行数据处理，得到了研究区降雨变化特征。

研究区年降雨总量达到了1039.61mm，由图5.24可知，日均降雨量波动显著，其中2021年7月1日至2021年9月1日期间，降雨幅度变化较大，其他时间降雨变化幅度较小，维持在0～30mm。雨量是指在一段时间内，降落在平面上，不考虑蒸发、渗透以及流失影响的雨水深度，常用毫米(mm)来表示。按照我国关于雨量的分等依据，以24h降雨积聚深度的高低划分为小雨(<10mm)、中雨(10～25mm)、大雨(25～50mm)、暴雨(50～100mm)、大暴雨(100～250mm)和特大暴雨(>250mm)6个等级。受季风气候的影响，研究区降雨的天数占到了研究期间的52.60%，以小雨为主，占比达到了降雨天数

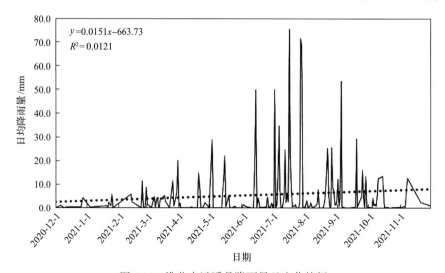

图5.24 淮北市濉溪县降雨量日变化特征

的 85.94%；中雨天数达到了 16 天，占比 8.33%；大雨天数 7 天，占比 3.65%；暴雨天数最少，占比仅为 2.08%，其中日均降雨量最大达到了 75.40mm，处于 2021 年 7 月 16 日。总体可知，研究区降雨天数占全年的比例大，但是日均降雨量较小，以小雨为主。

　　为了更好地探究降雨量与不同塌陷复垦深度表层以及剖面土壤体积含水率变化特征，将日均降雨量按照月份进行汇总分析，得到了研究期间内降雨量随月份的变化特征，结果如图 5.25 所示。由拟合曲线可知，降雨量与月份存在一定的相关性，总体上随着月份的增加，月降雨量呈现上升的趋势。月降雨量低于年平均降雨量的月份占比较大，达到了 66.67%，其中 2021 年 7 月降雨量最大，达到了 407.33mm，2020 年 12 月降雨量最小，为 10.84mm。按照不同月份划分为冬（2020 年 12 月～2021 年 2 月）、春（2021 年 3～5 月）、夏（2021 年 6～8 月）、秋（2021 年 9～11 月）4 个季节。其中春季降雨量为 173.34mm，占全年降雨量的 16.37%；夏季降雨量为 608.07mm，占全年降雨量的 57.41%；秋季降雨量为 218.43mm，占全年降雨量的 20.62%；冬季降雨量为 59.31mm，占全年降雨量的 5.60%。总的来说，研究区降雨主要集中在夏秋季。

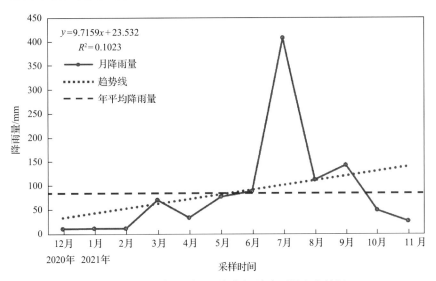

图 5.25　淮北市濉溪县研究期间月降雨量变化特征

5.3.2　采煤塌陷复垦表层土壤水分变化特征

　　土壤中水分含量的分布与运移常常受到降雨、气温及土壤类型等影响，借助不同塌陷复垦深度土壤水分传感器获得的数据，通过数据处理得到了研究区表层土壤体积含水率随月份的变化特征，主要结论如下。

　　1. R 区表层土壤体积含水率变化特征分析

　　R 区不同复垦深度表层年均土壤体积含水率大小表现为 R4＞R1＞R3＞R2，体积含水率分别为 33.31%、32.50%、31.69% 和 31.46%。由图 5.26 可知，不同样点土壤体积含水率随月份变化存在差异，整体上变化趋势保持一致，呈现先减小后增加再减小的变化趋势，变化范围处于 25%~40%。野外实验布置的初期，不同样点土壤体积含水率随月份变化逐渐减小，下降幅度表现为 R3＞R4＞R2＞R1，研究初期土壤体积含水率下降，考虑到降雨量少、温度不高以及复垦客土土质的原因，土壤含水量少且客土持水能力差；3 月随着少量降雨产生，土壤中的水分得到补充，土壤体积含水率呈现增大的趋势，夏季种植的作物为水稻，根系吸水，降雨径流、蒸发作用对表层土壤含水量均存在较大影响，故此时土壤含水量会产生较大波动。各采样点在 6 月份土壤体积含水率出现研究期间的最低值，R1、R2、R3、R4 土壤体积含水率最小值分别为 23.05%、21.46%、21.42%、22.75%，随后开始出现陡增，在 7 月初达到研究期间的最大值，8 月后波动较为剧烈，但整体含水量减小直至研究结束；随后高强度连续降雨，土壤含水量应该上升，但由于复垦客土遇水后会产生较大缺陷，持水性差，导致土壤水分整体下降。

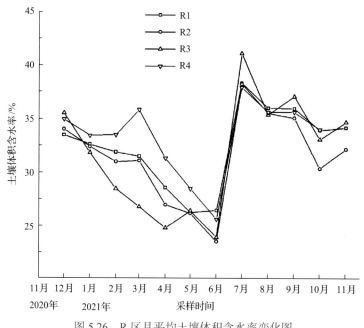

图 5.26 R 区月平均土壤体积含水率变化图

对 R 区土壤体积含水率的季节性变化进行分析，结果见表 5.12。由表 5.12 可知，R1、R2 处的土壤体积含水率最大值均出现在夏季，分别为 42.20%、40.60%，最小值均出现在春季，分别为 23.05%、21.46%，R3 处土壤体积含水率在冬季达到最大，为 42.71%，在春季达到最小，仅为 21.42%，R4 处土壤体积含水率在春季达到最大，为 41.91%，在夏季达到最小，为 22.75%。不同采样点在同一季节的土壤体积含水率均值呈现的变化趋势为春季 R4＞R1＞R2＞R3，夏季 R1＞R3＞R4＞R2，秋季 R4＞R3＞R1＞R2，冬季 R4＞R1＞R2＞R3，R 区春季土壤体积含水率一直呈现减小的趋势，直到 4 月底达到最小，夏季虽然温度高，但降雨量较大，所以 R 区土壤体积含水率在夏季处于较高水平，秋季土壤体积含水率变化幅度较小，基本接近全年土壤体积含水率的平均水平，冬季土壤体积含水率几乎没有变化。总的来说，夏秋季由于降雨和地面蒸发作用导致土壤水分变化幅度较大，春冬季由于降雨较少且温度较低土壤体积含水率变化较为平缓。

表 5.12　R 区各采样点不同季节土壤体积含水率变化

采样点	季节	最小值/%	最大值/%	均值/%	标准差	变异系数/%
R1	春	23.05	32.76	28.82	2.98	10.34
	夏	25.59	42.20	33.73	5.73	17.00
	秋	32.83	39.99	34.75	1.80	5.18
	冬	30.83	35.23	32.73	0.86	2.62
R2	春	21.46	37.34	28.14	3.99	14.18
	夏	21.56	40.60	32.59	6.91	21.19
	秋	28.41	38.58	32.56	3.00	9.21
	冬	28.95	36.88	32.57	1.56	4.79
R3	春	21.42	40.71	26.07	3.33	12.77
	夏	23.19	42.16	33.63	7.61	22.63
	秋	30.19	40.00	34.99	3.03	8.67
	冬	26.35	42.71	32.10	3.56	11.07
R4	春	23.22	41.91	31.93	4.52	14.15
	夏	22.75	39.93	33.20	5.82	17.53
	秋	32.75	38.81	35.49	2.00	5.62
	冬	32.69	37.60	34.03	1.00	2.95

2. S 区表层土壤体积含水率变化特征分析

S 区表层土壤不同采样点土壤体积含水率变化存在差异(图 5.27),变化范围处于 20%～40%,不同采样点土壤体积含水率大小表现为 S1>S2>S3>S4,分别为 37.43%、35.45%、32.59% 和 29.21%,主要与不同塌陷深度对于降雨的积累相关。由图 5.27 可知,随着月份的增加,S 区表层采样点土壤体积含水率的变化存在显著差异,总体上呈现先减小后增加的变化趋势,土壤水分含量是降雨量、土壤蒸散发作用及植被吸收利用共同作用的结果。研究初期,处于冬季,降雨量偏少,天气干燥且温度低,土壤水分蒸发量减小,加之秋季降雨的存在,使得土壤体积含水率处于一个较高的水平。随后降雨逐渐减小,土壤水分得不到补充,土壤体积含水率呈现下降的趋势。S 区表层土壤体积含水率在 5～7 月变化幅度较大,6 月达到最小值,为 29.07%。5 月连续中型降雨,原本较为干燥的土壤接受降雨补给,快速达到饱和状态,此时土壤体积含水率监测值达到一个小高峰,随着气温升高,土壤体积含水率波动范围增大,夏季降雨量充沛,但温度较高,土壤表面的蒸发作用也不可忽略,所以在夏季 S 区表层土壤水分含量变化较为剧烈,随着降雨径流和蒸发作用的相互影响而出现阶梯式升高或降低,7 月之后受高强度连续降雨的影响,土壤水分入渗量大于蒸发量,此时小麦已收,玉米未种,植物吸收的水分为零,且温度较高,导致此时土壤水分含量较大且存在较大波动;8 月后 S1 土壤体积含水率增大,但增长幅度较小,不超过 2%,10 月达到最大值 41.16%,此时土壤水分含量一直处于较高状态，土壤塌陷形成一定坡度，耕地表面降雨径流在塌陷深度较大处会形成较为明显的积水，故此时 S1 处土壤体积含水率基本处于不变状态；S2 处土壤水分随时间先增大后减小再增大，变化范围为 32.50%～40.31%；S3 和 S4 处土壤水分变化相似，土壤体积含水率随时间呈现先减小后增大的趋势，在 6 月达到最小值，分别为 26.48%和 21.52%，8 月后 S3、S4 处土壤体积含水率波动较大，且 S4 处变化幅度大于 S3，S3 和 S4 均在 7 月达到最大值 38.12%，受采煤影响较小的 S4 处表层土壤体积含水率随着环境因素的变化而发生较大波动。

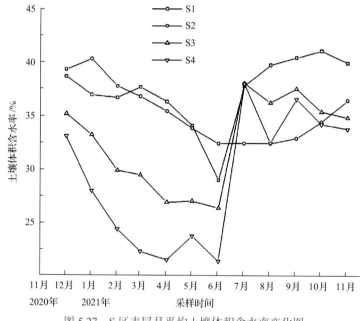

图 5.27　S 区表层月平均土壤体积含水率变化图

进一步将不同月份 S 区表层土壤体积含水率按照季节划分为四个阶段进行描述性统计分析，结果见表 5.13。不同采样点随着季节的变化，表层土壤体积含水率变化存在差异。总体上，S1 土壤体积含水率均值在秋季达到最大，为 40.58%，变异系数为 3.60%，在夏季最小，仅为 35.66%；S2 土壤体积含水率均值在冬季达到最大，含量为 39.23%，变异系数为 3.66%，在夏季最小，仅为 32.52%；S3 土壤体积含水率均值在秋季达到最大，为 35.99%，变异系数 4.93%，在夏季最小，仅为 33.72%；S4 土壤体积含水率均值在秋季达到最大，为 41.96%，变异系数为 0.37%，在春季最小，仅为 37.22%。不同采样点

表 5.13　S 区各采样点不同季节土壤体积含水率变化

采样点	季节	最大值/%	最小值/%	均值/%	标准差	变异系数/%
S1	春	39.73	30.64	36.08	2.33	6.47
	夏	40.27	27.19	35.66	5.01	14.05
	秋	42.36	35.40	40.58	1.46	3.60
	冬	41.55	35.32	37.51	1.16	3.09

续表

采样点	季节	最大值/%	最小值/%	均值/%	标准差	变异系数/%
S2	春	38.29	32.65	35.41	1.35	3.82
	夏	33.21	31.96	32.52	0.27	0.83
	秋	38.00	32.76	34.68	1.62	4.67
	冬	42.70	36.48	39.23	1.44	3.66
S3	春	36.27	23.84	27.90	2.43	8.72
	夏	39.97	24.05	33.72	5.46	16.19
	秋	39.87	33.53	35.99	1.77	4.93
	冬	37.28	27.43	32.92	2.39	7.27
S4	春	41.24	33.79	37.22	2.28	6.14
	夏	41.71	33.49	38.46	3.40	8.85
	秋	42.27	41.66	41.96	0.15	0.37
	冬	41.45	37.07	38.69	1.49	3.85

在同一季节的土壤体积含水率变化表现为春季 S4>S1>S2>S3，夏季 S4>S1>S3>S2，秋季 S4>S1>S3>S2，冬季 S2>S4>S1>S3。整体来看，在降雨较充足的季节土壤水分较大且波动较为剧烈，在温度较低的季节土壤水分含量较小。此外土壤体积含水率还与不同塌陷深度存在关系。

5.3.3 采煤塌陷复垦剖面土壤水分变化特征

1. R 区剖面土壤体积含水率的变化特征

采煤塌陷复垦土壤水分不仅受降雨、气温及土壤类型等影响，还会受复垦方式及复垦深度的影响，通过探究复垦区剖面土壤水分变化特征，进一步掌握土壤水分运移规律，指导复垦土地生产。变异系数常用来表示区域化变量的离散程度。R 区不同深度土层土壤体积含水率存在差异，0～20cm 土层土壤体积含水率均值为 32.82%，最值介于 21.42%～42.71%，变异系数为 16.24；20～40cm 土层土壤体积含水率均值为 33.14%，最值介于 21.92%～43.22%，变异系数为 20.25%；40～60cm 土层土壤体积含水率均值为 33.53%，最值介于 21.77%～42.30%，变异系数为 18.22%。由表 5.14 可知，随着土层深度的增加，土壤体积含水率逐渐增加，但是增加幅度缓慢，不同土层土壤体积含水率差异不大。

表 5.14　R 区不同深度土层土壤体积含水率描述性统计分析

土层深度/cm	最小值/%	最大值/%	均值/%	均值标准误差	标准差	变异系数/%
0～20	21.42	42.71	32.82	0.21	5.33	16.24
20～40	21.92	43.22	33.14	0.26	6.71	20.25
40～60	21.77	42.30	33.53	0.24	6.11	18.22

进一步统计分析了 R 区不同采样点剖面土壤体积含水率变化特征，结果如图 5.28 所示。R 区各采样点不同深度的土壤体积含水率大小存在差异，主要呈现以下规律：随着土层深度的增加，R1、R2、R3 土壤体积含水率呈现增加的趋势，R4 土壤体积含水率呈现减小的趋势，整体变化幅度保持在 31%~34%，主要因为降雨之后，雨水逐渐开始向深层土壤渗透，而表层土壤受到环境因子的影响大，水分蒸发作用和植物蒸腾作用远高于深层土壤；表层土壤不同采样点土壤体积含水率大小表现为 R4>R1>R3>R2；当土层深度为 20~40cm 时，不同采样点土壤体积含水率大小表现为 R1>R2>R3>R4，当土层深度>40cm 时，不同采样点土壤体积含水率差异显著，主要表现为 R2>R1>R3>R4，同一土层不同采样点土壤体积含水率均值较为接近，说明回填土壤混合较为均匀。R 区土壤由于复垦年限较短，各土层在复垦初期土壤水分差异不大。

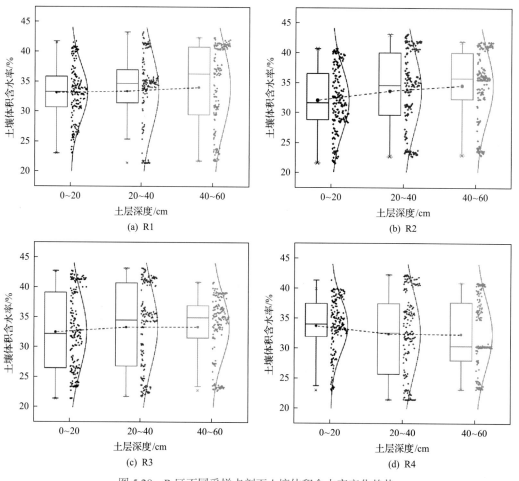

图 5.28　R 区不同采样点剖面土壤体积含水率变化趋势

2.S 区剖面土壤体积含水率的变化特征

对 S 区剖面土壤体积含水率进行描述性统计分析，结果见表 5.15。S 区 0~20cm 土层土壤体积含水率均值为 33.83%，最值介于 21.32%～41.70%，变异系数为 15.64%；20～40cm 土层土壤体积含水率均值为 34.69%，最值介于 21.72%～43.12%，变异系数为 17.44%；40～60cm 土层土壤体积含水率均值为 36.45%，最值介于 21.42%～43.29%，变异系数为 16.13%，三个土层均属于中等程度变异。由此可知，随着土层深度的增加，S 区土壤体积含水率逐渐增加。

表 5.15　S 区不同深度土层土壤体积含水率描述性统计分析

土层深度/cm	最小值/%	最大值/%	均值/%	均值标准误差	标准差	变异系数/%
0～20	21.32	41.70	33.83	0.20	5.29	15.64
20～40	21.72	43.12	34.69	0.23	6.05	17.44
40～60	21.42	43.29	36.45	0.22	5.88	16.13

进一步对 S 区不同采样点不同土层的土壤体积含水率变化进行分析(图 5.29)。S 区不同深度土壤体积含水率大小存在差异，S1、S2、S3、S4 土壤体积含水率均随着土层深

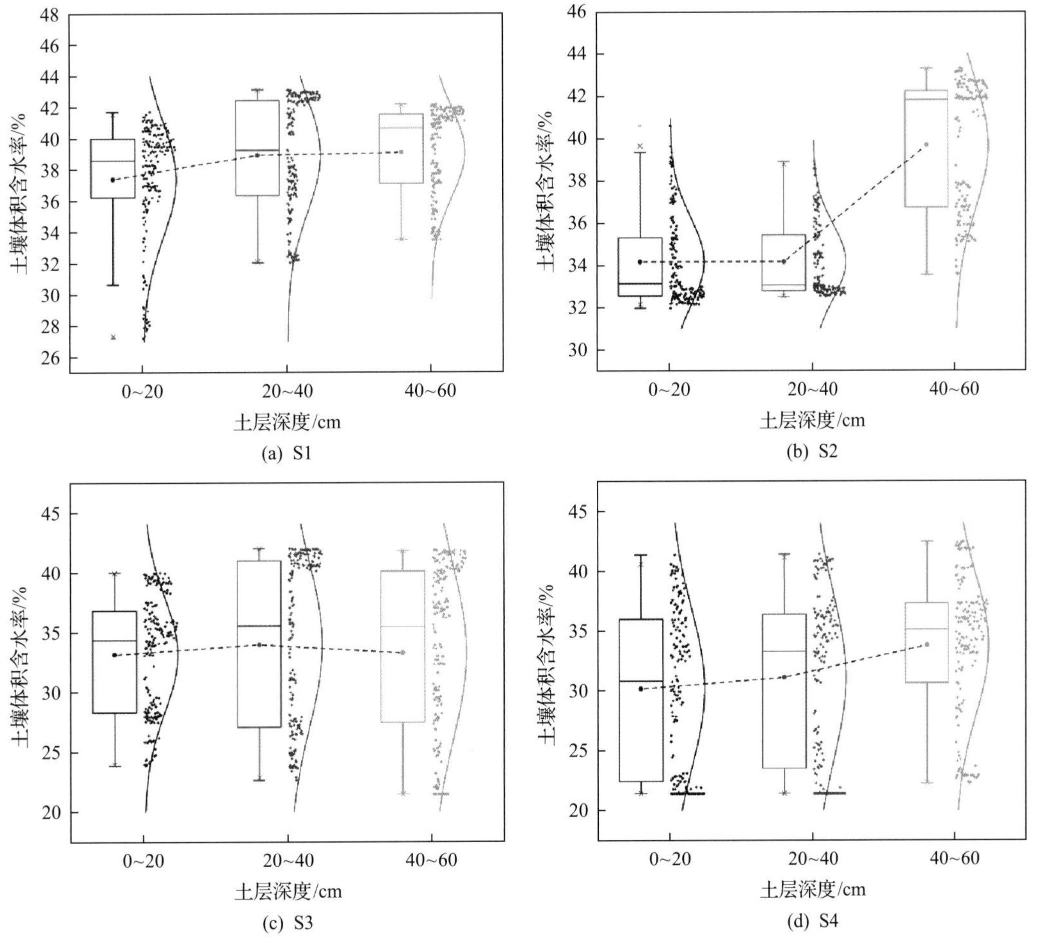

(a) S1

(b) S2

(c) S3

(d) S4

图 5.29　S 区不同采样点剖面土壤体积含水率变化趋势

度的增加而增大，因塌陷引发地表震动，使塌陷区表层土壤较为松散，孔隙大于原状土壤，土壤入渗能力增强，且塌陷造成土地裂缝，会引起表层土壤水分垂直蒸发，故深层土壤水分含量远大于表层，S1 处土壤体积含水率在 36%～40%波动，S2 处土壤体积含水率在 34%～40%波动；S3 处土壤体积含水率在 30%～35%波动；S4 处土壤体积含水率在 28%～35%波动。

S 区不同采样点相同土层土壤体积含水率大小存在差异性，0～20cm 和 20～40cm 土壤体积含水率大小表现为 S1>S2>S3>S4，S1 处各土层土壤体积含水率显著高于其他点位，表层土壤水分受采煤塌陷影响较大，其中 0～20cm 土层土壤体积含水率是 S4 处的 1.28 倍，S 区土壤浅耕层水分变化与塌陷深度之间有着显著相关性，塌陷深度越大，耕地表层土壤水分含量越大，S1 处塌陷深度大，整个地表在连续强降雨后基本处于积水状态，导致该点位土壤体积含水率高于其他点位。研究表明，降雨产生地表径流，导致土壤含水量从坡顶到坡底依次增大，40～60cm 处的土壤体积含水率与塌陷深度之间没有显著的响应关系，由此可知，采煤造成的不同程度的塌陷是影响土壤水分的一个因素，但随着土壤土层深度的增加，影响程度逐渐减小，土层越深，受塌陷影响越小，故在土壤深度大于 40cm 后，土壤水分受塌陷深度影响较小。

R 区各采样点整体土壤体积含水率较 S 区偏小，而变化范围较 S 区偏大。R 区由于回填客土紧实度低，入渗速率快，其持水能力较 S 区小，故土壤体积含水率整体小于 S 区，考虑到复垦年限的限制，R 区土壤没有形成稳定土层，复垦改变土体结构，不利于水分保持，水分流失更加严重，且回填土壤粗颗粒多细颗粒少，土壤颗粒间孔隙大，毛细作用较弱，因此水分运动较频繁，故土壤体积含水率变化范围较大。

5.3.4 采煤塌陷复垦土壤养分变化特征

东部高潜水位采煤塌陷区具有煤粮高度重合的特点，采煤过后的塌陷土地已经成为重要的后备土地资源，如何通过复垦塌陷土壤以达到保护耕地红线和生态修复逐渐成为学者研究的热点。复垦土壤由于材料及工艺等方面的因素，土壤中的养分含量往往很低，且容易在降雨径流影响下发生流失，通过研究复垦土壤养分现状可以判别土壤质量的好坏。由第 2 章可知，复垦区土壤体积含水率远小于塌陷区土壤，复垦区和塌陷区土壤体积含水率随着土层深度的增大而增大。本章通过采集塌陷区与复垦区不同土层深度的土壤样品，分析不同土壤养分指标含量空间分布特征，为复垦土地利用提供一定的技术参考和科学依据；磷是植物所需的必要元素，是评价土壤肥力的重要指标，通过研究区土壤磷素赋存形态和吸附性能，对于探究复垦区土壤磷素的保留机制及可利用性具有重大意义。

通过样品测试分析，得到了复垦区不同土层土壤养分指标含量，结果见表 5.16。参照表 5.2 分级标准，得到不同养分指标含量分级标准，表层土壤 SOM 含量均值 14.95g/kg，属于较缺乏（10～20g/kg）等级，随着土层深度的增加，含量呈现下降的趋势，当土层深度>20cm，SOM 含量基本保持不变；表层土壤 TK 含量均值 18.21g/kg，属于中等（15～20g/kg）等级，随着土层深度的增加，含量呈现先上升后下降的趋势，在 20～40cm 土层含量达到最高，为 18.31g/kg；表层土壤 AK 含量均值为 252.57mg/kg，属于丰富（>

200mg/kg)等级，随着土层深度的增加，含量呈现先上升后下降的趋势，0～20cm 土层和 20～40cm 土层含量变化幅度高于深层土壤；表层土壤 TN 含量均值 0.73g/kg，属于缺乏（<0.75g/kg）等级，随着土层深度的增加，含量呈现先下降后上升的趋势；表层土壤 TP 含量均值为 0.73g/kg，属于中等(0.6～0.8g/kg)等级，随着土层深度的增加，含量呈现先下降后上升的趋势，整体含量基本保持不变；表层土壤 AP 含量均值为 24.48mg/kg，属于较丰富(20～40mg/kg)等级，随着土层深度的增加，含量呈现逐渐减小的趋势，说明磷素相较于其他养分指标，更容易在土层中发生迁移。

表 5.16　研究区不同土层土壤养分指标描述性统计表

土层深度/cm	SOM/(g/kg)	TK/(g/kg)	AK/(mg/kg)	TN/(g/kg)	TP/(g/kg)	AP/(mg/kg)
0～20	14.95±1.89	18.21±0.57	252.57±35.40	0.73±0.10	0.73±0.01	24.48±6.41
20～40	12.17±0.78	18.31±0.46	299.51±16.87	0.57±0.06	0.71±0.02	6.90±1.65
40～60	12.16±0.52	17.47±0.34	258.15±15.34	0.62±0.03	0.75±0.01	6.89±2.83

进一步分析塌陷区和复垦区各采样点在不同土层的土壤养分指标含量变化特征，结果如下。

1. 土壤有机质

土壤有机质含量的高低是衡量土壤健康的好坏以及决定作物是否高产的基础，也是土壤肥力评价的主要指标之一。由图 5.30 可知，R 区土壤有机质含量最值介于 7.57～14.98g/kg，随着土层深度的增加，有机质含量变化无显著规律，出现了一定的波动性，主要与 R 区不同土层的土壤性质存在差异有关，加之复垦年限较短，没有形成一个完整的土壤结构，土壤容重随土层深度增加无明显变化(表 5.17)。表层土壤有机质含量介于 8.51～14.68g/kg，其中 R3 含量最高，达到了 14.68g/kg，R1 含量最低，仅为 8.51g/kg；20～40cm 土层各样点土壤有机质含量大小表现为 R3＞R4＞R2＞R1，当土层深度＞40cm，R2 处土壤有机质含量最高，为 14.98g/kg，其他点位差异不大。S 区较 R 区土壤有机质含量较高，复垦初期土壤在雨水冲刷、农户翻耕之下，粒径较小的土壤颗粒随着水分流走。

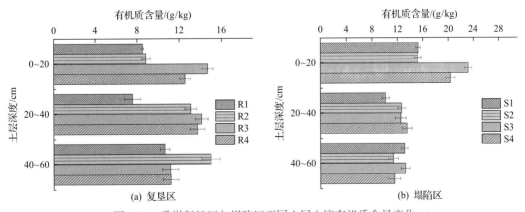

图 5.30　采煤复垦区与塌陷区不同土层土壤有机质含量变化

表5.17 R区不同深度土层土壤容重（g/cm³）

土层深度/cm	R1	R2	R3	R4
0～20	1.61	1.75	1.83	1.82
20～40	1.61	1.74	1.84	1.67
40～60	1.35	1.68	1.87	1.86

S区土壤有机质含量最值介于10.17～23.20g/kg，随着土层深度的增加，有机质含量呈现逐渐下降的趋势，研究表明，土壤容重影响有机质含量，有机质通过降低土壤容重来改善土壤结构，有机质含量越高，土壤容重越小，对试验区土壤容重进行分析可知，S区土壤随着土层深度的增加，容重呈现逐渐增大的趋势（表5.18），而有机质含量逐渐减小，表层土壤有机质含量最高，其中S3含量达到23.20g/kg，S2含量最低，仅为15.21g/kg，研究表明，采煤造成的土壤塌陷，土壤结构会遭到一定的破坏，土壤有部分养分会随着裂缝向地下迁移，故表层土壤有机质随着塌陷深度的增大而减小；20～40cm土层各样点土壤有机质含量大小表现为 S4＞S2＞S3＞S1，当土层深度＞40cm，各样点有机质含量变化不显著。

表5.18 S区不同土层深度土壤容重变化（g/cm³）

土层深度/cm	S1	S2	S3	S4
0～20	1.63	1.56	1.44	1.54
20～40	1.61	1.73	1.64	1.52
40～60	1.72	1.60	1.70	1.48

2. 土壤全钾

全钾相较于氮磷，在土壤中含量较高，且其对植物生长发育有重要影响。其中有效钾包括颗粒表面的钾以及水溶态的钾，只占全钾的0.1%～2%，作物可直接吸收利用有效钾，了解复垦区土壤有效钾含量，对复垦农田施肥有重要指导意义。由图5.31可知，R区土壤全钾含量最值介于15.33～19.70g/kg，同一采样点不同土层的土壤全钾含量差异不

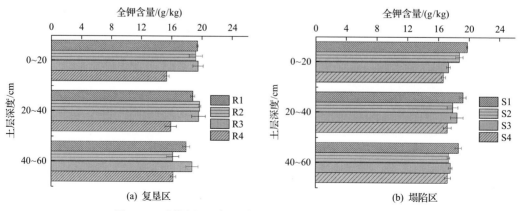

图5.31 采煤复垦区与塌陷区不同土层土壤全钾含量变化

大；不同采样点相同土层的土壤全钾含量存在差异，其中表层土壤全钾含量表现为 R3＞R1＞R2＞R4，R3 处全钾含量最高，达到了 19.48g/kg，R4 处最低，仅为 15.33g/kg，20～40cm 土层 R4 处土壤全钾含量显著小于其他采样点，40～60cm 土层土壤全钾含量由大到小为 R3＞R1＞R4＞R2，在 16.17～18.14g/kg 范围内变化。S 区土壤全钾含量最值介于 16.61～19.71g/kg，随着土层深度的增加，不同采样点的土壤全钾含量变化趋势不明显；表层土壤全钾含量介于 16.61～19.71g/kg，其中 S1 处含量最高，达到了 19.71g/kg，S4 处含量最低，仅为 16.61g/kg；20～40cm 各采样点土壤全钾含量大小表现为 S1＞S3＞S2＞S4，当土层深度＞40cm，除 S1 外，其他采样点土壤全钾含量差异不大。

3. 土壤有效钾

由图 5.32 可知，R 区土壤有效钾含量最值介于 0.19～0.30g/kg，其中表层土壤有效钾含量在 R3 处最大，达到了 0.30g/kg，最小值出现在 R1 处，当土层深度＞20cm，各采样点土壤有效钾含量差异不显著。S 区土壤有效钾含量较 R 区较高。S 区土壤有效钾含量最值介于 0.23～0.35g/kg，土壤有效钾含量随着塌陷深度的增大而减小，表层土壤有效钾含量在 S1 处最高，达到了 0.35g/kg，S2 处最低，仅为 0.30g/kg；20～40cm、40～60cm 处各采样点土壤有效钾含量大小表现为 S1＞S2＞S4＞S3。

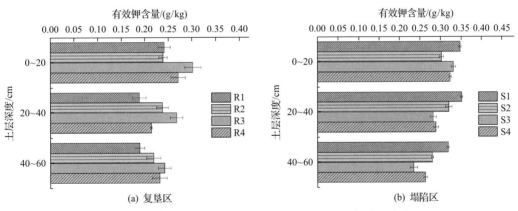

图 5.32　采煤复垦区与塌陷区不同土层土壤有效钾含量变化

4. 土壤全氮

土壤全氮是土壤中氮素总贮量，由无机态氮和有机态氮两部分组成，其含量对土壤肥力做出了重要贡献。由图 5.33 可知，R 区土壤全氮含量最值介于 0.31～0.81g/kg，其中表层土壤全氮含量在 R3 处最大，达到了 0.81g/kg，在 R1 处达到最小，仅为 0.40g/kg，20～40cm 土层各样点土壤全氮含量大小表现为 R4＞R3＞R2＞R1，变化范围为 0.31～0.75g/kg，40～60cm 土层各采样点土壤全氮含量大小表现为 R2＞R3＞R4＞R1，在 0.54～0.81g/kg 范围内变化；同一采样点在不同土层土壤全氮含量随深度增加无明显变化规律。S 区土壤全氮含量最值介于 0.37～1.29g/kg，其中表层土壤全氮含量在 S3 处最高，达到了 1.29g/kg，S1 处最低，仅为 0.60g/kg；20～40cm 土层各采样点土壤全氮含量大小表现为 S4>S2>S3>S1，当土层深度>40cm，S1 处土壤全氮含量最高，达到了 0.65g/kg，S3 处土壤全氮含量最低。

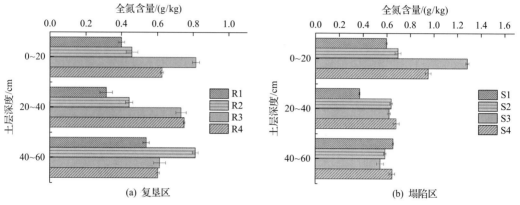

图 5.33　采煤复垦区与塌陷区不同土层土壤全氮含量变化

5. 土壤全磷

土壤全磷由有机磷和无机磷两部分组成，通常用来反映土壤磷库的大小，其中大部分磷素是不能被植物吸收利用的，而是富集在土壤中，以迟效性存在，不能用来表征土壤肥力。由图 5.34 可知，R 区土壤全磷含量最值介于 0.68～0.82g/kg，其中表层土壤全磷含量 R1 处最大，达到了 0.79g/kg，R3 处最小，仅为 0.68g/kg，20～40cm 土层各采样点土壤全磷含量大小表现为 R3>R1>R4>R2，最值为 0.69～0.76g/kg，40～60cm 土层各采样点土壤全磷含量大小表现为 R4>R2>R3>R1，在 0.75～0.82g/kg 范围内变化。S 区与 R 区全磷含量差异不大。S 区土壤全磷含量最值介于 0.64～0.80g/kg，其中表层土壤全磷含量在 S1 处最高，达到了 0.79g/kg，S2 处最低，仅为 0.69g/kg；20～40cm 土层各采样点土壤全磷含量大小表现为 S3>S2>S4>S1，当土层深度>40cm，S2 土壤全磷含量最高，达到了 0.77g/kg，S1 处土壤全磷含量最低，仅为 0.70g/kg。

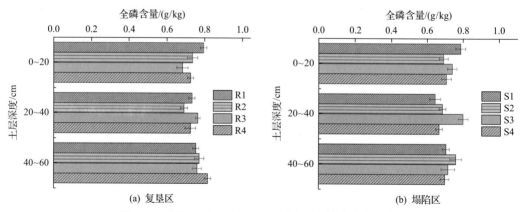

图 5.34　采煤复垦区与塌陷区不同土层土壤全磷含量变化

6. 土壤有效磷

植物不用通过其他方式便可利用的磷素称为有效磷，由水溶性和吸附态的磷组成，有效磷含量可以反映土壤磷素养分供应水平的高低。由图 5.35 可知，R 区土壤有效磷含量最值介于 2.40～50.35mg/kg，其中表层土壤有效磷含量在 R3 处达到最大，为 50.35mg/kg，R1 处最小，仅为 12.12mg/kg；20～40cm 各采样点土壤有效磷含量大小表现为 R4＞R2＞R3＞R1；40～60cm 各采样点土壤有效磷含量大小表现为 R2＞R1＞R4＞R3。S 区土壤有效磷含量最值介于 1.11～36.93mg/kg，其中表层土壤有效磷含量在 S3 处含量最高，达到了 36.93mg/kg，S2 含量最低，仅为 3.89mg/kg；20～40cm 土层各采样点土壤有效磷含量大小表现为 S1＞S2＞S4＞S3；当土层深度＞40cm，S4 土壤有效磷含量最高，达到了 4.90mg/kg，S3 处土壤有效磷含量最低，仅为 1.11mg/kg。R 区有效磷含量要高于 S 区，刘耀辉等(2022)认为溶磷菌能使土壤中其他形态的磷转化为有效磷，而此菌种最佳存在条件为 30℃，pH 为 8.5，而 R 区土壤更加符合其生长条件，故 R 区有效磷含量高于 S 区。

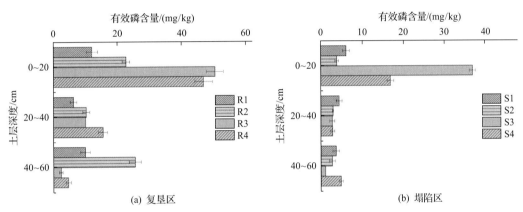

图 5.35 采煤复垦区与塌陷区不同土层土壤有效磷含量变化

总的来看，因复垦年限的限制以及客土回填的异质性，S 区整体土壤养分含量大于 R 区，复垦后土壤肥力减小。

5.3.5 采煤塌陷复垦土壤磷素赋存形态分析

土壤物理、化学和生物学性质可以反映出土壤肥力大小，有关学者通过测定土壤肥力的大小来判别复垦土壤质量的好坏。而影响土壤肥力的关键因素之一是土壤养分。土壤的磷含量可以反映土壤养分含量。磷是植物体生长发育所必需的大量营养元素之一，是植物体内多种有机物的组成成分，同时又参与植物体各种代谢过程，但磷素在土壤中的含量较低，且磷是以沉积形式存在和储存，会在土壤中发生特定化学反应，这使得磷的作物利用率极低，研究表明，土壤中无机磷含量约占土壤全磷的一半以上，土壤磷含量及其形态对作物的生长以及产量起着至关重要的作用。耕地土壤中磷的有效性与其在土壤中的存在形态密切相关，但磷素不同形态之间可以进行相互转化，从而影响磷的可生物利用性，进一步影响磷对作物的有效性。采煤造成不同深度的塌陷，土壤的结构和理化性质会发生相应改变，不同塌陷深度对土壤磷形态及其迁移转化有重要影响，因此研究塌陷区和复垦区土壤的磷赋存形态至关重要。

总的看来，磷作为土壤养分之一，在土壤中的存在形态以及迁移转化过程极其重要。吸附过程是土壤保留吸附性营养元素的主要手段，磷作为吸附性元素，研究土壤中磷吸附比土壤中磷素保留更有利于了解土壤养分状况，且磷被土壤固定后活性变弱，不易为作物利用，常成为限制性因子，特别是淮北矿区土壤主要以稳定性较强的钙结合态磷存在，所以研究磷的形态和吸附对磷的保留机制及可利用性具有重要意义。

1. R 区土壤磷素赋存形态分析

由图 5.36 所示，R 区各采样点不同土层深度磷素赋存形态存在差异，主要为 Ca-P，其次是残渣态磷，弱吸附态磷含量最小。土壤总磷主要集中在表层土壤，Ca-P 是占比最大的赋存形态，不同采样点中占总磷的比重大小表现为 R1（73.96%）＞R4（67.77）＞R3（66.64%）＞R2（62.66%）；弱吸附态磷占总磷比例最小，其中 R1 占比为 0.51%。随着土层深度的增加，各采样点不同磷素赋存形态含量变化存在显著差异。R1 点位不同土层深度 Ca-P 和 Fe-P 占总磷比例差异不显著，其中 Ca-P 变化范围维持在 73.90%～73.98%，Fe-P 变化范围维持在 0.98%～1.07%；弱吸附态磷和 Al-P 占总磷比例差异显著，其中弱吸附态磷表层土壤占比最小，仅为 0.51%，在 40～60cm 土层中占比最大，达到了 0.78%，Al-P 在 20～40cm 土层占比最小，为 7.85%，在 40～60cm 土层中占比最大，达到了 10.04%。R2 各磷素赋存形态占总磷的比例随土层深度变化差异显著，其中 Al-P 变化范围最大，20～40cm 土层中占比仅为 8.69%，40～60cm 土层中占比达到了 40.56%，其次是 Ca-P。R3 的 Fe-P 占总磷的比例随土层深度变化范围最大，其他磷素赋存形态差异不显著。R4 各磷素赋存形态占总磷的比例与 R2 基本相似。不同采样点同一土层各磷素赋存形态差异显著，主要与复垦区的土壤性质及复垦深度差异相关。

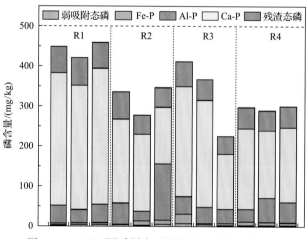

图 5.36　R 区不同采样点不同深度土壤磷赋存形态

注：R1～R4 分别代表不同采样点位，R1 处由左到右分别为 0～20cm、20～40cm 和 40～60cm 土层土壤，后面以此类推

2. S 区土壤磷素赋存形态分析

由图 5.37 所示，S 区各采样点不同土层深度磷素赋存形态存在差异，主要为 Ca-P，其次是残渣态磷，弱吸附态磷含量最小，磷的有效性归结于不同组分磷对植物生长发育的有效性，即生物可利用性磷。研究表明，弱吸附态磷和 Ca-P 是作物的有效磷源，即生物可直接利用性磷，金属结合态磷为作物的缓效磷源，惰性磷的有效性很低，是作物的潜在磷源。土壤总磷主要集中在表层土壤，Ca-P 是占比最大的赋存形态，不同采样点 Ca-P 占总磷比例的大小表现为 S1（64.25%）＞S4（58.37%）＞S3（50.92%）＞S2（46.99%）；弱吸附态磷占总磷比例最小，其中 S2 占比最小为 1.07%，S3 占比最大为 1.65%，S 区各采样点土壤中磷素主要以钙结合态的形态存在，且 Ca-P 含量显著高于其他形态的磷含量。

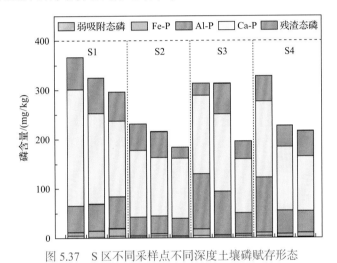

图 5.37　S 区不同采样点不同深度土壤磷赋存形态

注：S1～S4 分别代表不同采样点位，S1 处由左到右分别为 0～20cm、20～40cm 和 40～60cm 土层土壤，后面以此类推

随着土层深度的增加，各采样点不同磷素赋存形态的含量变化存在显著差异，S 区总磷含量随着土层深度的增加而减小，其中表层土壤总磷含量最大。S1 处不同土层深度各磷素赋存形态占总磷的比例差异显著，Fe-P、Al-P 和 Ca-P 随土层深度增加，占比逐渐增大，其中 Ca-P 变化范围在 51.77%～64.25%，Fe-P 变化范围在 1.93%～5.21%，Al-P 变化范围在 14.64%～21.56%，弱吸附态磷和残渣态磷占总磷的比例差异显著，20～40cm 土层中弱吸附态磷占总磷的比例最小，仅为 0.67%，最后逐渐增大，残渣态磷在 20～40cm 土层中占总磷的比例最大，达到了 22.12%。S2 处 Al-P 占总磷的比例随土层深度增加逐渐增大，变化范围在 16.07%～16.50%，其余磷素赋存形态随土层深度的变化差异不显著，Ca-P 变化范围在 55.12%～66.55%，在 20～40cm 土层中 Ca-P 占总磷的比例最大；残渣态磷随土层深度增加，占比呈现先增加后减小的趋势，20～40cm 土层中残渣态磷占总磷的比例最大，达到了 24.14%。S3 处土壤弱吸附态磷占总磷的比例随土层深度的增加逐渐增大，变化范围在 1.14%～2.53%；Al-P 和 Fe-P 随土层深度的增加，占总磷的比例逐渐增大；Ca-P 变化范围在 50.13%～55.92%，在 40～60cm 土层中占总磷的比例最大，达到了 55.92%。S4 处 Al-P 占总磷的比例随土层深度的增加逐渐减小，变化范围在 19.99%～

33.74%；Ca-P 的占比变化范围在 46.99%～56.71%，在 20～40cm 土层中占总磷的比例最大；残渣态磷占总磷的比例随土层深度增加逐渐增大，变化范围在 15.87%～23.72%。S区表层土壤 Ca-P 和 Al-P 含量要明显大于中间层和深土层，S区的不同形态磷具有较强的表层及浅中层富集特征，这可能归因于 S 区 0～20cm 土层中土壤有机质含量较高，土壤有机质不仅可以通过自身矿化来释放磷，还可以通过与土壤固相竞争来降低土壤对磷的吸附，从而增加作物对磷的吸收利用；通过农民对农田表层的施肥以及表层和浅中层土壤的翻耕，使土壤无机磷有效性增加，在表层及浅中层呈现高度富集特征。

同一土层深度不同采样点各磷素赋存形态占总磷的比例存在显著差异，20～40cm 土层中 S1 和 S4 处 Ca-P 占总磷的比例差异不显著，但显著高于 S2 和 S3 处，主要与塌陷深度存在差异相关。

相较于 S 区采样点，随着土壤深度的增加，R 区各采样点的总磷含量均无明显变化规律，土壤磷素含量是由土母质磷矿物的风化导致磷释放和生物的富集作用形成，R 区塌陷后所填充土壤为黄土，而 S 区为原本的砂姜黑土，黄土土壤间空隙大，且土壤颗粒较大，对磷素的吸持作用较差，所吸附含量较小，所以整体上 R 区总磷含量小于 S 区，R 区土壤总磷在不同层土壤迁移以及不同形态之间的转化无明显规律。由监测数据可知，R 区土壤体积含水率日均值远小于 S 区，在相同环境条件下，R 区相比 S 区保水能力较差，淋滤作用强，故 R 区土壤中总磷流失较快，且每个土层中总磷含量差异较大，与土层深度之间没有明显的相关性。

3. 采煤塌陷复垦土壤磷素吸附性能分析

淮北矿区海孜煤矿复垦区和塌陷区各采样点 0～20cm、20～40cm、40～60cm 土层的土壤对磷吸附量如图 5.38 所示。R 区同一土层不同采样点的土壤对磷的吸附存在差异，表层土壤对磷的吸附量表现为 R2＞R1＞R4＞R3，变化范围为 296.79～544.96mg/kg；20～40cm 土层土壤对磷的吸附量表现为 R2＞R1＞R3＞R4，变化范围为 312.14～626.84mg/kg；40～60cm 土层土壤对磷的吸附量表现为 R2＞R1＞R4＞R3，变化范围为 260.96～826.43mg/kg。同一采样点的土壤对磷的吸附量与土层深度之间存在相关性，R1 处土壤对磷的吸附量随土层深度的增加呈现先增大后减小的趋势，40～60cm 土层土壤对磷的吸附量为 0～20cm 土层土壤的 1.5 倍，R2、R3 处土壤对磷的吸附量随着土层深度的增加而增加，R4 处土壤对磷的吸附量随着土层深度的增加呈现先减小后增大的趋势，0～20cm 土层土壤对磷的吸附量为 40～60cm 土层的 72.97%。

R 区不同土层的土壤等温吸附拟合曲线参数见表 5.19，Langmuir 模型和 Freundlich 模型都能较好地拟合该区土壤对磷的吸附（R^2＞0.95），土壤对磷的吸附性能随土壤深度的增大而减小，R 区理论最大吸附量为 0.44～1.65mg/g，R1、R2 处不同土层土壤对磷的最大理论吸附量均大于 1.00mg/g，R3 处土壤对磷的最大理论吸附量随土层深度增大而增大的趋势，R4 处不同土层中土壤对磷的最大理论吸附量均小于 0.50mg/g。由此可知，该区土壤对磷的吸附过程不是单一的单分子吸附层，而是单层吸附和双层吸附相结合。R区土壤对磷的吸附量之间的差异可能主要是由于复垦土壤的不均匀性引起的，加上复垦年限较短，磷元素在表层累积较低，对吸附的影响也较小。

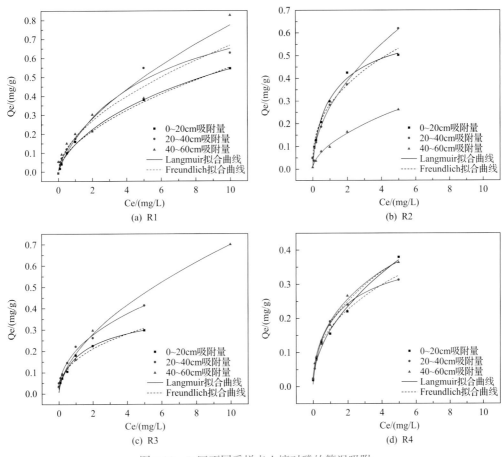

图 5.38 R 区不同采样点土壤对磷的等温吸附

表 5.19 R 区不同土壤对磷的等温吸附模型拟合参数

采样点	不同深度土样/cm	Langmuir 模型			Freundlich 模型		
		Qm/(mg/g)	K_L/(mol/L)	R^2	K_F/(mol/L)	1/n	R^2
R1	0～20	1.65082	0.09597	0.99572	0.14490	0.58067	0.99419
	20～40	1.07261	0.19263	0.95221	0.18141	0.56557	0.94888
	40～60	1.43844	0.00071	0.93646	0.18075	0.63220	0.94921
R2	0～20	1.23936	0.48738	0.96780	0.25423	0.62034	0.92255
	20～40	1.34518	0.05938	0.98467	0.24334	0.67256	0.97610
	40～60	1.37671	0.00023	0.99636	0.02924	1.52005	0.95769
R3	0～20	0.45478	0.29162	0.98459	0.15805	0.41467	0.96786
	20～40	0.98190	0.01075	0.98711	0.20159	0.44463	0.99033
	40～60	1.03517	0.00477	0.99165	0.18745	0.57168	0.99376
R4	0～20	0.49907	0.11125	0.98482	0.16494	0.50377	0.98867
	20～40	0.44301	0.01067	0.99672	0.17019	0.40211	0.97024
	40～60	0.43852	0.09915	0.99399	0.18479	0.43115	0.99286

随着塌陷深度的增加，S区土壤对磷的吸附能力逐渐减小，S1、S2 处土壤对磷的吸附能力受塌陷深度影响较大，在土壤塌陷过程中，土壤的紧实度以及土壤原本的结构会产生一定的改变，塌陷深度大处的土壤在降雨作用下经常性地处于干湿交替的状态，较塌陷深度小处的土壤体积含水率均值大，保水能力强，对磷素的保持能力更强，故此塌陷深度较大处的土壤磷含量较大，对实验外加磷源的吸附量较小。S区各采样点土壤对磷的吸附量随着土壤深度的增加而逐渐增大，S1 处的土壤对磷的吸附量从 434.97mg/kg 上升到 516.85mg/kg，S2 处的土壤对磷的吸附量由 591.02mg/kg 增加到 647.31mg/kg，S3 处的土壤对磷的吸附量从 427.25mg/kg 上升到 790.61mg/kg，S4 处的土壤对磷的吸附量由 780.37mg/kg 上升到 805.96mg/kg（图 5.39）。等温吸附的曲线拟合结果见表 5.20，Langmuir 模型能更好地模拟 S 区不同采样点不同土层的土壤对磷的吸附，S 区不同土层的土壤对磷的最大理论吸附量为 0.63～2.01mg/g，最大值与最小值分别出现在 S1 处的 40～60cm 土层、S2 处的 0～20cm 土层。S区土壤对磷的最大理论吸附量均随着土层深度的增加而增大，S 区 0～20cm 土层、40～60cm 土层中土壤对磷的吸附量随着塌陷深度的增大而逐渐减小。

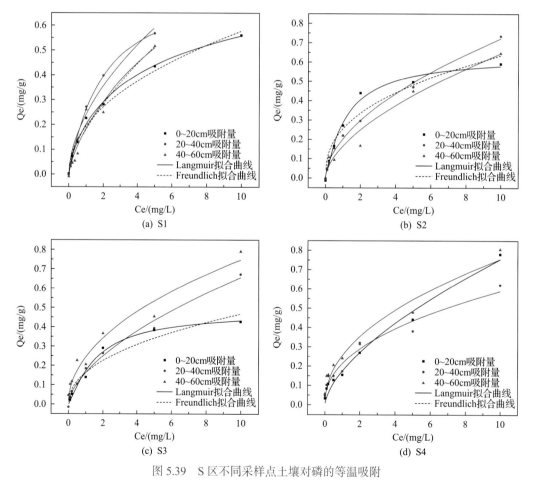

图 5.39　S 区不同采样点土壤对磷的等温吸附

表 5.20　S 区不同土壤对磷的等温吸附模型拟合参数

采样点	不同深度土样/cm	Langmuir 模型			Freundlich 模型		
		Q_m/(mg/g)	K_L/(mol/L)	R^2	K_F/(mol/L)	$1/n$	R^2
S1	0～20	0.95215	0.2698	0.99425	0.19683	0.46722	0.98377
	20～40	0.79809	0.49528	0.99574	0.24417	0.54686	0.97098
	40～60	2.01208	0.10169	0.91369	0.18247	0.64478	0.93409
S2	0～20	0.63473	0.82718	0.98515	0.25619	0.39353	0.91438
	20～40	0.86432	0.00158	0.99386	0.20444	0.5487	0.99512
	40～60	1.36613	0.00365	0.93652	0.16677	0.58749	0.94926
S3	0～20	0.48233	0.55834	0.98195	0.16469	0.07223	0.91969
	20～40	0.74851	0.00083	0.98757	0.16550	0.03413	0.99009
	40～60	0.95132	0.00056	0.9422	0.24535	0.05436	0.95382
S4	0～20	0.82372	0.00033	0.97209	0.17515	0.63423	0.97772
	20～40	0.76925	0.00067	0.93355	0.21516	0.43836	0.94691
	40～60	0.93682	0.00040	0.93584	0.25625	0.46929	0.94874

5.4　基于土柱实验的不同土体重构模式土壤水分和养分变化分析

实验所用淋溶土柱内径 8cm，高 65cm，从下到上依次为多孔板、300 目滤网、惰性石英砂、40 目滤网、60cm 土壤(以实际土壤容重装柱)、40 目滤网、惰性石英砂、中速滤纸、多孔板，中间土柱段安装土壤溶液采集器(图 5.40)。

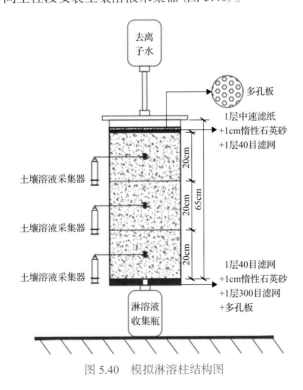

图 5.40　模拟淋溶柱结构图

以 20cm 为一土层，充填三层，充填方式见表 5.21。实验所使用的肥料为总养分≥45%的复合肥(N-P$_2$O$_5$-K$_2$O:15-15-15)，按照淮北当地施肥量(氮含量为 500kg/hm^2)和土柱结构得出浅耕层所施的氮磷钾复合肥量为 0.2512g，将其溶入一级水中均匀分布在 0～20cm 土壤里，充分混合。使用 2kg(20cm 土层约为 2kg)风干的土壤缓慢分层装入土柱并轻微压制，直到其堆积密度达到约 1.65g/cm^3。每层土体充填的同时，在柱体每个小孔中放好土壤溶液采集器，采集器另一端用止水夹固定防止漏气(每个实验重复两组)。

查找当地(淮北)年平均降雨量为 900mm，当地地表径流量取年降雨量的 70%，年淋溶量为 900×(1−0.7)=270mm，根据淋溶柱土壤截面积计算结果，实际年淋溶量取 1.35L。将装置移到室内可见光处，待到土柱底部有渗沥液时，每个土柱开始取样，利用注射器连接土壤溶液采集器抽取每层土壤溶液，直到淋溶结束后无渗沥液渗出，开始第二次淋溶实验。

淋溶分为 9 次(模拟 9 次降雨)，每次淋溶量为 150mL，每次淋溶降雨量为 30mm，淋溶 9 次之后达到年淋溶量，收集注射器所抽取的每层淋溶液于小白瓶中，并放入冰箱−4℃保存。测量淋溶液中营养盐离子浓度。

对实验柱体进行编号，具体实验操作如下：根据不同土体重构模式设计五组，每组重复两次，总共十根柱子，将不同采样土体按照表 5.21 进行充填并编号。实验实际操作如图 5.41 所示。

表 5.21　柱体及其充填方式设计

柱体编号	充填土体	备注
①	表土+表土+表土	表土来源于研究区 0~20cm 塌陷区土壤样品，土壤类型以砂姜黑土为主；客土来源于复垦区土壤样品；煤矸石来源于研究区采煤废弃物；粉煤灰来源于淮北电厂废弃物。每 20cm 为一土层，从上到下，进行编号，以 1 号柱体为例：0～20cm 编号为 1-1、20～40cm 编号为 1-2、40～60cm 编号为 1-3，以此类推
②	客土+客土+客土	
③	表土+客土+客土	
④	表土+客土+煤矸石	
⑤	表土+客土+粉煤灰	

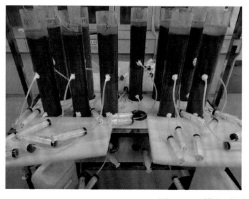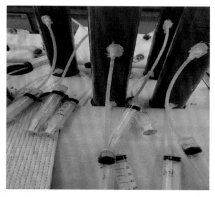

图 5.41　模拟淋溶实验装置图

样品测试方法：淋溶开始前，对所充填的 4 种土体的磷赋存形态(弱吸附态磷、铁结合态磷(Fe-P)、铝结合态磷(Al-P)、钙结合态磷(Ca-P)和残渣态磷)采用钼锑抗分光光度法进行测定；采用磷的等温吸附实验进行磷的吸附分析，准确称取 0.05g 过 100 目的土壤样品放入 25mL 聚乙烯离心管中，加入 20mL 由去离子水、磷酸二氢钾配置的含磷溶液(浓度梯度 0mg/L、0.1mg/L、0.2mg/L、0.5mg/L、1.0mg/L、2.0mg/L、5.0mg/L、10mg/L)，设置 8 个溶液梯度体系。在 25℃下，振荡平衡 24h 后取样，在 25℃、4000r/min 下离心 10~15min 直至固液分离，随后用微孔滤膜(0.45μm)过滤，测试上清液中磷浓度，计算解吸量。可由初始添加磷浓度与震荡后吸附平衡浓度来计算磷的吸附量；淋溶过程中，收集每次淋溶结束后各土柱不同土层的土壤溶液，总共 540 个土壤溶液样品，测定样品中全钾(TK)、铵态氮(NH_4-N)和正磷酸盐(SRP)浓度。其中全钾采用原子吸收法，铵态氮采用水杨酸分光光度法(HJ 655—2013)，正磷酸盐采用钼酸铵分光光度法(HJ 670—2013)；淋溶结束后，在不破坏充填结构的情况下取出土柱内的充填土体，将每一层土体均分为 4 份，总共 60 个样品，测定样品中磷的赋存形态。

5.4.1 不同土体重构模式土壤钾、氮、磷素淋溶特征

通过模拟室内柱体淋溶实验，每次淋溶量为 150mL，降雨量为 3cm，一共淋溶了 9 次，最终得到了不同柱体不同土体重构模式下的土壤全钾、铵态氮和正磷酸盐淋溶浓度变化趋势。

1. 不同土体重构模式钾淋溶特征

由图 5.42 可知，柱体①、②全钾淋溶浓度在不同土层均随着淋溶次数增多呈现先减少后增大再减小的趋势，表层、中间层和深层均在第五次淋溶时达到最小值，分别为 0.41mg/L、0.45mg/L、0.40mg/L(柱体①)和 0.29mg/L、0.26mg/L、0.26mg/L(柱体②)，柱体①从淋溶开始至结束，表层、中间层、深层土壤全钾淋溶浓度分别减少了 27.54%、21.13%、31.25%，柱体②从第一次淋溶到第九次淋溶，表层、中间层、深层土壤全钾淋溶浓度分别减少了 40.43%、52.73%、14.71%，客土充填土柱较表土充填土柱全钾流失量更多，客土孔隙大，全钾随着降雨淋洗流失较快。柱体③在淋溶过程中，全钾淋溶浓度随着淋溶次数的增多呈现减小的趋势，不同充填土层全钾淋溶浓度存在差异，全钾淋溶浓度大小顺序为表层(表土)＞中间层(客土)＞深层(客土)，表层全钾总淋溶浓度最大，为 5.93mg/L，较中间层和深层增加 44.35%和 50.76%，三种土层全钾淋溶浓度占所施复合肥量的 8.50%、4.72%、4.19%，全钾在不同柱体充填的不同材料上淋溶浓度不同，说明全钾淋溶受土体本身理化性质、柱体高度、降雨量等因素的影响。柱体④在淋溶过程中全钾淋溶浓度由大到小依次为深层(客土)、表层(表土)、中间层(客土)，从开始淋溶至结束，深层全钾淋溶浓度始终远大于表层和中间层，且深层全钾淋溶浓度均值均大于 1mg/L，变化幅度较大；表层第一次淋溶全钾淋溶浓度最大，为 1.06mg/L，随着淋溶次数增多，表层全钾淋溶浓度平稳减小；中间层全钾淋溶浓度变化不大；至第九次淋溶结束，表层全钾淋溶浓度降至最低，为 0.49mg/L，深层全钾淋溶浓度是表层的 4.2 倍，中间层是表层的 56%。柱体⑤在淋溶过程中全钾淋溶浓度变化与柱体④变化趋势相似，整体较柱体④全钾淋溶浓度较大，淋溶初期，表层和深层全钾淋溶浓度均减小，直至第三

次降到最低，分别为 0.46mg/L、2.16mg/L，而中间层在第二次淋溶后有个较大幅度的上升，第三次全钾淋溶浓度为第二次的 2.46 倍，第四次到第七次淋溶，三个土层的全钾淋溶浓度均减小，第八次淋溶，各土层全钾淋溶浓度都上升，随后下降直至淋溶结束，此时不同土层全钾淋溶浓度表现为深层＞表层＞中间层。

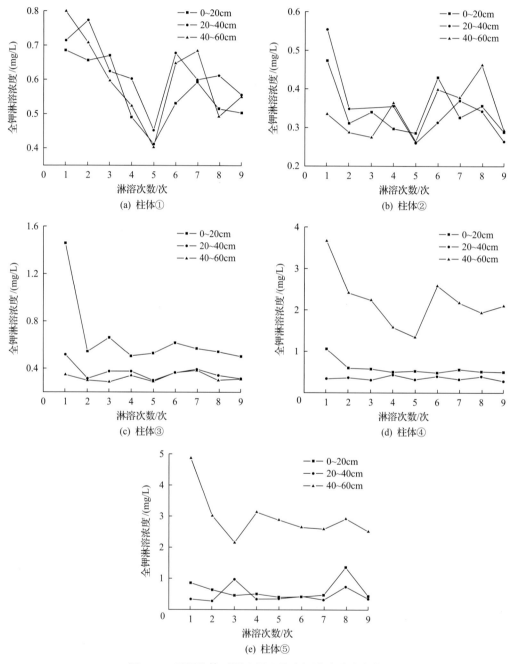

图 5.42 不同柱体不同土层土壤全钾淋溶浓度变化

在浅耕表层施用复合肥量相等以及 0～40cm 充填材料相同的情况下，对柱体 40～

60cm 充填层土体全钾淋溶浓度变化进行分析，由图 5.43 可知，随着淋溶次数的增多，全钾淋溶浓度降低，且表土层(1)、客土层(2)、客土层(3)变化趋势平缓。第一次淋溶到第三次淋溶，五种充填材料全钾淋溶浓度均呈现减小的趋势，柱体④的煤矸石层(4)和柱体⑤的粉煤灰层(5)全钾淋溶浓度变化较大，其减小幅度分别为柱体①表土层的 7.15 倍、13.55 倍；第四次淋溶和第五次淋溶，除粉煤灰层外，其他充填材料层均呈现减小趋势，粉煤灰层全钾淋溶浓度先增大后减小，达到淋溶过程中的一个较小峰值，为 3.13mg/L；第五次到第六次淋溶过程，煤矸石层全钾淋溶浓度增大，其他材料充填层全钾淋溶浓度减小；到第九次淋溶结束，粉煤灰层和客土层(2)全钾淋溶浓度有个小幅度上升，其他材料均下降，其中煤矸石下降幅度远大于表土和客土(3)。

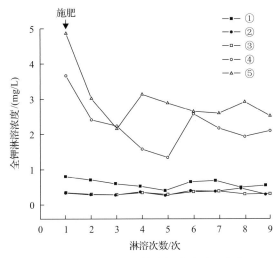

图 5.43　不同类型土体全钾淋溶浓度变化

注：图中①～⑤表示的是相对应的柱体①～柱体⑤的 40～60cm 充填层，详见表 5.21

本实验中，在表层施肥量和降雨径流相同的情况下，通过对比不同充填材料的柱体全钾淋溶浓度可知，粉煤灰和煤矸石充填层全钾淋溶量显著高于其他材料充填层，五种充填材料均随着淋溶次数的增多而减小，这与沈筱染等(2016)研究结果一致。土壤水分含量在淋溶开始时较低，水分通过土壤孔隙入渗，淋溶初期，全钾淋溶浓度较大，而后由于水分逐渐丰富，土壤颗粒在水分作用下发生膨胀，孔隙减小，淋溶浓度也随之趋于稳定。在淋溶过程中全钾淋溶浓度有出现升高的趋势，全钾在淋溶过程中受到土柱截面积、土柱充填土体和外源施加肥料等影响，随着淋溶次数的增加，表层钾素开始向深层土壤迁移，马琳杰等(2021)研究表明，土壤粒径越小，对养分固持作用越高，故土壤相较于煤矸石、粉煤灰等对全钾的吸附能力更强，表现为全钾淋溶浓度较小。

2. 不同土体重构模式氮淋溶特征

由图 5.44 可知，柱体①铵态氮淋溶浓度变化范围为 0.04～0.24mg/L，随着淋溶次数的增多，不同土层铵态氮淋溶浓度整体呈现减小的趋势，表层在第二次淋溶后达到最大值，为 0.24mg/L，在第九次淋溶后达到最小值，仅为 0.06mg/L，中间层和深层均在第三次淋溶后达到最大值，分别为 0.18mg/L、0.20mg/L，均在第九次淋溶后达到最小值，最小淋溶浓度分别为 0.04mg/L、0.05mg/L。柱体②铵态氮淋溶浓度在 0.04～0.16mg/L 范围内变化，不同土层铵态氮淋溶浓度均随着淋溶次数的增多而逐渐减小，其中表层在第二次淋溶结束后达到最大值，为 0.15mg/L，最小值出现在第六次淋溶结束，为 0.06mg/L，中间层和深层铵态氮的最大淋溶浓度均小于 0.1mg/L，中间层铵态氮淋溶浓度为 0.04～0.08mg/L，最大值与最小值分别出现在第五次和第九次淋溶结束，深土层铵态氮淋溶浓

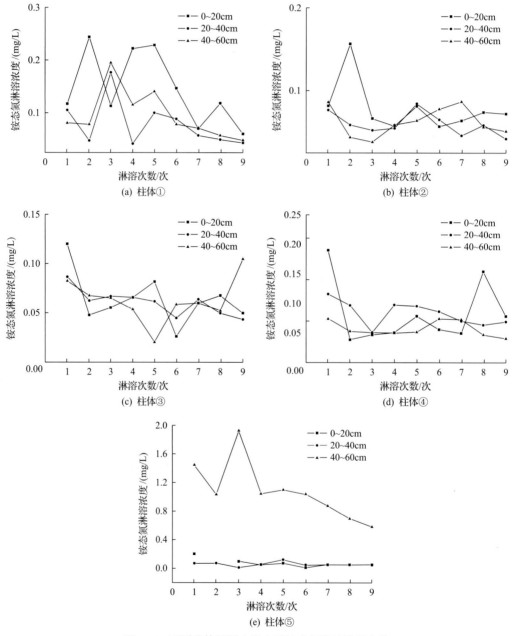

图 5.44　不同柱体不同土层土壤铵态氮淋溶浓度变化

度均值为 0.06mg/L，变化范围为 0.04～0.09mg/L。柱体③从淋溶开始至结束，铵态氮淋溶浓度均不超过 0.15mg/L，第一次淋溶铵态氮淋溶浓度表现为表层＞中间层＞深层，表层、中间层、深层铵态氮淋溶浓度分别为 0.12mg/L、0.09mg/L、0.08mg/L。第二次至第五次淋溶，表层铵态氮淋溶浓度升高，中间层和深层降低，深层降低幅度较大；第六次淋溶后，表层、中间层先升高再降低，深层先降低后升高，直至淋溶结束，三个土层铵态氮淋溶浓度为深层＞表层＞中间层。柱体④铵态氮淋溶浓度在整个淋溶过程中无明显变化规律，但每个土层整体铵态氮淋溶浓度减小。三个土层铵态氮淋溶浓度均值由大到小为表层＝中间层＞深层，分别为 0.08mg/L、0.08mg/L、0.06mg/L；表层在第四次铵态氮淋溶浓度达到最小(0.04mg/L)，中间层在第三次淋溶后铵态氮淋溶浓度最低(0.05mg/L)，深层在淋溶结束后铵态氮淋溶浓度最低(0.04mg/L)，到第九次淋溶，铵态氮淋溶浓度为表层＞中间层＞深层，三者之间差异不大。柱体⑤在淋溶过程中，深土层铵态氮浓度均值远大于表层和中间层，在第三次淋溶达到实验期间最大值(1.93mg/L)，随后随着淋溶次数的增加而逐渐减小直至第九次淋溶结束降到最低(0.58mg/L)；表层和中间层在淋溶过程中铵态氮淋溶浓度变化幅度较小，在 0.06mg/L 左右浮动。

　　如图 5.45 所示，自施肥后，五种不同充填土体铵态氮淋溶浓度整体均呈现降低的趋势，从淋溶初期到结束，粉煤灰层铵态氮淋溶浓度变化较大且均值大于 1mg/L，其他土层铵态氮淋溶浓度均小于 0.5mg/L。第一次、第二次淋溶结束后，铵态氮整体淋溶浓度为粉煤灰层(⑤)＞表土层(①)＞客土层(③)＞煤矸石层(④)＞客土层(②)，粉煤灰层铵态氮淋溶浓度为 1.03mg/L，将近为表土层的 13 倍，客土层与煤矸石层铵态氮淋溶浓度无显著差异。第三次淋溶后，粉煤灰层和表土层铵态氮淋溶浓度有明显的上升趋势，粉煤灰层、表土层分别达到铵态氮淋溶浓度最大值 1.93mg/L、0.20mg/L，且分别是前一次的 1.87 倍、2.5 倍；到第九次淋溶结束，粉煤灰层铵态氮淋溶浓度始终高于其他材料充填土层。

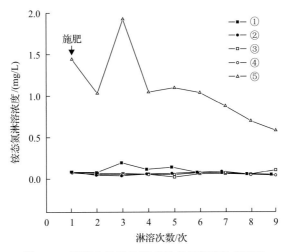

图 5.45　不同土体重构模式铵态氮淋溶浓度变化

注：图中①～⑤表示的是相对应的柱体①～柱体⑤的 40～60cm 充填层，详见表 5.19

　　随着淋溶次数的增加，五种充填材料的铵态氮淋溶浓度均较小。第一次淋溶，各种充填材料铵态氮淋溶浓度均较大，土壤质地、径流大小和施肥方式均会对氮素流失产生影响。淋溶初期，由于施加复合肥，肥料可通过土壤微生物作用转化为铵态氮，随降雨作用向下淋失，故淋溶初期铵态氮淋溶浓度较高；粉煤灰充填层铵态氮淋溶浓度呈现显著下降趋势，在第三次淋溶后铵态氮淋溶浓度有升高，其他材料充填层铵态氮淋溶浓度变化幅度均较小。研究表明，粉煤灰对氮素具有较强的吸附能力，在其表面含有较多的金属氧化物，随着雨水淋溶，粉煤灰会释放大量的氮素，带正电的铵易被带负电的土壤胶体吸附。故土壤在淋溶过程中粉煤灰充填层铵态氮淋溶浓度显著高于其他材料充填层，表土层、客土层在淋溶过程中变化幅度较小。

3. 不同土体重构模式磷淋溶特征

由图 5.46 可知，柱体①正磷酸盐淋溶浓度在不同土层存在不同变化趋势，随着淋溶次数的增多，表层正磷酸盐淋溶浓度呈现先减小后增大的趋势，第一次淋溶后浓度最大，达到 0.050mg/L，第六次淋溶后浓度最小，仅为 0.018mg/L；中间层正磷酸盐淋溶浓度变化趋势为先减小后增大再减小，第五次淋溶后浓度最大，为 0.031mg/L，第九次淋溶后浓度最小，为 0.017mg/L；深层土体正磷酸盐淋溶浓度表现为先增大后减小，变化范围为 0.004～0.020mg/L。柱体②正磷酸盐淋溶浓度在不同充填土层变化趋势不同，随着淋溶次数的增多，表层正磷酸盐淋溶浓度先减小后增大再减小，变化范围为 0.022～0.010mg/L，

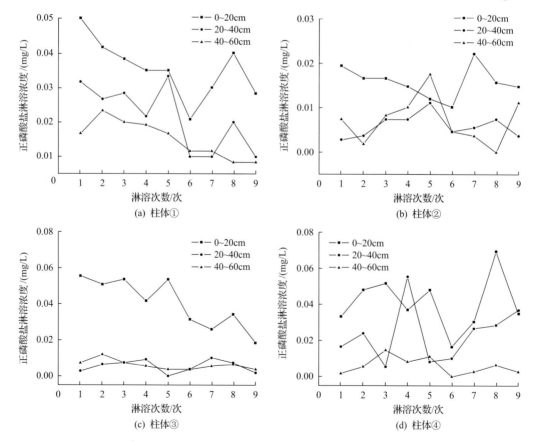

(a) 柱体①

(b) 柱体②

(c) 柱体③

(d) 柱体④

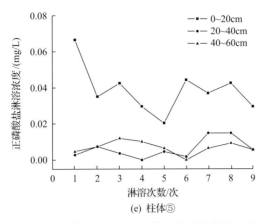

(e) 柱体⑤

图 5.46　不同土体重构不同层土壤正磷酸盐淋溶浓度变化

最大值出现在第七次淋溶后；中间层正磷酸盐淋溶浓度呈现先增大后减小的趋势，变化范围为 0.003～0.011mg/L；深层正磷酸盐淋溶浓度呈现先减小后增大再减小最后增大的趋势，最大值出现在第五次淋溶后，为 0.018mg/L，第八次淋溶后浓度最小，为 0mg/L。柱体③随着淋溶次数的增多，三个土层正磷酸盐淋溶浓度整体呈现减小趋势，其中表层正磷酸盐淋溶浓度变化范围最大，第一次至第四次淋溶，表层和深层正磷酸盐淋溶浓度减小，中间层浓度增大；第五次淋溶后正磷酸盐淋溶浓度表现为表层＞中间层＞深层；第六次至第八次淋溶，中间层、深层与表层之间呈现相反的变化趋势，直至第九次淋溶结束，由表入深正磷酸盐淋溶浓度分别为 0.018mg/L、0.002mg/L、0.004mg/L。柱体④在淋溶过程中正磷酸盐淋溶浓度变化整体无明显规律，第一次至第三次淋溶，表层正磷酸盐浓度始终大于其他层；第四次淋溶中间层浓度升高到最大（0.06mg/L），而表层和深层呈现相反的变化趋势；第六次至第八次淋溶，正磷酸盐淋溶浓度由大到小表现为表层、中间层、深层；到第九次淋溶结束，正磷酸盐淋溶浓度为中间层＞表层＞深层，浓度均小于 0.04mg/L。柱体⑤正磷酸盐淋溶浓度在淋溶过程中呈现不同的变化趋势，表层正磷酸盐淋溶浓度始终大于中间层和深层，第一次淋溶后，表层正磷酸盐淋溶浓度最大（0.07mg/L），第二次至第五次淋溶，表层和深层变化趋势一致，浓度先增大后减小，直至第六次淋溶，深层正磷酸盐淋溶浓度降至最低（0mg/L）；到第九次淋溶结束，正磷酸盐淋溶浓度为表层＞中间层=深层，表层正磷酸盐淋溶浓度为 0.030mg/L，显著高于中间层和深层（0.006mg/L）。

　　如图 5.47 所示，五种充填土柱材料正磷酸盐淋溶浓度均没有明显的变化规律，且五种充填土柱材料正磷酸盐淋溶浓度均小于 0.300mg/L，自施肥后，第一次、第二次淋溶，表土层、客土层、煤矸石层、粉煤灰层均升高，且表土层正磷酸盐淋溶浓度最高，为 0.020mg/L，客土层正磷酸盐淋溶浓度减小；淋溶至第五次，正磷酸盐淋溶浓度表现为客土层（②）＞表土层＞煤矸石层＞粉煤灰层＞客土层（③），此时客土层（②）正磷酸盐淋溶浓度为 0.018mg/L，较表土、煤矸石和粉煤灰分别增加 38%、64%、80%。从第五次到第六次，五种充填土柱材料正磷酸盐淋溶浓度均下降，下降幅度略有不同；第六次到第八次淋溶，表土层、客土层（②）正磷酸盐淋溶浓度下降，其他材料充填层土体淋溶浓度上升。到第九次淋溶结束，正磷酸盐淋溶浓度为客土层（②）＞粉煤灰层＞表土层=客土层（③）＞煤矸石层。

正磷酸盐淋溶浓度与淋溶次数之间无明显的相关性，可能是由于不同材料对磷素的吸附性能不同，材料中有机质含量、含磷量等对磷素淋溶浓度均有影响。正磷酸盐在淋溶过程中淋溶浓度较小，这可能与土壤对磷素存在较强的吸附固定作用，磷素很难在土壤中发生迁移有关，因此，正磷酸盐在不同材料中的淋溶浓度远小于全钾和铵态氮。对比五种材料充填柱体的正磷酸盐淋溶浓度可知，随着淋溶次数的增加，正磷酸盐淋溶浓度整体呈减小的趋势，这与何松等（2022）研究趋势一致，基质淋溶液中磷浓度随淋溶次数增多而降低。直至第七次淋溶，表土的正磷酸盐淋溶浓度始终大于其他充填材料，表明煤矸石和粉煤灰较土壤存在更多磷素的吸附位点且结合磷能力更强，并且化学吸附起主要作用，这有待进一步研究。

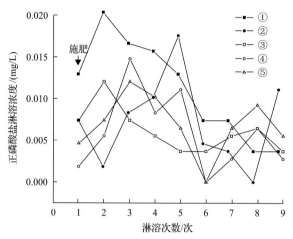

图 5.47　不同土体重构模式土体正磷酸盐淋溶浓度变化

注：图中①～⑤表示的是相对应的柱体①～柱体⑤的 40～60cm 充填层，详见表 5.19

室内土柱模拟结果表明，各充填材料中养分的流失浓度和流失量不一样，土壤养分流失主要过程为：在介质水存在下，土壤养分随着土壤水分在土壤中发生吸附—解析—迁移。实验初期，由于本身土壤残留的养分和对 0～20cm 土层土壤的施肥，不同柱体不同土层的氮磷钾离子随降雨过程而产生较大的流失量，而随着淋溶次数的增加，土壤颗粒发生膨胀，土壤孔隙变小，从而导致养分的淋出减小。在淋溶过程中，当淋溶次数与降雨量都相同时，相应土层淋溶浓度表现为钾＞氮＞磷。研究表明，由于施肥和翻耕土壤等因素，所充填土壤含有全钾较多，淋溶风险较大，故全钾淋溶浓度远大于氮素和磷素。不同充填模式的柱体土壤对养分的保持能力不同，其中表土+客土+粉煤灰和表土+客土+煤矸石充填柱体养分流失量大，且随着淋溶次数的增多淋溶浓度变化幅度大，而在短时间尺度模拟降雨淋溶下，表土+表土+表土与表土+客土+客土在 40～60cm 处养分淋溶浓度差异不大，故土壤充填复垦模式较粉煤灰和煤矸石充填复垦更利于复垦土体对养分的保留。

5.4.2 不同土体重构模式下磷保留机制

本章模拟降雨径流研究不同土体重构模式下土壤全钾、铵态氮、正磷酸盐淋溶过程，其中铵态氮为反应性元素，有硝化反硝化等损失途径，转化时间较长，而钾元素为迁移性较强元素，土壤水中流失较快。相对来说，在模拟降雨径流短时间尺度下对磷的研究更为有意义。

1. 不同土体重构模式磷的赋存形态

室内模拟降雨径流土柱填充材料分别为表土、客土、粉煤灰、煤矸石，对填充前各种材料中的各形态磷含量进行分析，如图 5.48 所示。由图 5.48 可知，表土、客土、粉煤灰、煤矸石中总磷含量分别为 462.33mg/kg、338.93mg/kg、562.28mg/kg、174.51mg/kg。

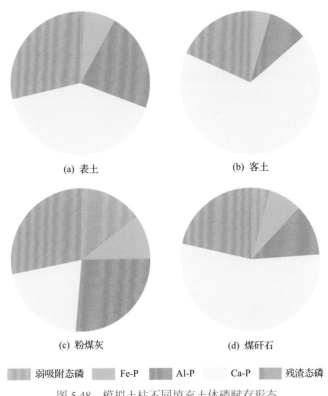

(a) 表土　　　　　　　　　　　　(b) 客土

(c) 粉煤灰　　　　　　　　　　　(d) 煤矸石

■ 弱吸附态磷　■ Fe-P　■ Al-P　■ Ca-P　■ 残渣态磷

图 5.48　模拟土柱不同填充土体磷赋存形态

填充材料表土中弱吸附态磷占总磷的 1.01%，Fe-P 占比为 7.33%，Al-P 占比为 22.33%，Ca-P 占比为 40.78%，残渣态磷含量占无机磷总量的 28.56%；客土中磷素主要以 Ca-P 的形态赋存，占比为 67.81%，其次是残渣态磷和 Al-P，占比分别为 18.25%、9.2%，弱吸附态磷和 Fe-P 在土壤中含量极低，总和不超过 5%；粉煤灰中总磷的各形态分布较为均匀，弱吸附态磷、Fe-P、Al-P、Ca-P、残渣态磷占总磷的比例分别为 14.62%、10.13%、26.58%、20.56%、28.11%；而煤矸石中磷素主要以 Ca-P 形态赋存，其次是残渣态磷和 Al-P，而弱吸附态磷占总磷的比例最小。

不同形态的无机磷在不同填充材料中的赋存形态有较大差异，但大体上也呈现出一定的趋势，在表土、客土、煤矸石中无机磷各形态含量大小为 Ca-P＞残渣态磷＞Al-P＞Fe-P＞弱吸附态磷，而在粉煤灰中并无这种规律。由于表土对肥料中无机磷含量保持作用大于客土，故此表土中无机磷总量要远高于客土，而土壤中无机磷含量要远高于煤矸石，而粉煤灰由于经过高温烧灼，颗粒极细，比表面积较大，对无机磷各种形态吸附能力较强，这与聂素梅(2010)的研究一致，粉煤灰中无机磷总量以及各形态无机磷含量较高。

2. 不同充填材料磷的吸附特征

对室内模拟实验土柱填充材料在加入不同磷浓度时对磷的吸附量进行分析，结果如图 5.49 所示。起始平衡浓度时，填充材料对于磷的吸附性能变化规律为客土＞表土＞煤矸石＞粉煤灰，然后随着外加磷浓度的增加，不同填充材料对磷的吸附量逐渐增加，且表土、客土、粉煤灰对磷的吸附量增加趋势基本一致，煤矸石对磷的吸附量增加趋势较平缓，造成不同材料对磷吸附量存在差异的原因主要与填充材料的性质有关。研究表明，pH 是影响磷吸附的重要因素，主要通过改变水体中磷形态及比例，还能够改变土壤表面离子形态和表面性质。pH 越大，对磷的吸附效果越好。而土壤 pH 较粉煤灰和煤矸石大，更容易增大表面磷吸附，故土壤的磷吸附量较大。

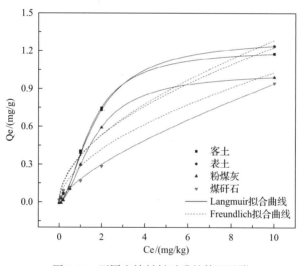

图 5.49　不同充填材料对磷的等温吸附

当平衡浓度小于 2mg/L，客土填充材料对磷的吸附速率最大，其次是表土，煤矸石对磷的吸附速率最小，此时客土对磷的吸附量达到最大，为 0.75mg/g，表土吸附量为 0.73mg/g，粉煤灰吸附量为 0.59mg/g，煤矸石吸附量最小，仅为 0.17mg/g。当平衡浓度大于2mg/L 时，填充材料对于磷的吸附量出现下降的趋势，其中表土和客土的下降速率大于粉煤灰。当平衡浓度达到 8mg/L 时，表土吸附量最大，达到了 1.24mg/g，其次是客土，煤矸石吸附量最小，仅为 0.94mg/g。

不同材料等温吸附拟合曲线参数见表 5.22，客土、表土、粉煤灰、煤矸石这四种材料对磷的吸附行为更加符合 Langmuir 模型 (R^2 均大于 0.99)，客土、表土、粉煤灰、煤矸石对磷的最大理论吸附量分别约为 1.21mg/g、1.30mg/g、1.03mg/g、1.05mg/g，由此可表明，充填材料对磷的吸附方式主要为单层吸附。

表 5.22　不同充填材料等温吸附模型拟合参数

不同充填材料	Langmuir 模型			Freundlich 模型		
	Qm/(mg/g)	K_L/(mol/L)	R^2	K_F/(mol/L)	$1/n$	R^2
客土	1.21325	0.46689	0.99303	0.37047	0.52015	0.89485
表土	1.29879	0.40489	0.99494	0.36613	0.54412	0.91875
粉煤灰	1.03139	0.39971	0.99958	0.28541	0.55760	0.90865
煤矸石	1.04569	0.00081	0.99520	0.18257	0.71209	0.99643

3. 不同土体重构模式磷的保留机制

结合土柱充填前及淋溶后柱体中不同土体磷的赋存形态和不同材料对磷的吸附性能等数据，分析不同土体重构模式下磷的保留机制，如图 5.50 所示。由图 5.50 可知，0～20cm 表土充填的柱体①、③、④、⑤中，Ca-P 和残渣态磷在各柱体表层含量均减小，其中柱体①Fe-P 含量增大，柱体③、④、⑤Fe-P 含量减小，柱体 0～20cm 土层中 Al-P、Ca-P 和残渣态磷减小；20～40cm 充填的为客土的柱体②、③、④、⑤，中间层中 Al-P、Ca-P、残渣态磷含量增大，其中柱体⑤20～40cm 土层中 Fe-P 含量增大，柱体②、③、④20～40cm 土层中 Fe-P 含量减小，柱体①20～40cm 土层中弱吸附态磷、Ca-P 和残渣态磷含量减小，其他形态磷含量增多；柱体①40～60cm 土层中表土层 Al-P 含量增大，其他形态磷含量减小，柱体②40～60cm 土层中客土层、柱体③40～60cm 土层中客土层 Fe-P 含量减小，其他形态磷含量增大，柱体④40～60cm 土层中煤矸石层 Al-P 含量增大，其他形态磷含量减小，柱体⑤40～60cm 土层中粉煤灰层的弱吸附态磷含量增大，

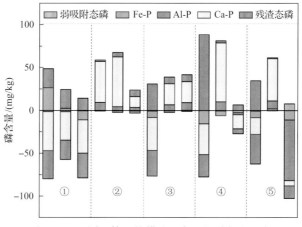

图 5.50　不同土体重构模式下各土柱磷保留机制

其他形态磷含量减小。土壤无机磷形态之间可以互相转化。研究表明，施用磷肥会增加不同形态的无机磷，其中对 Ca-P 和 Al-P 的影响更大，在表土和客土施加肥料的情况下，表土层和客土层 Ca-P 和 Al-P 随着模拟降雨淋溶含量变化较大，客土对磷的吸附能力较强，吸附量较大，粉煤灰和煤矸石均为客土的柱体②各形态磷含量在淋溶后基本上在增多。

第6章　井工煤矿矿区土地功能再造再提升技术

6.1　土地功能再造技术

针对不同生态修复区，土地功能再造再提升措施及其技术参数将有所不同。中风险区以自然恢复为主，适当人为干预修复矿山损伤源。较高风险区应以辅助再生为主，修复治理为辅，重点关注并通过一定的工程、技术措施对塌陷损毁严重的区域进行修复治理。高风险区应采用生态重建模式，围绕地貌重塑、土壤重构、生物多样性重组。井工煤矿矿区再造土地可持续利用途径如图6.1所示。

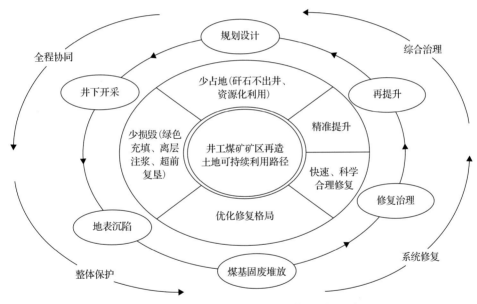

图 6.1　井工煤矿矿区再造土地可持续利用途径

6.1.1　土地功能损伤预防措施

1. 覆岩离层注浆法

覆岩离层注浆法成本低，煤炭回采率与生产效率高，适合高产能等特点，符合国家产业政策，该方法日益受到重视。覆岩离层注浆技术是针对矿山开采全生命周期的绿色技术，贯穿于采空塌陷绿色设计、采中预防和采后治理，是解决矿井开采破坏与环境保护、和谐发展的低成本、可持续、新型绿色开采技术。

该技术主要利用"关键层理论"，通过设计合理的工作面采宽使主关键层或目标关键层初采期稳定，合理留设一定宽度的区段隔离煤柱，控制相邻两工作面覆岩的连通移动并处于非充分采动状态,使用压力泵将煤矸石粉末、粉煤灰、水泥或者混合物浆液通过注浆管注入关键层下的离层内,浆液沉淀后水去灰留,形成饱和压实体,从而对上部关键层起到支撑作用,形成"离层区充填体(压实区)+煤柱+关键层"的承载体,保证上部岩层及地面不发生破坏与变形(图6.2)。

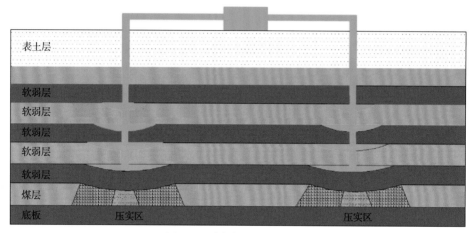

图6.2 覆岩离层注浆技术图

覆岩离层注浆技术必须要有适宜的地质条件和开采条件。其中地质条件是采深较大,基岩较厚,能够形成离层带;地层覆岩应是中硬以上,且软硬岩层相间分布,从而具备岩层离层的条件。开采条件指采宽较小,采场上下两侧为实体煤柱,有利于形成离层。

2. 井下充填法

井下充填法主要包括矸石充填(机械充填、风力充填、水砂充填等)、膏体(似膏体)充填和高水充填。

(1)井下迎头矸石运输:岩巷迎头掘进出的矸石经后部皮带运输到矸石仓中;或装车后经轨道大巷进入上部车场,用推车机将车推入翻车机中,将矸石倒入矸石仓中。

(2)地面矸石山矸石运输:地面矸石山矸石经选煤场选矸后装车,经副井、轨道大巷进入上部矸石充填车场,出推车机将矿车推入翻车机中,将矸石倒入矸石仓中。

(3)破碎给料:将矸石仓的矸石经破碎机破碎到粒径≤250mm,再通过给煤机将破碎后的矸石给料至皮带机上。

(4)皮带机运输:由可伸缩皮带机将矸石运送到采空填充巷迎头,进入矸石填充机。

(5)矸石填充设备迎头抛填:矸石直接进入矸石填充机抛射部进行抛射填充。调整抛射皮带使之左右上下摆动,在整个巷道断面均匀布料。操纵推平器,压实填充后的矸石。矸石在较干燥的情况下,需边填充边洒水,以便于矸石堆积。

井下充填流程如图6.3所示。

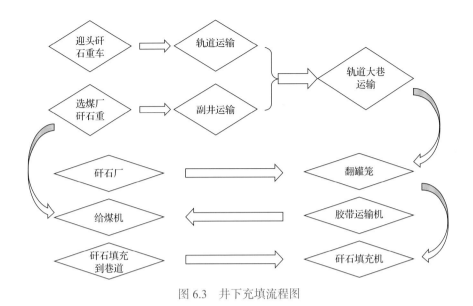

图 6.3 井下充填流程图

6.1.2 损伤土地功能恢复工程措施

1. 土地平整

对于塌陷不积水的区域采用土地平整工程，通过平整土地，推高填低，达到田间灌溉和满足基本农田耕作的要求。在实施土地平整措施前有条件的话应进行表土剥离措施。耕作层土壤和表层土壤是经过多年耕作和植物作用而形成的熟化土壤，是深层生土所不能代替的，对于植物种子的萌发和幼苗的生长有着重要作用。因此在进行土地复垦时，要保护利用好表层的熟化土壤（主要为 0～0.7m 的土层），其具体步骤如下：首先将表层的熟化土壤尽可能地剥离，在合适的地方储存并加以养护和妥善管理以保持其肥力；待土地平整结束后，再平铺于土地表面，使其得到充分、有效、科学的利用。土地平整结束后应积极改善农田灌溉条件，达到提高土地利用质量的目的。同时，土地平整应根据塌陷区域地形特点、土地利用方向、农田耕作、灌溉以及防治水土流失等要求，进行土地平整工程设计。具体施工步骤如下。

(1)平整高度的确定。首先将地形图划分方格网，每个方格的角度标高，在现场打设木桩定好方格网，然后用仪器直接测出场地平整高度，平整后高度应对农业生产不产生不良影响。再通过"方格网法"计算出土方工程量。步骤为：划方格网→计算零点位置→计算土方工程量→计算土方总量。

(2)平整挖填土方量计算。根据积水区下沉临界值，圈定积水区，划定需要填充的塌陷区范围。根据塌陷区的下沉等值线，生成数字高程模型，利用 GIS 计算土地平整所需土方量，并结合经济效益分析，计算土地平整所需的成本。

(3)土方平衡与调配。土方平衡和调配原则为挖(填)方量基本达到平衡，减少重复倒运。挖(填)方量与运距的乘积之和尽可能为最小。分区调配要与全场调配相协调，避免只顾局部平衡而忽视整体平衡。选择恰当的调配方向、运输路线、施工顺序，避免土方运输出现对流和乱流现象，同时便于机具调配和机械化施工。平衡和调配步骤划分调配区，在平面图上先划出挖填区的分界线，并在挖方区和填方区适当划出若干调配区，确定调配区的大小和位置。计算各调配区的土方量并标明在图上，计算各挖、填方调配区的平衡运距，即挖方区土方重心至填方区土方重心的距离，取场地或方格网的纵横两边为坐标轴，以一个角作为坐标原点，确定土方最优调配方案并绘制土方调配图。

2. 挖深垫浅

挖深垫浅主要包括泥浆泵抽取法或推土机搬运法。地表塌陷区域深度在 1.5～3.0m 范围内易于采用挖深填浅进行综合治理，在塌陷深度大于 3.0m 的区域不宜进行挖深垫浅作业；对于地下水埋藏较浅的区域，如地下水位小于2m，可在 1.5～3.0m 之间的塌陷区进行挖深垫浅；如地下水位大于 2.0m，可在 2.0～4.0m 之间进行挖深垫浅，其挖深和垫浅原则上不应超过 2m。原则上挖深和垫浅部分应基本上保持挖方和填方工程量的平衡，垫浅部分用于农业种植的耕地，一般应高于地下水位 0.5m，以防止渍涝对作物的伤害，其防洪标准一般不应小于 5 年一遇洪水标高。

一般塌陷地挖深垫浅可采用泥浆泵等机械施工以提高效率，即使用拖式铲运机挖深，或采用泥浆泵的方法将泥土切割、粉碎，使之湿化、崩解，形成泥浆和泥块的混合液，再由泥浆泵通过输送管压送浅度塌陷地段，修筑岸堤或作为复耕回填用土，如图 6.4 所示。

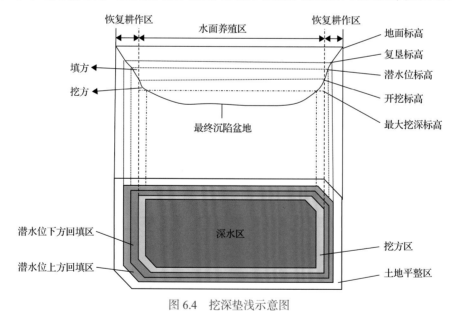

图 6.4 挖深垫浅示意图

挖深垫浅是将造地与挖塘相结合，即用挖掘机械（如铲运机、水力挖塘机组、挖掘机），将沉陷深的区域再挖深，形成水(鱼)塘，取出的土方充填沉陷浅的区域形成耕地，达到水产养殖和农业种植并举的利用目标。其适用于沉陷较深，有积水的高中潜水位地区。挖深垫浅法具有操作简单、适用面广、经济效益高、生态效益显著的优点，但该方法对土壤的扰动大，处理不好会导致复垦土壤条件差。依据设备的不同，可以细分为泥浆泵复垦技术、拖式铲运机复垦技术、挖掘机复垦技术、推土机复垦技术。

A. 泥浆泵复垦技术

泥浆泵复垦技术实际就是水力挖塘机组，亦称水力机械化土方工程机械。由立式泥浆泵输泥系统、高压泵冲泥系统、配电系统或柴油机系统三部分组成。泥浆泵复垦就是模拟自然界水流冲刷原理，运用水力挖塘机组将机电动力转化为水力而进行挖土、输土和填土作业，即由高压水泵产生的高压水，通过水枪喷出的一股密实的高压高速水柱，将泥土切割、粉碎，使之湿化、崩解，形成泥浆和泥块的混合液，再由泥浆泵通过输送管压送到待复垦的土地上。由于泥浆泵是水力挖塘机组的核心，因此这种方法称为泥浆泵复垦法。泥浆泵复垦法的工艺流程为产生高压水—冲土水枪挖土—输送土—充填与沉淀—平整土地(图 6.5)。

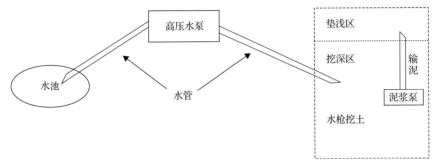

图 6.5　泥浆泵复垦施工工艺

目前此方法存在的主要问题为泥浆泵复垦土壤的养分损失、泥浆泵复垦土壤的上下土层混合、泥浆泵复垦土壤含水量大且不易排出、土壤盐渍化、土壤微生物以及土壤动物的破坏。

B. 拖式铲运机复垦技术

拖式铲运机实质为一个无动力的拖斗，在前部用推土机作为牵引设备和匹配设备进行铲装运土壤作业。铲运机由一个带有活动底板的铲斗、四个轮胎和液压(驱动)系统组成。其中铲斗的活动底板有锋利的箕形铲刀，用于剥离土壤并通过液压系统进行升降。拖式铲运机复垦技术的工作原理为充分发挥拖式铲运机挖掘和长距离运送土方的潜能，在前部用推土机作为牵引设备和匹配设备进行铲装运土作业。用拖式铲运机的铲斗和推土机的推斗将土方从挖深区推或拉至垫浅区，对垫浅区进行回填。铲运机前面带推土机，前推后拉，既可推土又可抢土和运土，具备铲、运、填、平等多种功能，工艺简单，操作方便，省时省力。

复垦工艺：矿区内地下潜水位高，在挖深垫浅时，为满足复垦后土地一次复垦到位的土方量的需要。挖深区鱼塘深度一般为 3.5m。然后根据复垦设计将挖深区分成若干块段(可按机械多少和地块大小而定)，多台机械同时进行挖深回填。为了保证复垦后的土地质量，剥离回填之前需要将挖深区和垫浅区的熟土层剥离堆存起来。待回填到一定标高后，再将熟土回填到复垦地上，使垫浅区达到设计标高。推平后，再使用农用耕作细耙或推耙机进行松土整理，培肥后即可种植，而挖深区所形成的鱼塘用于水产养殖。拖式铲运机复垦技术的优势有土地复垦速度快、效率高、工期短、不受运输距离等限制、施工不受土壤内部结构成分影响、铲运机前部的推斗可调整高度和方向，机械灵活，挖出的鱼塘较规则平整，施工过程中通过分块段、分层剥离和分层回填技术，容易使熟土重新回填作为表土层，这样能保证复垦后土壤结构破坏程度较小。

拖式铲运机复垦技术的不足之处有施工受积水和潜水位条件限制，对积水区需排水和打井降低潜水位，雨季需停工；为减少抽水费用，一般为长时间连续作业，工人劳动强度较大，对机械设备要求较高，复垦成本较其他工艺要高。

C. 挖掘机复垦技术

挖掘机是一种很好的土方挖掘机械，被广泛用于土地复垦中。它具有挖掘力强、速度快等特点。但它无法运输，必须与卡车、四轮翻斗车等运输机械联合作业才能完成复垦工作。挖掘机复垦技术的技术特点为：把挖深区和垫浅区划分成若干块段(依地形和土方量划分)，并对垫浅区划分的块段边界设立小土(田)埂以利于充填；将土层划分为两个层次，一是上部 40cm 左右的土壤层，二是下部的砂姜层；用"分层剥离、交错回填"的土壤重构方法进行复垦(图 6.6)。

图 6.6　挖掘机复垦施工图

D. 不同挖深垫浅方式复垦效果对比

泥浆泵复垦后土壤含水量高，干结周期长；土壤结构被破坏；土壤养分流失严重、肥力降低，需培肥，不受雨季、地形影响，但需有充足的水源保障。拖式铲运机复垦后能保留熟土层，土壤养分损失较少；复垦后土壤存在压实现象，需要深耕，受雨季、潜水面深度及地形因素影响大；复垦后土地能立即恢复耕种(图 6.7)。挖掘机复垦后能保留熟土层，土壤养分损失较少；复垦后土壤存在压实现象，需要深耕；复垦后土地能立即恢复耕种，受雨季、潜水面深度及地形因素影响大。

3. 回填工程

选择采煤塌陷基本稳定区的适宜地段，如有积水或季节性积水，先砌筑混凝土挡墙围堰，安装排水管道，使用"疏干法"排水，然后进行矸石回填，分层铺设矸石，分层

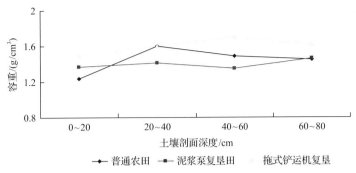

图 6.7　不同挖深垫浅模式下重构土壤的容重对比图

碾压充填恢复地形，再进行覆土和土地平整，可以将塌陷地恢复为耕地。该技术关键需要对填充材料煤矸石进行有害元素分析，并进行无害化处理，防止二次污染的发生。回填可采用坑顶抛填法、开底船抛填法、浮桥推移抛填法、缆车吊运法、溜槽—浮筒输送带施工法等，如图 6.8 所示。各方法优缺点如下所述。

(1) 坑顶抛填法：将集料运至坑顶后，直接用挖掘机、推土机等机械设备将集料推至湖中，这是最直接、快速、省资的办法。但是，如果矿坑湖泊面积很大且矿坑较深，此方法不能将集料抛至湖中的任意一点，只能在机械吊臂所及范围内进行抛填同时现状边坡局部处于失稳临界状态，为保证施工的安全，施工前需结合边坡的实际情况，选取边坡较为稳定处的坡顶设置投料点。

(2) 开底船抛填法：即将集料运至水边码头，装入开底船的船舱，然后在预定的位置把舱底打开，将集料抛入湖中。该方法的优点在于可以控制抛填位置，能够使湖底任意一点得到集料的惠及；问题在于如何将集料从岸上运至码头，再驳运至船上，为满足集料堆放及驳运的需求，需预先建设若干条从坑口至湖面斜坡的道路，该道路必须具有料场码头堆料的功能且还需满足车辆掉头的要求；考虑调头回车场地是随着水位的不断上涨而不断后退的，故该道路全线须变成一定宽幅的路面，方可满足交通畅行、集料转运双重功能的要求。

(3) 浮桥推移抛填法：其原理同开底船抛填法相似，关键问题也是如何将岸上(坑口)的集料送至浮桥上，同时浮桥必须具有自由转运移位的功能。

(4) 缆车吊运法：沿矿坑南北方向设置跨湖缆绳吊车，将坑口集料装入吊斗中，运至湖面上空进行抛填。此方法的优点是能够连续作业，一根缆绳上可以悬挂多个吊斗，但是此方案的缺点明显：一是抛填位置受限，只能在缆绳垂线下较窄的宽度内进行回填；二是一个吊斗最大容量仅 1t，考虑矿坑土方回填量巨大，施工时间较长；三是缆绳的装置安全性能要求高，同时矿坑周边山体较矮，抗拉"铆墩"的设置也有一定困难。

(5) 溜槽—浮筒输送带施工法：在矿坑四周选择若干合适位置，安装溜槽，将已囤在坑口的集料，用挖掘机将集料送至溜槽，集料在槽内自行下滑入浮筒输送带，待浮筒输送带填装完毕后将集料运至预定的地点进行抛填。该方法具有快速、安全的特点，能使集料投放到湖中任意一点，且随着湖面加长，可以连续施工等优点；其缺点是浮筒输送带成本较高，移动较迟缓。

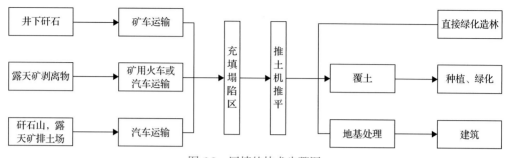

图 6.8　回填的技术步骤图

回填注意事项如下。

(1)回填煤矸石和土杂质较多，应使它们符合设计要求，填充时应对其进行检查，合格后再回填。

(2)未按要求测定干土的容重，回填每层都应测定夯实后的干土容重，检验其压实系数和压实范围，符合设计要求后才能铺摊上层土。应在夯压时对干土适当洒水以湿润；如果填土同样夯不实呈"橡皮土"现象，这时应将"橡皮土"挖出，重新换好土再予以夯压实。

(3)填方应按设计要求预留沉降量，沉降量一般不超过填方高度的 3%。

4. 湿地修复技术

1)湿地生态修复技术

湿地生态修复技术是指运用生态、生物及工程措施等技术手段，通过改变湿地生物所依赖的生态环境(水、土、地形等环境因子)，提高生境的异质性和稳定性，实现湿地基底稳定、水质改善、土壤培肥，使湿地环境多样化、健康化。湿地生物修复技术是指通过植物的生长及微生物的活动来改善湿地生态环境，是一项绿色生态技术。湿地植物对湿地修复有很大的促进作用，如芦苇生长对水体有较好的净化作用。生态系统结构与功能恢复技术是指对生态系统整体情况进行宏观把握，从大角度、大方向进行规划设计，以完善湿地生态系统结构、提升湿地生态功能为主要出发点和最终目标，采取一系列关键技术对生态系统结构和功能进行修复。

2)湿地修复植被选择

植被恢复与物种多样性保护是采煤沉陷型湿地生态系统恢复和重建的主要目标之一。由于湿地植物在湿地生态系统中的作用与水体、水体基质、大气、光照及其形态结构密切相关，湿地植物的生活类型分为以下 4 种。陆地林木带：岸边的陆地林木带选择旱柳植被进行修复。挺水植物：根系生于水体基质，植株大部分挺出水面接受光照，缺水时可耐潮湿性陆生，如荷花和芦苇。浮叶植物：根系悬生于水体，叶浮于水面接受光照，叶柄长，或因变态茎上的叶生长期不同而叶片浮于水面，植株不耐干旱，如浮萍。沉水植物：根系生于水体基质，植株沉入水体，花序或花各部简化，花期露出水面或于水中，水媒或自花传粉，如黑藻。淮北矿区湿地修复可选植被类型见表 6.1。湿地水面梯度规划布局如图 6.9 所示。

表 6.1 淮北矿区湿地修复可选植被类型

组	型	系	代表植物
沼泽型组	I 森林沼泽型	水杉群系 (form. Metasequoia glyptostroboides)	垂柳、水杉、紫穗槐
		垂柳群系 (form. Salix babylonica)	
		紫穗槐群系 (form. Amorpha fruticosa)	
	II 草丛沼泽型	香蒲群系 (form. Typha orientalis)	香蒲、芦苇、狗牙根、菖蒲、白茅
		芦苇群系 (form. Phragmites australis)	
		双穗雀稗群系 (form. Paspalum paspaloides)	
		藜群系 (form. Chenopodium album)	
		狗牙根群系 (form. Cynodon dactylon)	
		白茅群系 (form. Imperata cylindrica)	
		菖蒲群系 (form. Acorus calamus)	
浅水植物湿地型组	I 漂浮植物型	浮萍群系 (form. Lemna minor)	浮萍
	II 浮叶植物型	喜旱莲子草群系 (form. Alternanthera philoxeroides)	莲、菱
		莲群系 (form. Nelumbo nucifera)	
		菱群系 (form. Trapa bispinosa)	
	III 沉水植物型	穗状狐尾藻群系 (form. Myriophllum spicatum)	狐尾藻

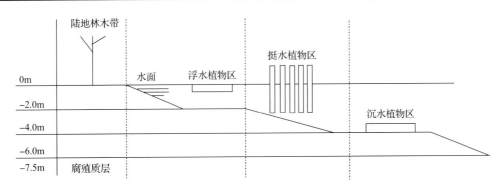

图 6.9 湿地水面梯度规划布局

5. 水域(渔农结合)生态修复技术

水域生态修复，亦称水域生态恢复。根据生态学原理，采用有关技术手段对受损、退化或被破坏的水域生态系统进行部分或全部恢复过程，即生态整合性的恢复和管理过程。水域生态修复改造的形式主要有渔农(林)结合改造、渔林结合改造、渔业改造等不同类型。

在水域生态修复中，渔农(林)结合改造及渔业改造颇为适用。例如，藕池中围沟、十字沟的开挖，为蟹、鱼的生长提供了深浅兼备的水体环境；浅水区利于春天水温的快速提升和河蟹的活动觅食，深水区水体理化因子较为稳定，易于保持良好的环境条件；

藕池中大量的莲藕枝芽、腐根烂叶、腐屑、昆虫幼体、水草等为河蟹、鱼类提供了丰富的天然饵料；随着莲藕的生长，藕叶的覆盖率随之增大，为河蟹(或鱼类)提供了蜕壳隐蔽、栖息攀附、光合增氧、遮阴调温以及净化水质等多项功能。鱼类、河蟹通过日常活动搅动了水体，加快了水体的平行流动和垂直流动，促进了物质循环和转化速率；蟹、鱼通过摄食藕池中的敌害生物、腐败枝叶、腐屑、杂草、浮游生物等降低莲藕病害发生概率。渔农立体结合因费用低、见效快、效果好而成为采煤塌陷地改造利用较多采用的有效途径之一。

6.2 复垦耕地功能再提升技术

通过地貌重塑及土体重构，复垦耕地已完成土体基本层次结构的搭建。根据不同的复垦措施，复垦后耕地存在一定的障碍，如容重过高、土壤紧实度较大、土壤板结、土壤养分含量较低、熟化程度低等，复垦土地利用可持续较差。以复垦耕地为对象，针对其结构型障碍(孔隙度、容重、土壤颗粒大小等)、功能型障碍(有机质含量、养分含量、田间持水量等)，采取一定措施加以改善提升，实现复垦耕地高质量再利用。

6.2.1 测土配方施肥

根据复垦耕地土壤肥力状况，开展不同复垦模式下的复垦耕地配方施肥，提出针对性的施肥技术，通过无机肥配合秸秆还田和有机肥的措施，增加土壤有机质含量，改善土壤物理结构，提高土壤的肥力和缓冲能力。以淮北矿区覆岩离层注浆、粉煤灰(煤矸石)充填、挖深垫浅复垦耕地为例，根据重构土壤肥力提升与粮食增产目标，结合粮食作物养分吸收规律特点，提出淮北矿区典型重构区域(海孜煤矿)小麦和玉米不同生育期内施肥建议与方案(表6.2~表6.4)。

表6.2 肥力现状及作物目标产量

复垦或预防方式	养分综合指数	肥力分等	目标产量/(kg/亩)	
			玉米	小麦
覆岩离层注浆	94	高	720	450
粉煤灰(煤矸石)充填	60	中	680	400
挖深垫浅	72	中	700	420

注：以当前产量的110%作为目标产量，肥力分级参照"全国第二次土壤普查养分分级标准"。

表6.3 玉米测土配方施肥

方案	肥料配方	复垦模式与覆岩离层注浆			施肥时间	施肥方法	备注
		离层注浆	粉煤灰(煤矸石)填充	挖深垫浅			
基肥	15-12-11(复混或掺混肥)或相近配方	45~48kg/亩	52~55kg/亩	48~52kg/亩	播种前	撒肥后耕翻	
	有机肥	4~5m³	6~7m³	5~6m³			
追肥	尿素	10~12kg/亩	14~15kg/亩	12~14kg/亩	小喇叭口期	沟施或穴施	

表 6.4 小麦测土配方施肥

方案	肥料配方	复垦模式与覆岩离层注浆			施肥时间	施肥方法	备注
		离层注浆	粉煤灰(煤矸石)填充	挖深垫浅			
基肥	12-5-10 或相近配方	45~48kg/亩	52~55kg/亩	48~52kg/亩	播种前	撒肥后耕翻	
	有机肥	4~5m³	6~7m³	5~6m³			
追肥	尿素	9~12kg/亩	7~9kg/亩	5~7kg/亩	返青期	沟施或穴施	随浇水
	尿素	8~10kg/亩	6~8kg/亩	5~6kg/亩	拔节期	沟施或穴施	随浇水
	0.3%尿素+0.3%磷酸二氢钾或含氮磷钾的叶面肥	根据虫害发生情况实时、适量施肥			灌浆期	叶面施肥	

淮北矿区典型复垦模式下复垦耕地施肥技术要点如下：①提倡秸秆还田和施用有机肥，底肥、追肥、叶面施肥配合。②促控结合，抓住小麦返青拔节关键时机，及时采取促控措施，促使弱苗转化，提高成穗率；控制旺长田块，预防后期贪青倒伏，小麦后期缺肥，可结合病虫害防治喷施叶面肥或植物生长调节剂。③提倡采用喷灌施肥方式，合理确定灌水量与实践，做到水肥管理一体化，节肥节水、省工省力。④因离层注浆及其他复垦模式土地保肥能力较差，土壤紧实，适当增加有机肥的施入量，松软土地，保肥保湿。

6.2.2 优化水肥管理

不同复垦模式下重构土壤的障碍因素不同，以不同覆土厚度粉煤灰充填复垦耕地为例，针对当前耕作方式下土壤肥力条件与土壤水分状况较差的情况，设置不同管理措施，研究不同农田管理措施对玉米产量与水分利用效率的提升效果。针对水分胁迫限制，采用降水量少的时期补充灌溉水的措施；针对土壤有机质含量低的情况，采用施加有机肥的措施；针对土壤氮素较低的情况，采用增施氮肥的措施，以达到调节土壤状况、增加玉米产量的目的。

综合考虑水分管理、肥料管理(有机肥+无机肥)，针对直接覆土 20~30cm(模式 A)和直接覆土 15~20cm(模式 B)两种玉米籽粒产量最低的重构土壤，选择实施五种田间管理措施组合(表 6.5)。

表 6.5 田间管理措施组合

管理组合	管理措施	具体内容
CK1	灌溉	于播种后第 36 天(7 月 20 日)与第 52 天(8 月 3 日)进行灌溉，灌溉量为玉米生长期内降雨量平均值(15.9mm)
CK2	倍施氮肥	施肥日期不变，施肥量增加为原来的 2 倍
CK3	增施有机肥	播种前 5 天施加有机肥，施肥量(以碳计)为 1500kg/hm²
CK4	灌溉+倍施氮肥	灌溉按照 CK1 实施，倍施氮肥按照 CK2 实施
CK5	灌溉+倍施氮肥+增施有机肥	灌溉按照 CK1 实施，倍施氮肥按照 CK2 实施，增施有机肥按照 CK3 实施

根据不同管理措施组合下玉米生长状况模拟与监测,分析各组合玉米产量增长效果,找出粉煤灰充填复垦土壤玉米增产最优组合。

1. CK1 管理组合下作物生长状况

CK1 管理组合下模式 A 和模式 B 各层土壤体积含水量与未灌溉条件相比均有所上升,但提升不大,玉米籽粒干物质重均有所增加,模式 A 从原来的 2056kg/hm^2 上升至 2331kg/hm^2,模式 B 从原来的 1789kg/hm^2 上升至 1911kg/hm^2。灌溉后茎与叶干物质重变化较小,模式 A 玉米茎干物质重均为 2153kg/hm^2,叶干物质重稍有增加,从原来的 1429kg/hm^2 上升至 1445kg/hm^2。模式 B 玉米茎干物质重从原来的 1662kg/hm^2 上升至 1687kg/hm^2,叶干物质重从原来的 1349kg/hm^2 上升至 1362kg/hm^2。相比于玉米籽粒,玉米茎与叶干物质重增长较小,这可能是因为玉米不同器官需水特征不同,故灌溉对茎叶影响较小(图 6.10)。

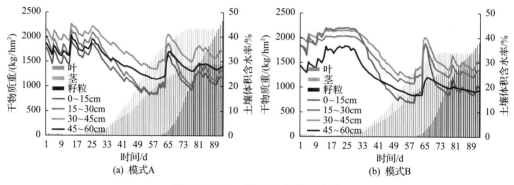

图 6.10　CK1 管理组合模拟结果

2. CK2 管理组合下模拟情况

CK2 管理组合下,模式 A 和模式 B 玉米籽粒干物质重增长较显著,模式 A 倍施氮肥后玉米籽粒干物质重增加至 2755kg/hm^2,模式 B 倍施氮肥后玉米籽粒干物质重增加至 2369kg/hm^2。仅倍施氮肥条件下模式 A 和模式 B 各土层土壤体积含水率与正常条件下相比基本不变。CK2 管理组合下模式 A 和模式 B 玉米叶与茎干物质重也有所增长,模式 A 叶干物质重增长至 1464kg/hm^2,茎干物质重增长至 2202kg/hm^2,模式 B 叶干物质重增长至 1372kg/hm^2,茎干物质重增长至 1702kg/hm^2。倍施氮肥后玉米产量有了较大增长,模式 A 玉米籽粒干物质重增加近 700kg/hm^2,模式 B 增加近 580kg/hm^2,产量增加均在 30% 以上,由此可见,增加施肥量可以有效地增加玉米产量(图 6.11)。

3. CK3 管理组合下模拟情况

CK3 管理组合下玉米生长模拟结果如图 6.12 所示。

CK3 管理组合下,模式 A 和模式 B 玉米产量均有所增加,但增加幅度小于 CK2 管理组合,大于 CK1 管理组合。模式 A 施加有机肥后玉米籽粒干物质重增加至 2525kg/hm^2,模式

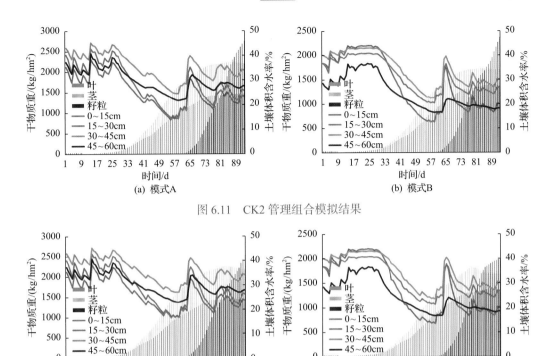

图 6.11 CK2 管理组合模拟结果

图 6.12 CK3 管理组合模拟结果

B 玉米籽粒干物质重增加至 2005kg/hm²。CK3 管理组合下模式 A 和模式 B 各土层土壤体积含水率对比自然条件下并无明显变化。CK3 管理组合下模式 A 与模式 B 玉米叶和茎干物质重均略有提升，但提升不明显，模式 A 玉米茎干物质重增加至 2188kg/hm²，玉米叶干物质重基本未变，每公顷仅增加了 3kg，模式 B 玉米茎干物质重增加至 1687kg/hm²，玉米叶干物质重增加至 1357kg/hm²。有机肥具有养分类型多样、肥力持久、无污染等优点，使用有机肥还可以改善土壤结构，疏松改良培肥土壤，但有机肥中养分含量较低，肥效较慢，需要长期且大量使用才能满足作物生长需要，因此使用有机肥后玉米增产效果不如 CK2 管理组合效果好，但模式 A 仍增产近 23%，模式 B 增产 12%。

4. CK4 管理组合下模拟情况

CK4 管理组合下，模式 A 与模式 B 各土层土壤体积含水率与灌溉前相比有所提升，但受灌溉次数和灌水量的影响，变化不大。模式 A 和模式 B 在 CK4 管理组合下，玉米籽粒干物质重有大幅度提升。模式 A 玉米籽粒干物质重增加至 3095kg/hm²，模式 B 玉米籽粒干物质重增加至 2640kg/hm²。CK4 管理组合下玉米茎与叶干物质重也有所增长，其中玉米茎干物质重增长相对较大。模式 A 玉米茎干物质重增加至 2244kg/hm²，叶干物质重增加至 1467kg/hm²。模式 B 玉米茎干物质重增加至 1727kg/hm²，叶干物质重增加至 1390kg/hm²。灌溉和倍施氮肥组合下，玉米产量增加明显，模式 A 玉米籽粒干物质重增加了 50.53%，模式 B 玉米籽粒干物质重增加了 47.54%。由此可见，合理的管理措施能够弥补重构模式带来的不足，使得重构模式较差的地块能够达到甚至超过重构模式较好的地块(图6.13)。

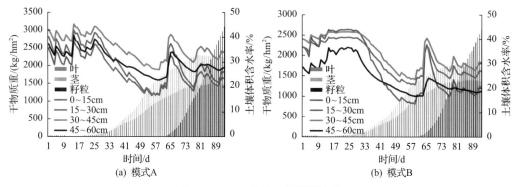

图 6.13　CK4 管理组合模拟结果

5. CK5 管理组合下模拟情况

CK5 管理组合下，模式 A 和模式 B 玉米产量增加明显，产量增加幅度为五种管理组合中最大。模式 A 和模式 B 各土层土壤体积含水率相较于自然条件下有所升高，但上升幅度不大。模式 A 玉米籽粒干物质重增加至 3184kg/hm^2，模式 B 玉米籽粒干物质重增加至 2771kg/hm^2。CK5 管理组合下，模式 A 和模式 B 玉米茎与叶干物质重也有所增加，模式 A 玉米叶干物质重增加至 1450kg/hm^2，玉米茎干物质重增加至 2254kg/hm^2。模式 B 玉米茎干物质重增加至 1741kg/hm^2，玉米叶干物质重增加至 1417kg/hm^2。CK5 管理组合下模式 A 和模式 B 玉米籽粒干物质重均有大幅度增加，增加比例均超过了 50%(图6.14)。

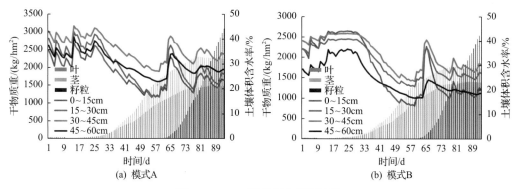

图 6.14　CK5 管理组合模拟结果

6. 不同管理组合增产效果分析

不同管理组合下玉米生长状况及产量增加情况各不相同，通过分析模式 A 和模式 B 在不同管理组合下玉米籽粒干物质重增加情况，对比不同管理组合对玉米增产的促进效果，进而选择最优模式。

由表 6.6 可知，五种管理组合中，模式 A 和模式 B 在 CK5 管理组合下玉米籽粒干物质重增加最大，增加比例均接近 55%，其次是 CK4 管理组合，模式 A 在 CK4 管理组合下玉米籽粒干物质重增加比例达到 50.54%，模式 B 增加比例稍低于模式 A，为 47.54%。CK2 管理组合下玉米增产效果在五种管理组合中处于中等水平，模式 A 产量增加比例为 34.00%，模式 B 增加比例为 32.39%，二者比例相差不大。CK3 管理组合下玉米增产效果低于 CK2 管理组合，模式 A 玉米籽粒干物质重增加比例为 22.84%，模式 B 增加比例为 12.07%。五种管理组合中，CK1 管理组合玉米增产效果最低，模式 A 玉米籽粒干物质重增加比例为 13.37%，模式 B 增加比例仅为 6.80%。

表 6.6　不同管理组合增产效果

管理组合	模式 A		模式 B	
	籽粒干物质重/(kg/hm^2)	增加比例/%	籽粒干物质重/(kg/hm^2)	增加比例/%
正常条件	2056	—	1789	—
CK1	2331	13.37	1911	6.80
CK2	2755	34.00	2369	32.39
CK3	2525	22.84	2005	12.07
CK4	3095	50.54	2640	47.54
CK5	3184	54.88	2771	54.87

对比模式 A 和模式 B，相同管理组合下模式 A 增产效果均高于模式 B，其中 CK1 管理组合下二者之间差距最大，模式 A 在 CK1 管理组合下增产比例是模式 B 的 2 倍，其次是 CK3 管理组合，二者之间增产比例差距仍接近 2 倍，但 CK2 管理组合下二者之间差异不大，在增产效果最好的 CK5 管理组合下模式 A 与模式 B 增产比例基本一致。总体上随着管理组合增产效果的增加，二者增产比例之间的差异呈逐渐缩小的规律，这可能是因为限制模式 A 和模式 B 玉米产量提升的主要原因可能是土壤养分含量较低，相对于其他两种组合，CK2、CK4 与 CK5 管理组合能够为玉米提供足量养分，使得模式 A 与模式 B 玉米产量均得到明显提升，二者增产比例差距减小。

除 CK1 管理组合模式 B 水分利用效率略有降低，其余管理组合水分利用效率呈增加趋势。CK5 管理组合下，两种模式水分利用效率提升比例最大，均在 45% 左右，CK1 管理组合水分利用效率提升最低，各管理组合水分利用效率提升规律与产量提升规律一致。模式 A 在 CK4 与 CK5 管理组合下水分利用效率均大于 5kg/(hm^2·mm)，模式 B 在这两种组合下均大于 4kg/(hm^2·mm)。虽然 CK4 与 CK5 管理组合下水分利用效率提升比例较高，但整体仍然较低(表 6.7)。

表 6.7　不同管理组合水分利用效率

管理组合	模式 A		模式 B	
	水分利用效率/[kg/(hm^2·mm)]	比例/%	水分利用效率/[kg/(hm^2·mm)]	比例/%
正常条件	3.69	—	3.23	—
CK1	3.94	6.84	3.22	−0.44

管理组合	模式 A		模式 B	
	水分利用效率/[kg/(hm²·mm)]	比例/%	水分利用效率/[kg/(hm²·mm)]	比例/%
CK2	4.65	25.99	3.97	23.03
CK3	4.27	15.76	3.37	4.47
CK4	5.23	41.60	4.45	37.69
CK5	5.38	45.68	4.67	44.52

综合分析可知，不同重构模式下，相同管理组合增产效果不同，相同重构模式下不同管理组合增产效果不同。不同管理组合下，模式 A 与模式 B 两种重构模式增产效果表现出相似规律。单种管理改良措施下，倍施氮肥效果明显好于使用有机肥和灌溉，且使用有机肥后的增产效果明显好于灌溉，这说明限制粉煤灰充填复垦土地玉米产量增长的主要因素为土壤养分含量较低，尤其是速效养分。CK4 与 CK5 相比，CK5 管理组合增产及水分利用效率提升效果高于 CK4 管理组合，但二者差异不大，有机肥与化肥同施与单施化肥相比，虽前者效果好，但投入更高，增产与投入比例低于单施化肥，因此，综合考虑产量、水分利用效率提升效果与投入产出比例情况，本书认为 CK4 管理组合为最优组合。

6.2.3 生物调控

通过施加绿肥结合有机肥的处理措施可以有效地改善土壤容重、饱和导水率和田间持水量，对水稳性土壤团聚体含量、土壤有机质含量与土壤呼吸强度的提升具有明显的积极作用，绿肥品种可以选择紫云英、二月兰、白三叶、黑麦草、鼠茅草，翻压深度 15～20cm，翻压量应控制在 22500～30000kg/hm²。

微生物在土壤中物质、能量的输入输出中扮演着非常重要的角色，能够活化土壤有机与无机养分，分解有机物，释放养分，增加养分的有效性。人工向作物接种非自生固氮菌、磷细菌、钾细菌，能够迅速有效地提高土壤对植物供给氮、磷、钾养分的能力。微生物通过代谢过程中氧气和二氧化碳的交换以及分泌有机酸等酸性物质，能改善土壤的通气状况，促进有机质、腐殖酸和腐殖质的生成，进而提升土壤肥力情况。

参 考 文 献

卞子浩, 马小雪, 龚来存, 等. 2017. 不同非空间模拟方法下 CLUE-S 模型土地利用预测——以秦淮河流域为例[J]. 地理科学, 37(2): 252-258.

蔡成瑞, 舒帮荣, 雍新琴, 等. 2020. 基于生态适宜性与最小累积阻力模型的区域生态红线划定[J]. 江苏师范大学学报(自然科学版), 38(1): 1-6.

岑海燕, 朱月明, 孙大伟, 等. 2020. 深度学习在植物表型研究中的应用现状与展望[J]. 农业工程学报, 36(9): 1-16.

柴华友, 柯文汇, 陈健, 等. 2019. 规则层状弹性介质中基阶模态瑞利波频散曲线计算新方法[J]. 岩土力学, 40(12): 4873-4880.

陈昕, 彭建, 刘焱序, 等. 2017. 基于"重要性—敏感性—连通性"框架的云浮市生态安全格局构建[J]. 地理研究, 36(3): 471-484.

陈元鹏, 张世文, 罗明, 等. 2019. 基于高光谱反演的复垦区土壤重金属含量经验模型优选[J]. 农业机械学报, 50(1): 170-179.

陈竹安, 况达, 危小建, 等. 2017. 基于 MSPA 与 MCR 模型的余江县生态网络构建[J]. 长江流域资源与环境, 26(8): 1199.

程琦, 叶回春, 董祥林, 等. 2021. 采用探地雷达频谱分析的复垦土壤含水率反演[J]. 农业工程学报, 37(6): 108-116.

程琦, 张世文, 罗明, 等. 2021. 基于探地雷达粉煤灰充填复垦土壤含水率反演[J]. 地球物理学进展, 36(5): 2159-2167.

程迎轩, 王红梅, 刘光盛, 等. 2016. 基于最小累计阻力模型的生态用地空间布局优化[J]. 农业工程学报, 32(16): 248-257, 315.

丁雪姣, 沈强, 聂超甲, 等. 2019. 省域尺度下不同时序景观指数集与粒度效应分析[J]. 中国农业资源与区划, 40(3): 111-120.

董梦阳, 董远鹏, 徐子文, 等. 2021. 赤泥改良过程中微生物群落及酶活性恢复研究[J]. 中国环境科学, 41(2): 913-922.

杜挺, 谢贤健, 梁海艳, 等. 2014. 基于熵权 TOPSIS 和 GIS 的重庆市县域经济综合评价及空间分析[J]. 经济地理, 34(6): 40-47.

方勇华, 孔超, 兰天鸽, 等. 2006. 应用小波变换实现光谱的噪声去除和基线校正[J]. 光学精密工程(6): 1088-1092.

付建新, 曹广超, 郭文炯. 2020. 1980—2018 年祁连山南坡土地利用变化及其驱动力[J]. 应用生态学报, 31(8): 2699-2709.

高洪燕, 毛罕平, 张晓东. 2016. 光谱技术结合 BiPLS-GA-SPA 和 ELM 算法的生菜冠层氮素含量检测研究[J]. 光谱学与光谱分析, 36(2): 491-495.

龚建周, 夏北成. 2007. 景观格局指数间相关关系对植被覆盖度等级分类数的响应[J]. 生态学报, 27(10): 4075-4085.

郭飞, 吕金华. 2022. 基于模糊综合评价法的游牧民定居工程效果评价研究——以闽玛生态村为例[J]. 中国集体经济, (15): 8-11.

郭莎莎, 胡守庚, 瞿诗进. 2018. 长江中游地区多尺度耕地景观格局演变特征[J]. 长江流域资源与环境, 27(7): 1637-1646.

何璞, 张平. 2003. 分裂基算法的讨论[J]. 现代电子技术, (18): 31-33.

何松, 宫永伟, 谢鹏, 等. 2022. 基于土柱实验的绿色屋顶种植基质氮、磷淋溶特征[J]. 中国给水排水, 38(17): 125-130.

何文. 2017. 农用黄赭色链霉菌菌剂的制备工艺及应用效果研究[D]. 泰安: 山东农业大学.

黄林生, 江静, 黄文江, 等. 2019. Sentinel-2 影像和 BP 神经网络结合的小麦条锈病监测方法[J]. 农业工程学报, 35(17): 178-185.

姜海玲, 杨杭, 陈小平, 等. 2015. 利用光谱指数反演植被叶绿素含量的精度及稳定性研究[J]. 光谱学与光谱分析, 35(4): 975-981.

焦赫, 李新举. 2021. 煤矸石充填复垦土壤细菌群落变化[J]. 煤炭学报, 46(10): 3332-3341.

焦胜, 李振民, 高青, 等. 2013. 景观连通性理论在城市土地适宜性评价与优化方法中的应用[J]. 地理研究, 32(4): 720-730.

李航鹤, 马腾辉, 王坤, 等. 2020. 基于最小累积阻力模型(MCR)和空间主成分分析法(SPCA)的沛县北部生态安全格局构建研究[J]. 生态与农村环境学报, 36(8): 1036-1045.

李鸿博, 曹军, 蒋大鹏, 等. 2020. T-SNE 降维的红松籽新旧品性近红外光谱鉴别[J]. 光谱学与光谱分析, 40(9): 2918-2924.

李金融, 侯湖平, 王琛, 等. 2018. 基于高通量测序的复垦土壤细菌多样性研究[J]. 环境科学与技术, 41(12): 148-157.

李平星, 陈东, 樊杰. 2011. 基于最小费用距离模型的生态可占用性分析——以广西西江经济带为例[J]. 自然资源学报, 26(2): 227-236.

李平星, 陈雯, 邹露, 等. 2021. 基于一体化生态空间格局的土地利用/覆被变化及其生态环境效应——以长三角为例[J]. 环境科学学报, 41(10): 3905-3915.

林美玲, 莫惠萍, 黄宇斌, 等. 2022. 基于 Linkage Mapper 的漳州市生态网络构建研究[J]. 林业调查规划, 47(3): 85-94.

刘斌寅, 赵明松, 卢宏亮, 等. 2019. 1985~2015 年淮北市土地利用变化特征及其预测研究[J]. 土壤通报, 50(4): 807-814.

刘伟东, 项月琴, 郑兰芬, 等. 2000. 高光谱数据与水稻叶面积指数及叶绿素密度的相关分析[J]. 遥感学报, (4): 279-283.

刘晓明, 赵君杰, 王运敏, 等. 2017. 基于改进的 STA/LTA 方法的微地震 P 波自动拾取技术[J]. 东北大学学报(自然科学版), 38(5): 740-745.

刘耀辉, 李新华, 盛可银, 等. 2022. 溶磷菌 Burkholderia ZP-4 和 Klebsiella ZP-2 对土壤磷素的转化及细菌多样性的影响[J]. 土壤通报, 53(2): 472-481.

陆禹, 佘济云, 罗改改, 等. 2018. 基于粒度反推法和 GIS 空间分析的景观格局优化[J]. 生态学杂志, 37(2): 534-545.

罗丹, 常庆瑞, 齐雁冰, 等. 2016. 基于光谱指数的冬小麦冠层叶绿素含量估算模型研究[J]. 麦类作物学报, 36(9): 1225-1233.

马静, 卢永强, 张琦, 等. 2021. 黄土高原采煤沉陷对土壤微生物群落的影响[J]. 土壤学报, 58(5): 1278-1288.

马琳杰, 霍晓兰, 靳东升, 等. 2021. 褐土区氮磷在土壤发生层中淋溶的差异性[J]. 中国生态农业学报(中英文), 29(1): 197-207.

聂素梅. 2010. 粉煤灰减轻富磷土壤磷渗漏流失的效果研究[D]. 洛阳: 河南科技大学.

裴浩杰, 冯海宽, 李长春, 等. 2017. 基于综合指标的冬小麦长势无人机遥感监测[J]. 农业工程学报, 33(20): 74-82.

齐珂, 樊正球. 2016. 基于图论的景观连接度量化方法应用研究——以福建省闽清县自然森林为例[J]. 生态学报, 36(23): 7580-7593.

沈强, 张世文, 葛畅, 等. 2019. 矿业废弃地重构土壤重金属含量高光谱反演[J]. 光谱学与光谱分析, 39(4): 1214-1220.

沈钦炜, 林美玲, 莫惠萍, 等. 2021. 佛山市生态网络构建及优化[J]. 应用生态学报, 32(9): 3288-3298.

沈筱染, 李绍才, 孙海龙. 2016. 氮磷钾在两种基质中的淋溶研究[J]. 北方园艺, (17): 179-183.

孙定钊, 梁友嘉. 2021. 基于改进 Markov-CA 模型的黄土高原土地利用多情景模拟[J]. 地球信息科学学报, 23(5): 825-836.

孙瑞波, 郭熙盛, 王道中, 等. 2015. 长期施用化肥及秸秆还田对砂姜黑土细菌群落的影响[J]. 微生物学通报, 42(10): 2049-2057.

唐丽, 罗亦殷, 罗改改, 等. 2016. 基于粒度反推法和 MCR 模型的海南省东方市景观格局优化[J]. 生态学杂志, 35(12): 3393-3403.

陶惠林, 徐良骥, 冯海宽, 等. 2020. 基于无人机高光谱长势指标的冬小麦长势监测[J]. 农业机械学报, 51(2): 180-191.

陶志富, 葛璐璐, 陈华友. 2020. 基于滑动窗口的一类非负可变权组合预测方法[J]. 控制与决策, 35(6): 1446-1452.

田军仓, 杨振峰, 冯克鹏, 等. 2020. 基于无人机多光谱影像的番茄冠层 SPAD 预测研究[J]. 农业机械学报, 51(8): 178-188.

汪星, 宫兆宁, 井然, 等. 2018. 基于连续统去除法的水生植物提取及其时空变化分析——以官厅水库库区为例[J]. 植物生态学报, (6): 640-652.

王动民, 纪俊敏, 高洪智. 2014. 多元散射校正预处理波段对近红外光谱定标模型的影响[J]. 光谱学与光谱分析, 34(9): 2387-2390.

王睿, 李琼, 孙华军, 等. 2021. 基于主成分分析的融合方法在断裂识别的应用研究[J]. 物探化探计算技术, 43(6): 715-723.

王学顺. 2010. 近红外光谱信息提取及其在木材材性分析中的应用研究[D]. 哈尔滨: 东北林业大学.

王玉娜, 李粉玲, 王伟东, 等. 2020. 基于无人机高光谱的冬小麦氮素营养监测[J]. 农业工程学报, 36(22): 31-39.

韦宝婧, 苏杰, 胡希军, 等. 2022. 基于 "HY-LM" 的生态廊道与生态节点综合识别研究[J]. 生态学报, 42(7): 2995-3009.

魏鹏飞, 徐新刚, 李中元, 等. 2019. 基于无人机多光谱影像的夏玉米叶片氮含量遥感估测[J]. 农业工程学报, 35(8): 126-133.

魏伟, 颉耀文, 魏晓旭, 等. 2017. 基于 CLUE-S 模型和生态安全格局的石羊河流域土地利用优化配置[J]. 武汉大学学报(信息科学版), 42(9): 1306-1315.

文一, 廖晓勇, 阎秀兰. 2013. 链霉菌的抗砷特性及其对蜈蚣草富集砷的作用[J]. 生态毒理学报, 8(2): 186-193.

肖武, 陈佳乐, 笪宏志, 等. 2018. 基于无人机影像的采煤沉陷区玉米生物量反演与分析[J]. 农业机械学报, 49(8): 169-180.

肖玉娜, 钟信林, 王北辰, 等. 2020. 通辽科尔沁地区土壤微生物群落结构和功能及其影响因素[J]. 地球科学, 45(3): 1071-1081.

谢勤岚. 2009. 图像降噪的自适应高斯平滑滤波器[J]. 计算机工程与应用, 45(16): 182-184.

徐嘉兴, 李钢, 陈国良, 等. 2013. 土地复垦矿区的景观生态质量变化[J]. 农业工程学报, 29(10): 232-239.

徐敏, 赵艳霞, 张顾, 等. 2021. 基于机器学习算法的冬小麦始花期预报方法[J]. 农业工程学报, 37(11): 162-171.

徐云飞, 程琦, 魏祥平, 等. 2021. 变异系数法结合优化神经网络的无人机冬小麦长势监测[J]. 农业工程学报, 37(20): 71-80.

杨晓杰, 刘冬明, 王孝存. 2017. 深厚软弱土层沉降变形规律堆载试验研究[J]. 岩石力学与工程学报, 36(S2): 4259-4266.

杨志广, 蒋志云, 郭程轩, 等. 2018. 基于形态空间格局分析和最小累积阻力模型的广州市生态网络构建[J]. 应用生态学报, 29(10): 3367-3376.

尹发能, 王学雷. 2010. 基于最小累计阻力模型的四湖流域景观生态规划研究[J]. 华中农业大学学报, 29(2): 231-235.

张世文, 杨斌, 冯志军, 等. 2022. 含水率对复垦土壤光谱特征及属性估测的影响[J]. 煤炭科学技术, 50(2): 312-322.

赵建辉, 张晨阳, 闫林, 等. 2021. 基于特征选择和 GA-BP 神经网络的多源遥感农田土壤水分反演[J]. 农业工程学报, 37(11): 112-120.

赵鑫, 孙春花, 沈贤. 2022. 基于层次分析法的城市生态环境质量评价[J]. 中国资源综合利用, 40(5): 163-166.

赵雪花, 张丽娟, 祝雪萍. 2021. 动态参数 SCS-RF 模型在黄土丘陵区小流域产流模拟中的应用[J]. 农业工程学报, 37(1): 195-202.

Algeo J, Van Dam R L, Slater L. 2016. Early-time GPR: a method to monitor spatial variations in soil water content during irrigation in clay soils[J]. Vadose Zone Journal, 15(11): 1-9.

Benedetto A. 2010. Water content evaluation in unsaturated soil using GPR signal analysis in the frequency domain[J]. Journal of Applied Geophysics, 71(1): 26-35.

Brochier-Armanet C, Boussau B, Gribaldo S, et al. 2008. Mesophilic crenarchaeota: Proposal for a third archaeal phylum, the Thaumarchaeota[J]. Nature Reviews Microbiolpgy, 6(3): 245-252.

Dangi S R, Stahl P D, Wick A F, et al. 2012. Soil microbial community recovery in reclaimed soilson a surface coal mine site[J]. Soil Science Society of Ameriacn Journal, 76(3): 915-924.

De Chiara F, Fontul S, Fortunato E. 2014. GPR laboratory tests for railways materials dielectric properties assessment[J]. Remote Sensing, 6(10): 9712-9728.

Dias M P, Bastos M S, Xavier V B, et al. 2017. Plant growth and resistance promoted by Streptomyces spp. in tomato[J]. Plant Physiology and Biochemistry, 118: 479-493.

Dimitriu P A, Prescott C E, Quideau S A, et al. 2010. Impact of reclamation of surface-mined boreal forest soils on microbial community composition and function[J]. Soil Biology and Biochemistry, 42(12): 2289-2297.

Fu Y Y, Yang G J, Song X Y, et al. 2021. Improved estimation of winter wheat aboveground biomass using multiscale textures extracted from UAV-based digital images and hyperspectral feature analysis[J]. Remote Sensing, 13(4): 581.

Huang Y, Yesilonis I, Szlavecz K. 2020. Soil microarthropod communities of urban green spaces in Baltimore, Maryland,USA[J]. Urban Forestry & Urban Greening, 53(1/2): 126676.

Lai W L, Kind T, Wiggenhauser H. 2011. Using ground penetrating radar and time-frequency analysis to characterize construction materials[J]. NDT and E International, 44(1): 111-120.

Liu J J, Sui Y Y, Yu Z H, et al. 2014. High throughput sequencing analysis of biogeographical distribution of bacterial communities in the black soils of northeast China[J]. Soil Biology and Biochemistry, 70: 113-122.

Luciana O. 2002. Detection and analysis of LNAPL using the instantaneous amplitude and frequency of ground-penetrating radar data[J]. Geophysical Prospecting, 50(1): 27-41.

Luo G, Cao Y, Xu H, et al. 2021. Detection of soil physical properties of reclaimed land in open-pit mining area: Feasibility of application of ground penetrating radar[J]. Environ Monit Assess, 193(7): 392.

Ma S H, Ma Q S, Liu X B. 2013. Applications of chirp z transform and multiple modulation zoom spectrum to pulse phase thermography inspection[J]. NDT and E International, 54: 1-8.

Rodes J P, Reguero A M, Perez-Gracia V. 2020. GPR spectra for monitoring asphalt pavements[J]. Remote Sensing, 12(11): 1749-1770.

Sarkar I, Fam A T. 2006. The interlaced chirp Z transform[J]. Signal Processing, 86(9): 2221-2232.

Tosti F, Slob E. 2015. Determination, by using GPR, of the volumetric water content in structures, substructures, foundations and soil[C]//Civil Engineering Applications of Ground Penetrating Radar 2nd General Meeting, Vienna, Austria.

You X, Yang S. 2006. Evolutionary extreme learning machine-based on particle swarm optimization[C]//Third International Symposium on Neural Networks, Chengdu, China, May 28-June 1.

Yu L, Hong Y, Geng L, et al. 2015. Hyperspectral estimation of soil organic matter content based on partial least squares regression[J]. Transactions of the Chinese Society of Agricultural Engineering, 31(14): 103-109.

Zhu W X, Sun Z G, Yang T, et al. 2020. Estimating leaf chlorophyll content of crops via optimal unmanned aerial vehicle hyperspectral data at multi-scales[J]. Computers and Electronics in Agriculture, 178: 105786.